建设工程识图与预算快速入门丛书

建筑工程识图及预算快速入门

（第二版）

袁建新　沈　华　编著

中国建筑工业出版社

图书在版编目（CIP）数据

建筑工程识图及预算快速入门/袁建新，沈华编著. —2版. —北京：中国建筑工业出版社，2014.8

建设工程识图与预算快速入门丛书

ISBN 978-7-112-17207-8

Ⅰ. ①建…　Ⅱ. ①袁…②沈…　Ⅲ. ①建筑制图—识别②建筑预算定额　Ⅳ. ①TU204②TU723.3

中国版本图书馆 CIP 数据核字（2014）第 196057 号

本书第二版根据建标［2013］44 号文件、《建设工程工程量清单计价规范》GB 50500—2013、《建筑工程建筑面积计算规范》GB/T 50353—2013、《房屋建筑与装饰工程工程量计算规范》GB 50854—2013、《通用安装工程工程量计算规范》GB 50856—2013、2010 年国标制图系列标准、11G101 平法图集系列编写。

主要内容包括建筑工程识图、工程量计算、建筑工程预算编制原理、预算定额的应用、应用统筹法计算工程量、建筑工程预算编制实例、概预算审查、工程结算编制、工程量清单报价编制、水暖电安装工程预算编制、建筑工程概算编制等内容。

本书内容图文并茂、通俗易懂、内容丰富、实例详尽，具有较强的实用性。可供工程造价工作人员学习参考，也可供工程造价专业学生学习参考，是工程造价员的好帮手，也是初学者的好助手。

责任编辑：尹珺祥　郭　栋
责任校对：张　颖　党　蕾

建设工程识图与预算快速入门丛书

建筑工程识图及预算快速入门

（第二版）

袁建新　沈　华　编著

*

中国建筑工业出版社出版、发行（北京西郊百万庄）
各地新华书店、建筑书店经销
北京永峥有限责任公司制版
北京建筑工业印刷厂印刷

*

开本：787×1092 毫米　1/16　印张：23¼　字数：600 千字
2014 年 10 月第二版　　2020 年 7 月第二十八次印刷
定价：**58.00** 元
ISBN 978-7-112-17207-8
（25979）

第二版前言

《建筑工程识图及预算快速入门》第二版,根据建标〔2013〕44号文件、《建筑工程建筑面积计算规范》GB/T 50353—2013、《建设工程工程量清单计价规范》GB 50500—2013、《房屋建筑与装饰工程工程量计算规范》GB 50854—2013、《通用安装工程工程量计算规范》GB 50856—2013、2010年国标制图系列标准、11G101平法系列图集对图书进行了全面的修订,反映了当前最新的建筑安装工程费用构成和工程量清单计价的内容。

第二版根据建标〔2013〕44号文件的规定,新设计了施工图预算工程造价和工程量清单计价的费用计算程序和计算方法。根据《建筑工程建筑面积计算规范》GB/T 50353—2013规定全面改写了建筑面积计算的内容。另外,根据2013清单计价规范和工程量计算规范的要求,进一步理清了清单计价的思路,全面介绍了房屋建筑与装饰工程工程量清单及清单报价的编制方法和步骤。

本书中换入了更加切合造价工作实际的施工图和工程量计算及施工图预算编制的内容。第二版采用了体现"螺旋进度法"教学思想,由浅入深、由表及里、由简单到复杂的理论知识和实践内容的编排方式,是初学者学习工程造价理论与方法的好助手。

第二版由四川建筑职业技术学院袁建新和上海城市管理职业技术学院沈华共同编写。沈华编写了本书第2章第2.5节、第2.7节、第2.8节、第2.9节、第2.14节、第2.15节和第3章、第4章、第5章、第6章的内容,其余内容由袁建新编写。

由于我国的工程造价计价方法和计价定额均处于发展时期,加上作者水平有限,书中也难免出现不准确的地方,敬请广大师生和读者批评指正。

第一版前言

本书从学习和实践工作的角度出发，较全面地阐述了建筑工程预算的编制原理与方法，并通过完整的实例详尽介绍了各种工程量计算方法和建筑工程预算的编制程序，为造价员提供了工程造价理论与方法上的技术支持。同时，本书还配套编写了编制建筑工程预算所需的建筑识图基本知识，为编制建筑工程预算的初学者提供了方便。

本书还编写了概预算审查、工程结算编制、水电安装工程预算编制、建筑工程概算编制、工程量清单报价编制等学习内容，为造价员进一步提升工程造价工作能力提供了帮助。

本书由四川建筑职业技术学院袁建新主编并编写了第 2 章、第 4 章、第 5 章、第 7 章的全部内容。

我国的工程造价理论与实践正处于发展时期，新的内容和问题还会不断出现，加之我们的水平有限，书中难免有不妥之处，敬请广大读者批评指正。

目　　录

1 建筑工程识图

1.1 建筑工程设计图

1.1.1 建筑工程设计文件

建筑工程设计文件一般分为方案设计和施工图设计两个设计阶段。大型复杂的建筑工程设计要经过方案设计、初步设计、施工图设计三个阶段，小型简单建筑工程设计只作施工图设计。

设计文件由设计说明书、设计图纸、主要设备、材料表和工程概算书等部分组成。

设计文件的深度应满足下列要求：

（1）经过比选，确定设计方案；

（2）确定土地征用范围；

（3）据以进行主要设备及材料订货；

（4）确定工程造价，据以控制工程投资；

（5）据以编制施工图设计；

（6）据以进行施工准备。

施工图设计文件由封面、图纸目录、设计说明（或首页）、图纸、预算书等组成。各专业工程的计算书作为技术文件归档，不外发。

施工图设计文件的深度应满足以下要求：

（1）据以编制施工图预算；

（2）据以安排材料、设备和非标准设备的制作；

（3）据以进行施工和安装。

施工图设计应根据已批准的初步设计文件进行编制。

1.1.2 施工图的组成

施工图分为总平面图、建筑施工图、结构施工图和设备施工图四类。

总平面图包括：总平面布置图、竖向设计图、土方工程图、管道综合图、绿化布置图、详图等。

建筑施工图包括：平面图、立面图、剖面图、地沟平面图、详图等。

结构施工图包括：基础平面图、基础详图、结构布置图、钢筋混凝土构件详图、钢结构详图、木结构详图、节点构造详图等。

设备施工图按专业不同，有给水排水图、电气图、弱电图、采暖通风图、动力图等。

例如给水排水图，分为室外给水排水图和室内给水排水图。室外给水排水图包括：总平面图、管道纵断面图、取水工程总平面图、取水头部（取水口）平剖面及详图、取水泵房平剖面及详图、其他构筑物平剖面及详图、输水管线图、给水净化处理站总平面图及高程系统图、各净化构筑物平剖面及详图、水泵房平剖面图、水塔、水池配管及详图、循环水构筑物的平剖面及系统图、污水处理站的平面和高程系统图等；室内给水排水图包括：平面图、系统图、局部设施图、详图等。

例如电气图，分为供电总平面图、变配电所图、电力图、电气照明图、自动控制与自动调节图、建筑物防雷保护图等。其中，电气照明图包括照明平面图、照明系统图、照明控制图、照明安装图等。

又如采暖通风图，分为平面图、剖面图、系统图及原理图。平面图包括：采暖平面图、通风、除尘平面图、空调平面图、冷冻机房平面图、空调机房平面图；剖面图包括：通风、除尘和空调剖面图、空调机房剖面图、冷冻机房剖面图；系统图包括：采暖管道系统图、通风空调和除尘管道系统图、空调冷热媒管道系统图；原理图主要有空调系统控制原理图等。

1.2 施工图表达内容

施工图包括总平面图、建筑图、结构图、给水排水图、电气图、弱电图、采暖通风图、动力图等。

1.2.1 总平面图

总平面图包括以下内容：

（一）目录

先列新绘制图纸，后列选用的标准图、通用图或重复利用图。

（二）设计说明

一般工程的设计说明，分别写在有关的图纸上。如重复利用某一专门的施工图纸及其说明时，应详细注明其编制单位名称和编制日期。如施工图设计阶段对初步设计改变，应重新计算并列出主要技术经济指标表。

（三）总平面布置图

1. 城市坐标网、场地建筑坐标图、坐标值；

2. 场地四界的城市坐标和场地建筑坐标；

3. 建筑物、构筑物定位的场地建筑坐标、名称、室内标高及层数；

4. 拆除旧建筑的范围边界、相邻单位的有关建筑物、构筑物的使用性质，耐火等级及层数；

5. 道路、铁路和明沟等的控制点（起点、转折点、终点等）的场地建筑坐标和标高、坡向、平曲线要素等；

6. 指北针、风玫瑰；

7. 建筑物、构筑物使用编号时，列"建筑物、构筑物名称编号表"；

8. 说明：尺寸单位、比例、城市坐标系统和高程系统的名称、城市坐标网与场地建筑坐标网的相互关系、补充图例、设计依据等。

（四）竖向设计图

1. 地形等高线和地物；

2. 场地建筑坐标网、坐标值；

3. 场地外围的道路、铁路、河渠或地面的关键性标高；

4. 建筑物、构筑物的名称（或编号）、室内外设计标高（包括铁路专用线设计标高）；

5. 道路、铁路、明沟的起点、变坡点、转折点和终点等的设计标高、纵坡度、纵坡距、纵坡向、平曲线要素、竖曲线半径、关键性坐标。道路注明单面坡或双面坡；

6. 挡土墙、护坡或土坎等构筑物的坡顶和坡脚的设计标高；

7. 用高距为 0.1~0.5m 的设计等高线表示设计地面起伏状况，或用坡向箭头表明设计地面坡向；

8. 指北针；

9. 说明：尺寸单位、比例、高程系统的名称、补充图例等。

（五）土方工程图

1. 地形等高线、原有的主要地形、地物；

2. 场地建筑坐标网、坐标值；

3. 场地四界的城市坐标和场地建筑坐标；

4. 设计的主要建筑物、构筑物；

5. 高距为 0.25~1.00m 的设计等高线；

6. 20m×20m 或 40m×40m 方格网，各方格点的原地面标高、设计标高、填挖高度、填区和挖区间的分界线、各方格土方量、总土方量；

7. 土方工程平衡表；

8. 指北针；

9. 说明：尺寸单位、比例、补充图例、坐标和高程系统名称、弃土和取土地点、运距、施工要求等。

（六）管道综合图

1. 管道总平面布置；

2. 场地四界的场地建筑坐标；

3. 各管线的平面布置；

4. 场外管线接入点的位置及其城市和场地建筑坐标；

5. 指北针；

6. 说明：尺寸单位、比例、补充图例。

（七）绿化布置图

1. 绿化总平面布置；

2. 场地四界的场地建筑坐标；

3. 植物种类及名称、行距和株距尺寸、群栽位置范围、各类植物数；

4. 建筑小品和美化设施的位置、设计标高；

5. 指北针；

6. 说明：尺寸单位、比例、图例、施工要求等。

（八）详图

道路标准横断面、路面结构、混凝土路面分格、铁路路基标准横断面、小桥涵、挡土墙、护坡、建筑小品等详图。

（九）计算书

设计依据、计算公式、简图、计算过程及成果等。计算书作为技术文件归档，不外发。

1.2.2 建 筑 图

建筑图包括以下内容：

（一）目录

先列新绘制图纸，后列选用的标准图或重复利用图。

（二）首页

1. 设计依据；

2. 本项工程设计规模和建筑面积；

3. 本项工程的相对标高与总平面图绝对标高的关系；

4. 用料说明：室外用料做法可用文字说明或部分用文字说明，部分直接在图上引注或加注索引符号。室内装修部分除用文字说明外，亦可用室内装修表，在表内填写相应的做法或代号；

5. 特殊要求的做法说明；

6. 采用新材料、新技术的做法说明；

7. 门窗表。

（三）平面图

平面图有各楼层平面图及屋顶平面图。

楼层平面图包括：

1. 墙、柱、垛、门窗位置及编号、门的开启方向、房间名称或编号、轴线编号等；

2. 柱距（开间）、跨度（进深）尺寸、墙体厚度、柱和墩断面尺寸；

3. 轴线间尺寸、门窗洞口尺寸、分段尺寸、外包总尺寸；

4. 伸缩缝、沉降缝、防震缝等位置及尺寸；

5. 卫生器具、水池、台、厨、柜、隔断位置；

6. 电梯、楼梯位置与上下方向示意及主要尺寸；

7. 地下室、平台、阁楼、人孔、墙上留洞位置尺寸与标高，重要设备位置尺寸与标高等；

8. 铁轨位置、轨距和轴线关系尺寸；吊车型号、吨位、跨度、行驶范围；吊车梯位置；天窗位置及范围；

9. 阳台、雨篷、踏步、坡道、散水、通风道、管线竖井、烟囱、垃圾道、消防梯、雨水管位置及尺寸；

10. 室内外地面标高、设计标高、楼层标高；

11. 剖切线及编号（只注在底层平面图上）；

12. 有关平面图上节点详图或详图索引号；

13. 指北针；

14. 根据工程复杂程度绘出的夹层平面图、高窗平面图、吊顶、留洞等局部放大平面图。

屋顶平面图的内容有：墙檐口、檐沟、屋面坡度及坡向、落水口、屋脊（分水线）、变形缝、楼梯间、水箱间、电梯间、天窗、屋面上人孔、室外消防梯、详图索引号等。

（四）立面图

1. 建筑物两端及分段轴线编号；

2. 女儿墙顶、檐口、柱、伸缩缝、沉降缝、防震缝、室外楼梯、消防梯、阳台、栏杆、台阶、雨篷、花台、腰线、勒脚、留洞、门、窗、门头、雨水管、装饰构件、抹灰分格线等；

3. 门窗典型示范具体形式与分格；

4. 各部分构造、装饰节点详图索引、用料名称或符号；

5. 立面总高、层高及各细部尺寸。

（五）剖面图

1. 墙、柱、轴线、轴线编号；

2. 室外地面、底层地面、各层楼板、吊顶、屋架、屋顶各组成层次、出屋面烟囱、天窗、挡风板、消防梯、檐口、女儿墙、门、窗、吊车、吊车梁、走道板、梁、铁轨、楼梯、台阶、坡道、散水、防潮层、平台、阳台、雨篷、留洞、墙裙、踢脚板、雨水管及其他装修等；

3. 高度尺寸：门、窗、洞口高度、层间高度、总高度等；

4. 标高：底层地面标高；各层楼面及楼梯平台标高；屋面檐口、女儿墙顶、烟囱顶标高；高出屋面的水箱间、楼梯间、电梯机房顶部标高；室外地面标高；底层以下地下各层标高；

5. 节点构造详图索引号。

（六）地沟图

供水、暖、电、气管线布置的地沟，如比较简单、内容较少，不致影响建筑平面图的清晰程度时，可附在建筑平面图上，复杂地沟另绘地沟图。地沟图包括地沟平面图及地沟详图。

地沟平面图内容有：地沟平面位置、地沟与相邻墙体、柱等相距尺寸。

地沟详图内容有：地沟构造做法、沟体平面净宽度、沟底标高、沟底坡向、地沟盖板及过梁明细表、节点索引号等。

（七）详图

当上列图纸对有些局部构造、艺术装饰处理等未能清楚表示时，则绘制详图。详图中应构造合理、用料做法相宜，位置尺寸准确。详图编号应与详图索引号一致。

（八）计算书

有关采光、视线、音响等建筑物理方面的计算书；作为技术文件归档，不外发。

1.2.3 结 构 图

结构图包括以下内容：

（一）目录

先列新绘制图纸，后列选用标准图或重复利用图。

（二）首页（设计说明）

1. 所选用结构材料的品种、规格、型号、强度等级等，某些构件的特殊要求；

2. 地基土概况，对不良地基的处理措施和基础施工要求；

3. 所采用的标准构件图集；

4. 施工注意事项：如施工缝的设置；特殊构件的拆模时间、运输、安装要求等。

（三）基础平面图

1. 承重墙位置、柱网布置、基坑平面尺寸及标高，纵、横轴线关系，基础和基础梁布置及编号，基础平面尺寸及标高；

2. 基础的预留孔洞位置、尺寸、标高；

3. 桩基的桩位平面布置及桩承台平面尺寸；

4. 有关的连接节点详图；

5. 说明：如基础埋置在地基土中的位置及地基土处理措施等。

（四）基础详图

1. 条形基础的剖面（包括配筋、防潮层、地基梁、垫层等），基础各部分尺寸、标高及轴线关系；

2. 独立基础的平面及剖面（包括配筋、基础梁等），基础的标高、尺寸及轴线关系；

3. 桩基的承台梁或承台板钢筋混凝土结构、桩基位置、桩详图、桩插入承台的构造等；

4. 筏形基础的钢筋混凝土梁板详图以及承重墙、柱位置；

5. 箱形基础的钢筋混凝土墙的平面、剖面、立面及其配筋；

6. 说明：基础材料、防潮层做法、杯口填缝材料等。

（五）结构布置图

多层建筑应有各层结构平面布置图及屋面结构平面布置图。

各层结构平面布置图内容包括：

1. 与建筑图一致的轴线网及墙、柱、梁等位置、编号；

2. 预制板的跨度方向、板号、数量、预留孔洞位置及其尺寸；

3. 现浇板的板号、板厚、预留孔洞位置及其尺寸，钢筋平面布置、板面标高；

4. 圈梁平面布置、标高、过梁的位置及其编号。

屋面结构平面布置图内容除按各层结构平面布置图内容外，还应有屋面结构坡比、坡向、屋脊及檐口处的结构标高等。

单层有吊车的厂房应有构件布置图及屋面结构布置图。

构件布置图内容包括：柱网轴线；柱、墙、吊车梁、连系梁、基础梁、过梁、柱间支撑等的布置；构件标高；详图索引号；有关说明等。

屋面布置图内容包括：柱网轴线；屋面承重结构的位置及编号、预留孔洞的位置、节点详图索引号、有关说明等。

（六）钢筋混凝土构件详图

现浇构件详图内容包括：

1. 纵剖面：长度、轴线号、标高及配筋情况、梁和板的支承情况；

2. 横剖面：轴线号、断面尺寸及配筋；

3. 留洞、预埋件的位置、尺寸或预埋件编号等；

4．说明：混凝土强度等级、钢筋级别、施工要求、分布钢筋直径及间距等。

预制构件详图内容包括：

（1）复杂构件的模板图（含模板尺寸、预埋件位置、必要的标高等）；

（2）配筋图：纵剖面表示钢筋形式、箍筋直径及间距；横剖面表示钢筋直径、数量及断面尺寸等；

（3）说明：混凝土强度等级、钢筋级别、焊条型号、预埋件索引号、施工要求等。

（七）节点构造详图

预制框架或装配整体框架的连接部分、楼层构件或柱与墙的锚接等，均应有节点构造详图。

节点构造详图应有平面、剖面，按节点构造表示出连接材料、附加钢筋、预埋件的规格、型号、数量、连接方法以及相关尺寸、与轴线关系等。

1.2.4 室内给水排水图

室内给水排水图包括以下内容：

（一）目录

先列新绘制图纸，后列选用的标准图或重复利用图。

（二）设计说明

设计说明分别写在有关的图纸上。

（三）平面图

1．底层及标准层主要轴线编号、用水点位置及编号、给水排水管道平面布置、立管位置及编号、底层给水排水管道进出口与轴线位置尺寸和标高；

2．热交换器站、开水间、卫生间、给水排水设备及管道较多的地方，应有局部放大平面图；

3．建筑物内用水点较多时，应有各层平面卫生设备、生产工艺用水设备位置和给水排水管道平面布置图。

（四）系统图

各种管道系统图应表明管道走向、管径、坡度、管长、进出口（起点、末点）标高、各系统编号、各楼层卫生设备和工艺用水设备的连接点位置和标高。在系统图上应注明室内外标高差及相当于室内底层地面的绝对标高。

（五）局部设施

当建筑物内有提升、调节或小型局部给排水处理设施时，应有其平面、剖面及详图，或注明引用的详图、标准图等。

（六）详图

凡管道附件、设备、仪表及特殊配件需要加工又无标准图可以利用时，应有相应的详图。

1.2.5 电气照明图

电气照明图包括以下内容：

（一）照明平面图

1．配电箱、灯具、开关、插座、线路等平面布置；

2. 线路走向、引入线规格；

3. 说明：电源电压、引入方式；导线选型和敷设方式；照明器具安装高度；接地或接零；

4. 照明器具、材料表。

（二）照明系统图（简单工程不出图）

配电箱、开关、熔断器、导线型号规格、保护管管径和敷设方法、照明器具名称等。

（三）照明控制图

包括照明控制原理图和特殊照明装置图。

（四）照明安装图

包括照明器具及线路安装图（尽量选用标准图）。

1.2.6 采暖通风图

采暖通风图包括以下内容：

（一）目录

先列新绘制图纸，后列选用的标准图或重复利用图。

（二）首页（设计说明）

1. 采暖总耗热量及空调冷热负荷、耗热、耗电、耗水等指标；

2. 热媒参数及系统总阻力，散热器型号；

3. 空调室内外参数、精度；

4. 制冷设计参数；

5. 空气洁净室的净化级别；

6. 隔热、防腐、材料选用等；

7. 图例、设备汇总表。

（三）平面图

平面图分有采暖平面图；通风、除尘平面图；空调平面图、冷冻机房平面图、空调机房平面图等。

采暖平面图主要内容包括：采暖管道、散热器和其他采暖设备、采暖部件的平面布置，标注散热器数量、干管管径、设备型号规格等。

通风、除尘平面图主要内容包括：管道、阀门、风口等平面布置，标注风管及风口尺寸、各种设备的定位尺寸、设备部件的名称规格等。

空调平面图主要内容除包括通风、除尘平面图内容外，还增加标注各房间基准温度和精度要求、精调电加热器的位置及型号、消声器的位置及尺寸等。

冷冻机房平面图主要内容包括：制冷设备的位置及基础尺寸、冷媒循环管道与冷却水的走向及排水沟的位置、管道的阀门等。

空调机房平面图主要内容包括：风管、给排水及冷热媒管道、阀门、消声器等平面位置，标注管径、断面尺寸、管道及各种设备的定位尺寸等。

（四）剖面图

剖面图分有通风、除尘和空调剖面图；空调机房、冷冻机房剖面图。

通风、除尘和空调剖面图主要内容包括：对应于平面图的管道、设备、零部件的位置。标注管径、截面尺寸、标高；进排风口形式、尺寸及标高、空气流向、设备中心标高、风管出屋面的高度、风帽标高、拉索固定等。

空调机房、冷冻机房剖面图主要内容包括：通风机、电动机、加热器、冷却器、消声器、风口及各种阀门部件的竖向位置及尺寸；制冷设备的竖向位置及尺寸。标注设备中心、基础表面、水池、水面线及管道标高、汽水管的坡度及坡向。

（五）系统图

系统图分有采暖管道系统图、通风空调和除尘管道系统图、空调冷热媒管道系统图。

系统图中应标注管道的管径、坡度、坡向及有关标高，各种阀门、减压器、加热器、冷却器、测量孔、检查口、风口、风帽等各种部件的位置。

（六）原理图

空调系统控制原理图内容有：

1. 整个空调系统控制点与测点的联系、控制方案及控制点参数；

2. 空调和控制系统的所有设备轮廓、空气处理过程的走向；

3. 仪表及控制元件型号。

（七）计算书

有关采暖、通风、除尘、空调、制冷和净化等各种设备的选择计算等，作为技术文件归档，不外发。

1.3 图 例 符 号

1.3.1 建筑材料图例

常用建筑材料图例见表 1-1。

常用建筑材料图例 表 1-1

序 号	名 称	图 例	备 注
1	自然土壤		包括各种自然土壤
2	夯实土壤	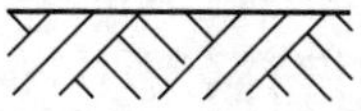	—
3	砂、灰土	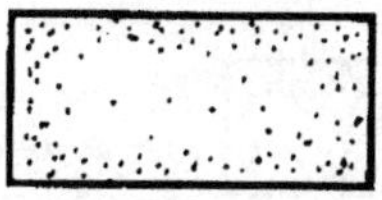	—
4	砂砾石、碎砖三合土	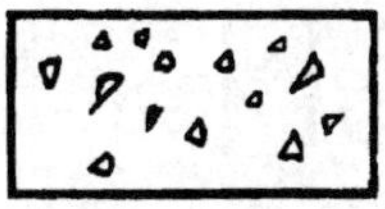	—
5	石材	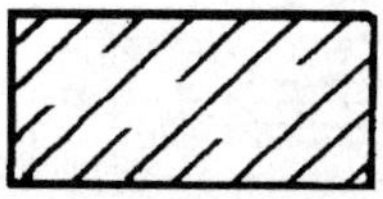	—

序 号	名 称	图 例	备 注
6	毛石	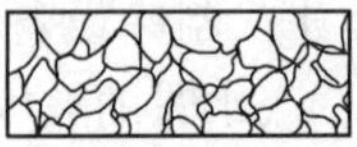	一
7	普通砖	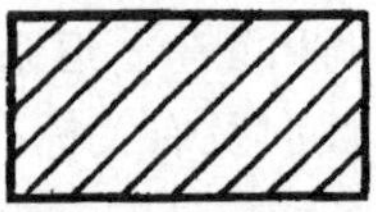	包括实心砖、多孔砖、砌块等砌体。断面较窄不易绘出图例线时，可涂红，并在图纸备注中加注说明，画出该材料图例
8	耐火砖	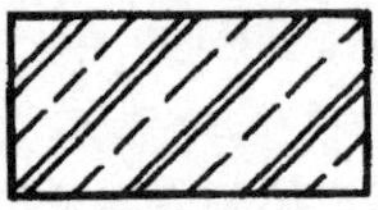	包括耐酸砖等砌体
9	空心砖	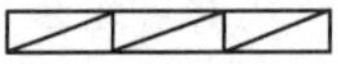	指非承重砖砌体
10	饰面砖		包括铺地砖、马赛克、陶瓷锦砖、人造大理石等
11	焦渣、矿渣	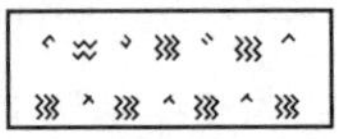	包括与水泥、石灰等混合而成的材料
12	混凝土	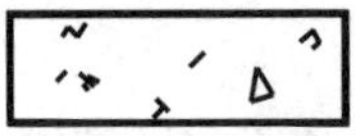	1. 本图例指能承重的混凝土及钢筋混凝土 2. 包括各种强度等级、骨料、添加剂的混凝土 3. 在剖面图上画出钢筋时，不画图例线 4. 断面图形小，不易画出图例线时，可涂黑
13	钢筋混凝土		
14	多孔材料		包括水泥珍珠岩、沥青珍珠岩、泡沫混凝土、非承重加气混凝土、软木、蛭石制品等
15	纤维材料		包括矿棉、岩棉、玻璃棉、麻丝、木丝板、纤维板等
16	泡沫塑料材料	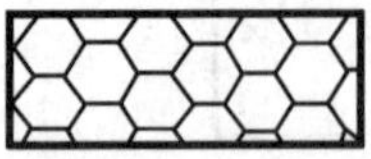	包括聚苯乙烯、聚乙烯、聚氨酯等多孔聚合物类材料
17	木材		1. 上图为横断面，左上图为垫木、木砖或木龙骨 2. 下图为纵断面
18	胶合板		应注明为×层胶合板

序　号	名　　称	图　　例	备　　注
19	石膏板	× × × × × × × × ×	包括圆孔、方孔石膏板、防水石膏板、硅钙板、防火板等
20	金属	（斜线填充矩形） L L 」 匚	1. 包括各种金属 2. 图形小时，可涂黑
21	网状材料	〜〜〜〜	1. 包括金属、塑料网状材料 2. 应注明具体材料名称
22	液体	▽（横线）	应注明具体液体名称
23	玻璃	（横虚线矩形）	包括平板玻璃、磨砂玻璃、夹丝玻璃、钢化玻璃、中空玻璃、夹层玻璃、镀膜玻璃等
24	橡胶	× × ×	—
25	塑料	（交叉斜线矩形）	包括各种软、硬塑料及有机玻璃等
26	防水材料	▬ ▭ ▬ ▭ ▬ ————	构造层次多或比例大时，采用上图例
27	粉刷	————————	本图例采用较稀的点

注：序号 1、2、5、7、8、13、14、16、17、18 图例中的斜线、短斜线、交叉斜线等均为 45°。

1.3.2　符　号

（一）剖切符号

剖面的剖切符号，由剖切位置线及剖视方向线组成，均以粗实线绘制。剖切位置线长度宜为 6~10mm；剖视方向线应垂直于剖切位置线，长度应短于剖切位置线，宜为 4~6m。剖面剖切符号的编号，宜采用阿拉伯数字，按顺序由左至右、由下至上连续编排，注写在剖视方向线的端部。剖面剖切符号不宜与图面上的图线相接触。需要转折的剖切位置线，在转折处如与其他图线发生混淆，应有转角的外侧加注与该符号相同的编号（图 1-1）。

断面剖切符号，只用剖切位置线表示，以粗实线绘制，长度宜为 6~10mm。断面剖切符号的编号，宜采用阿拉伯数字，按顺序连续编制、注写在剖切位置线的一侧，编号

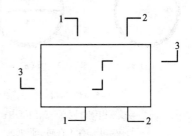

图 1-1　剖面剖切符号

所在的一侧应为该断面的剖视方向（图1-2）。

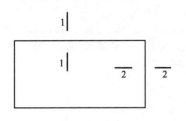

图1-2　断面剖切符号

（二）索引符号

图样中的某一局部或构件，如需另见详图以索引符号索引（图1-3a），索引符号的圆及直径均以细实线绘制，圆的直径为10mm。索引符号应按下列规定编号：

1. 索引出的详图，如与被索引的图样同在一张图纸内，应在索引符号的上半圆中用阿拉伯数字注明该详图的编号，并在下半圆中间画一段水平细实线（图1-3b）。

2. 索引出的详图，如与被索引的图样不在同一张图纸内，应在索引符号的下半圆中用阿拉伯数字注明该详图所在图纸的图纸号（图1-3c）。

3. 索引出的详图，如采用标准图，应在索引符号水平直径的延长线上加注该标准图册的编号（图1-3d）。

（a）　　　　（b）　　　　（c）　　　　（d）

图1-3　索引符号

索引符号如用于索引剖面详图，应在被剖切的部位绘制剖切位置线，并以引出线引出索引符号，引出线所在的一侧应为剖视方向（图1-4）。

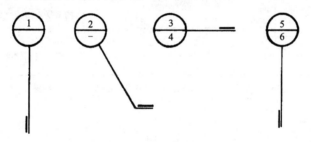

图1-4　用于索引剖面详图的索引符号

（三）详图符号

详图的位置和编号，以详图符号表示。详图符号以粗实线绘制，直径为14mm。详图应按下列规定编号：

1. 详图与被索引的图样同在一张图纸内时，应在详图符号内用阿拉伯数字注明详图的编号（图1-5a）。

2. 详图与被索引的图样，如不在同一张图纸内，可用细实线在详图符号内画一水平直径，在上半圆中注明详图编号，在下半圆中注明被索引图纸的图纸号（图1-5b）。

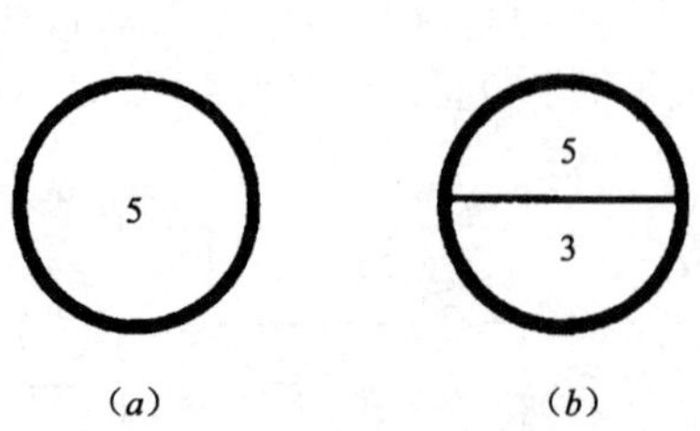

（a）　　　　　（b）

图1-5　详图符号

（a）与被索引图样同在一张图纸内；

（b）与被索引图样不在同一张纸内

（四）引出线

引出线以细实线绘制，采用水平方向的直线，与水平方向成 30°、45°、60°、90° 的直线，或经上述角度再折为水平的折线。文字说明注写在横线的上方或横线的端部。同时引出几个相同部分的引出线，宜互相平行，也可画成集中于一点的放射线。索引详图的引出线对准索引符号的圆心（图 1-6）。

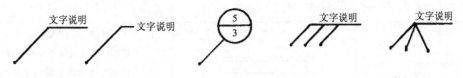

图 1-6　引出线

多层构造或多层管道共用引出线，应通过被引出的各层。文字说明注写在横线的上方或横线的端部，说明的顺序由上至下，并与被说明的层次相互一致；如层次为横向排列，则由上至下的说明顺序应与由左至右的层次相互一致（图 1-7）。

（五）其他符号

对称符号用细线绘制，如图 1-8 所示。平行线长度为 6～10mm，平行线的间距为 2～3mm，平行线在对称线两侧的长度应相等。

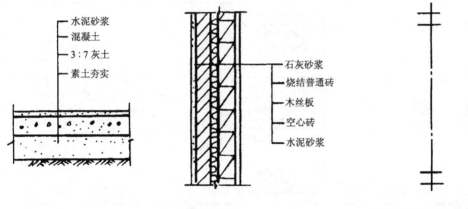

图 1-7　多层构造引出线　　　　　图 1-8　对称符号

连接符号以折断线表示需连接的部位，以折断线两端靠图样一侧的大写拉丁字母表示连接编号。两个被连接的图样，必须用相同的字母编号（图 1-9）。

指北针用细实线绘制，如图 1-10 所示。圆的直径为 24mm，指针尾部的宽度宜为 3mm。需用较大直径绘制指北针时，指针尾部宽度宜为直径的 1/3。

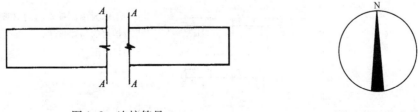

图 1-9　连接符号　　　　　　　图 1-10　指北针

1.3.3 建筑构造图例

建筑构造图例见表1-2。

建筑构造图例　　　　　　　　　　　　　　　　　　表1-2

序　号	名　　称	图　　例	备　　注
1	墙体	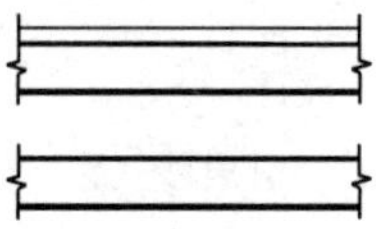	1. 上图为外墙，下图为内墙 2. 外墙细线表示有保温层或有幕墙 3. 应加注文字或涂色或图案填充表示各种材料的墙体 4. 在各层平面图中防火墙宜着重以特殊图案填充表示
2	隔断		1. 加注文字或涂色或图案填充表示各种材料的轻质隔断 2. 适用于到顶与不到顶隔断
3	玻璃幕墙		幕墙龙骨是否表示由项目设计决定
4	栏杆		—
5	楼梯	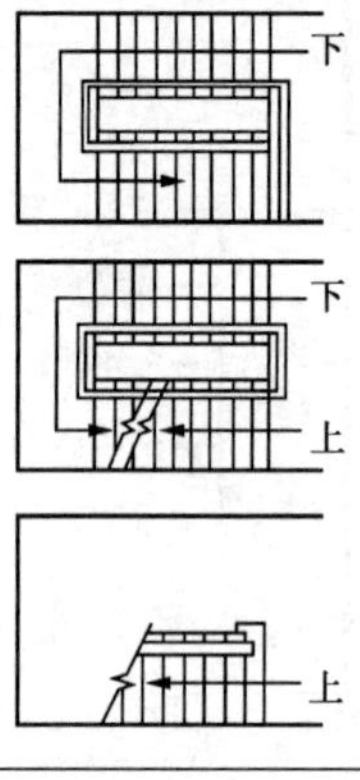	1. 上图为顶层楼梯平面，中图为中间层楼梯平面，下图为底层楼梯平面 2. 需设置靠墙扶手或中间扶手时，应在图中表示
6	坡道	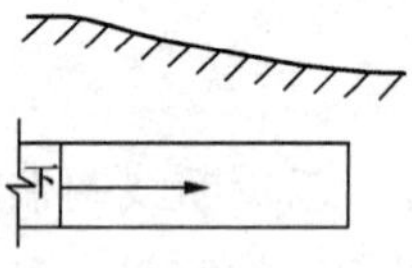	长坡道
		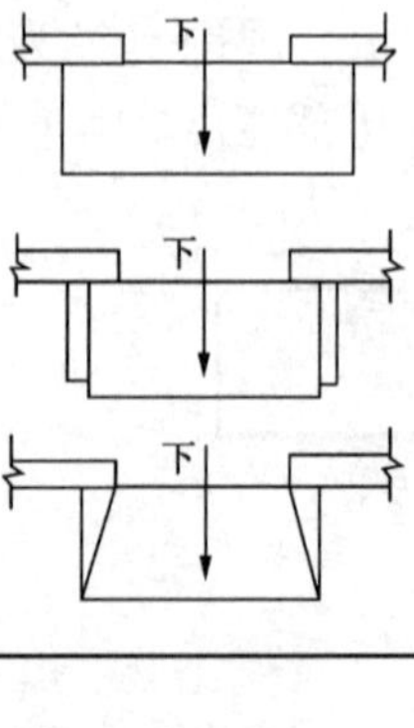	上图为两侧垂直的门口坡道，中图为有挡墙的门口坡道，下图为两侧找坡的门口坡道

序 号	名 称	图 例	备 注
7	台阶	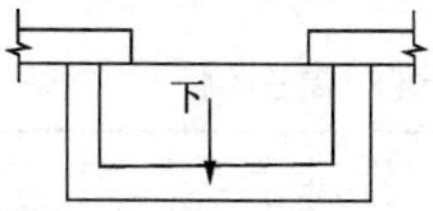	—
8	平面高差	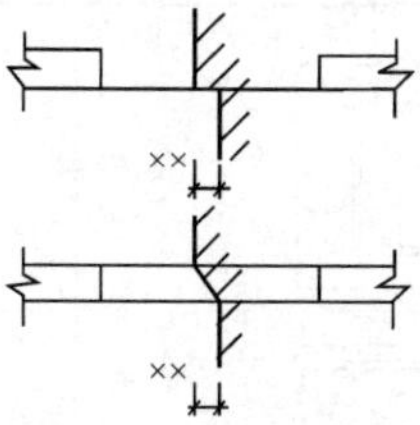	用于高差小的地面或楼面交接处，并应与门的开启方向协调
9	检查口		左图为可见检查口，右图为不可见检查口
10	孔洞		阴影部分亦可填充灰度或涂色代替
11	坑槽		—
12	墙预留洞、槽	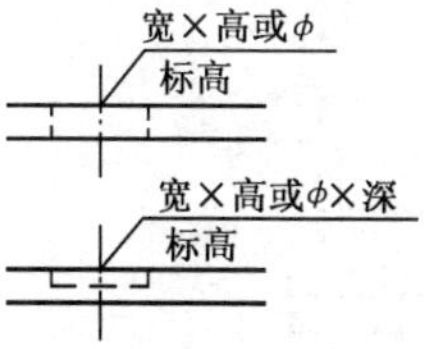 宽×高或φ 标高 宽×高或φ×深 标高	1. 上图为预留洞，下图为预留槽 2. 平面以洞（槽）中心定位 3. 标高以洞（槽）底或中心定位 4. 宜以涂色区别墙体和预留洞（槽）
13	地沟	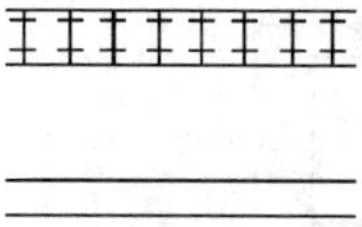	上图为有盖板地沟，下图为无盖板明沟
14	烟道	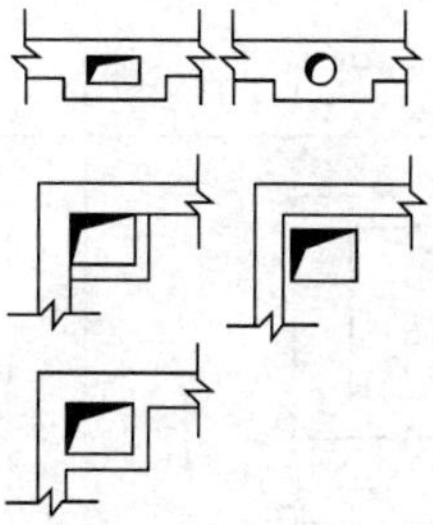	1. 阴影部分亦可填充灰度或涂色代替 2. 烟道、风道与墙体为相同材料，其相接处墙身线应连通 3. 烟道、风道根据需要增加不同材料的内衬
15	风道	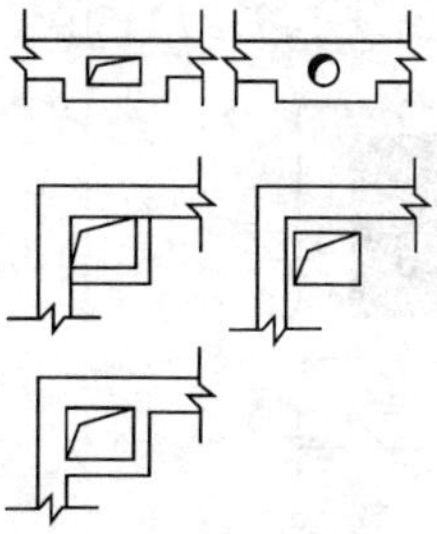	

15

1.3.4 建筑门窗图例

建筑门窗图例见表1-3。

建筑门窗图例 表1-3

序号	名称	图例	备注
1	新建的墙和窗	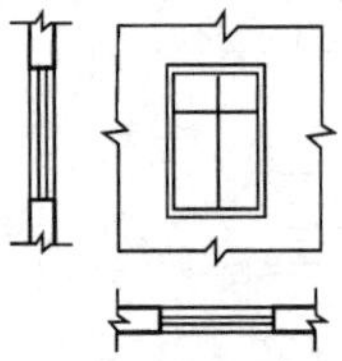	—
2	改建时保留的墙和窗	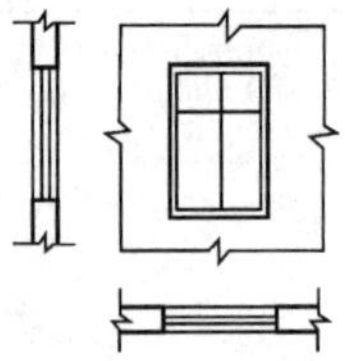	只更换窗，应加粗窗的轮廓线
3	拆除的墙	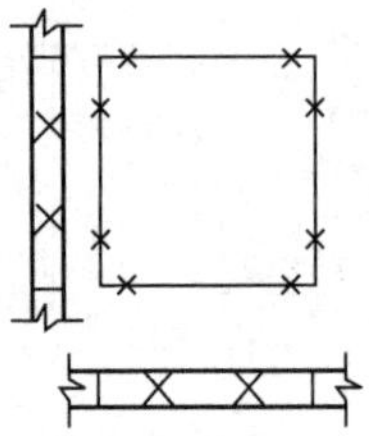	—
4	改建时在原有墙或楼板新开的洞	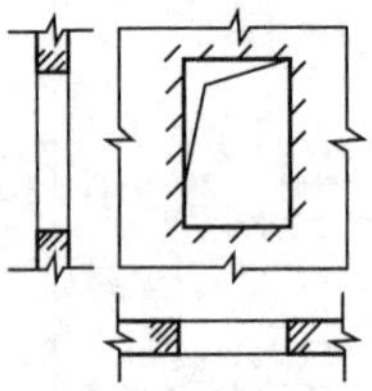	—
5	在原有墙或楼板洞旁扩大的洞	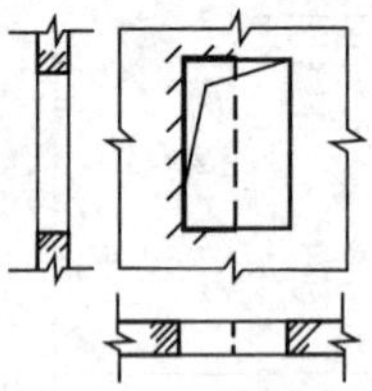	图示为洞口向左边扩大
6	在原有墙或楼板上全部填塞的洞	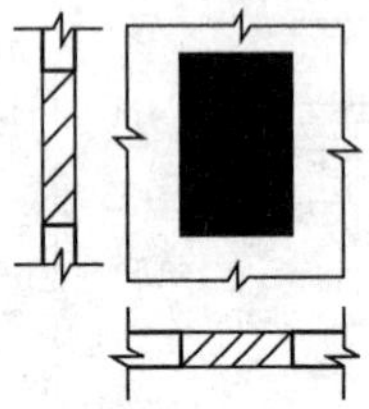	全部填塞的洞 图中立面填充灰度或涂色

序 号	名 称	图 例	备 注
7	在原有墙或楼板上局部填塞的洞	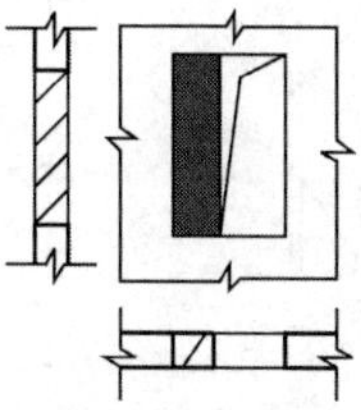	左侧为局部填塞的洞 图中立面填充灰度或涂色
8	空门洞	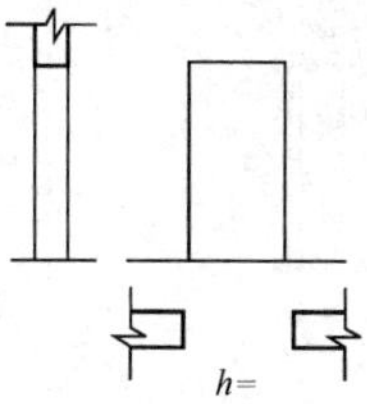 $h=$	h 为门洞高度
9	单面开启单扇门（包括平开或单面弹簧）	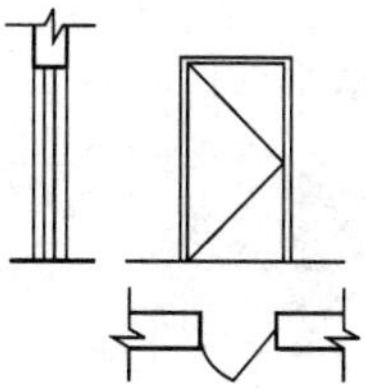	1. 门的名称代号用 M 表示 2. 平面图中，下为外，上为内 门开启线为90°、60°或45°，开启弧线宜绘出 3. 立面图中，开启线实线为外开，虚线为内开。开启线交角的一侧为安装合页一侧。开启线在建筑立面图中可不表示，在立面大样图中可根据需要绘出 4. 剖面图中，左为外，右为内 5. 附加纱扇应以文字说明，在平、立、剖面图中均不表示 6. 立面形式应按实际情况绘制
	双面开启单扇门（包括双面平开或双面弹簧）	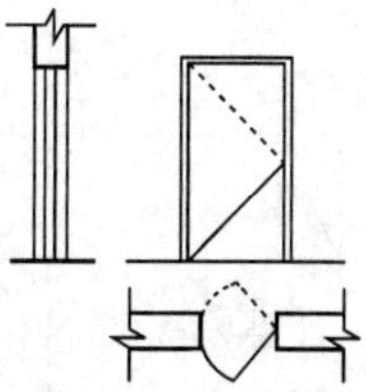	
	双层单扇平开门	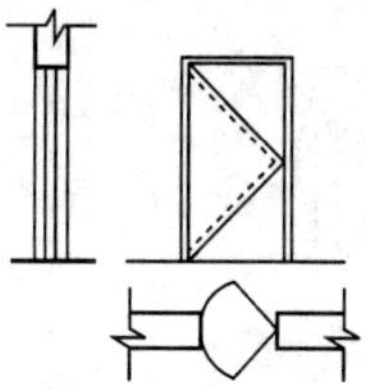	

17

序 号	名 称	图 例	备 注
10	单面开启双扇门（包括平开或单面弹簧）	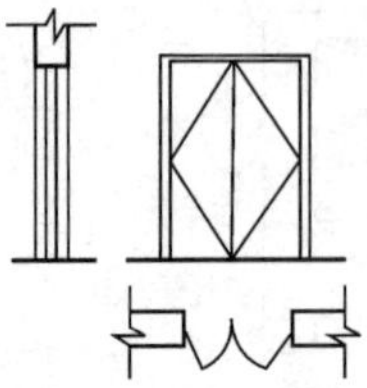	1. 门的名称代号用 M 表示 2. 平面图中，下为外，上为内 门开启线为90°、60°或45°，开启弧线宜绘出 3. 立面图中，开启线实线为外开，虚线为内开。开启线交角的一侧为安装合页一侧。开启线在建筑立面图中可不表示，在立面大样图中可根据需要绘出 4. 剖面图中，左为外，右为内 5. 附加纱扇应以文字说明，在平、立、剖面图中均不表示 6. 立面形式应按实际情况绘制
	双面开启双扇门（包括双面平开或双面弹簧）		
	双层双扇平开门		
11	折叠门	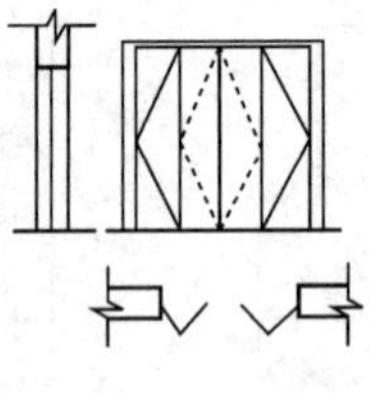	1. 门的名称代号用 M 表示 2. 平面图中，下为外，上为内 3. 立面图中，开启线实线为外开，虚线为内开。开启线交角的一侧为安装合页一侧 4. 剖面图中，左为外，右为内 5. 立面形式应按实际情况绘制
	推拉折叠门		

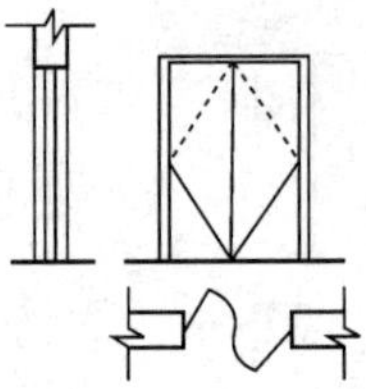

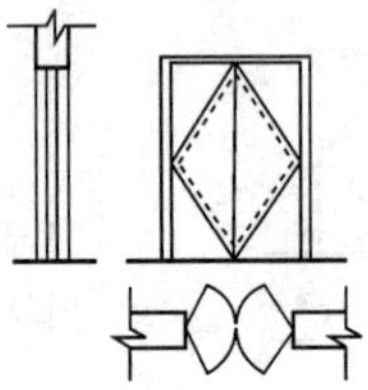

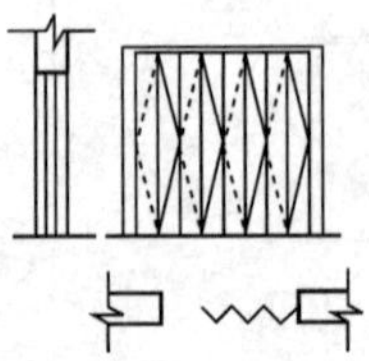

序 号	名 称	图 例	备 注
12	墙洞外单扇推拉门	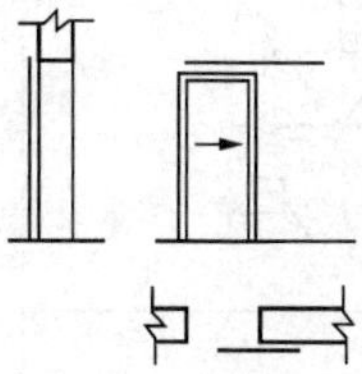	1. 门的名称代号用 M 表示 2. 平面图中，下为外，上为内 3. 剖面图中，左为外，右为内 4. 立面形式应按实际情况绘制
	墙洞外双扇推拉门	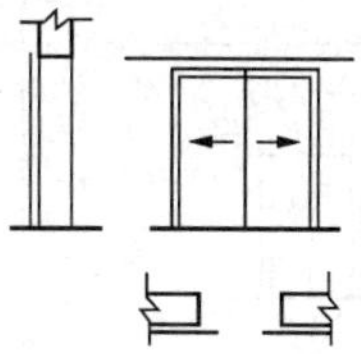	
	墙中单扇推拉门	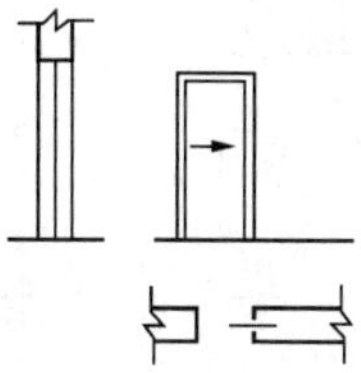	1. 门的名称代号用 M 表示 2. 立面形式应按实际情况绘制
	墙中双扇推拉门	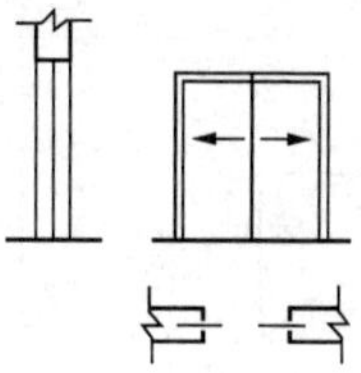	

序 号	名 称	图 例	备 注
13	推杠门	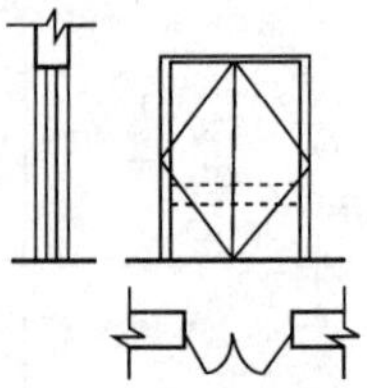	1. 门的名称代号用 M 表示 2. 平面图中，下为外，上为内 门开启线为90°、60°或45° 3. 立面图中，开启线实线为外开，虚线为内开。开启线交角的一侧为安装合页一侧。开启线在建筑立面图中可不表示，在室内设计门窗立面大样图中需绘出 4. 剖面图中，左为外，右为内 5. 立面形式应按实际情况绘制
14	门连窗	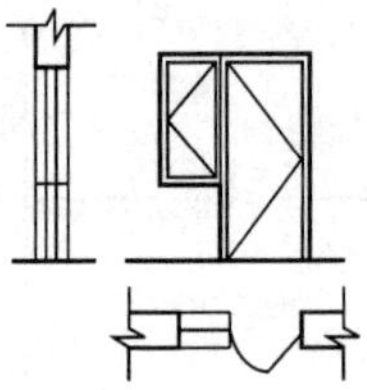	
15	旋转门	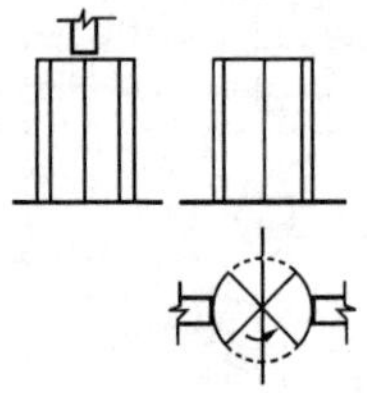	1. 门的名称代号用 M 表示 2. 立面形式应按实际情况绘制
	两翼智能旋转门	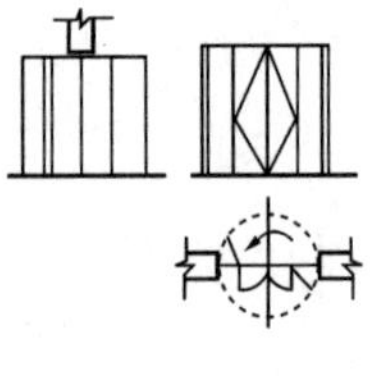	
16	自动门	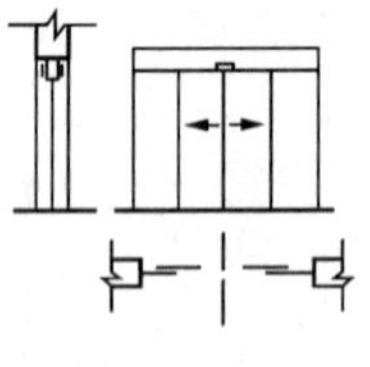	1. 门的名称代号用 M 表示 2. 立面形式应按实际情况绘制
17	折叠上翻门	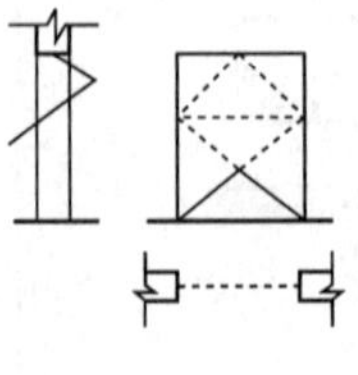	1. 门的名称代号用 M 表示 2. 平面图中，下为外，上为内 3. 剖面图中，左为外，右为内 4. 立面形式应按实际情况绘制

序 号	名 称	图 例	备 注
18	提升门		1. 门的名称代号用 M 表示 2. 立面形式应按实际情况绘制
19	分节提升门		
20	人防单扇防护密闭门		1. 门的名称代号按人防要求表示 2. 立面形式应按实际情况绘制
	人防单扇密闭门		
21	人防双扇防护密闭门		1. 门的名称代号按人防要求表示 2. 立面形式应按实际情况绘制
	人防双扇密闭门		

序 号	名 称	图 例	备 注
22	横向卷帘门		—
	竖向卷帘门		
	单侧双层卷帘门		
	双侧单层卷帘门		

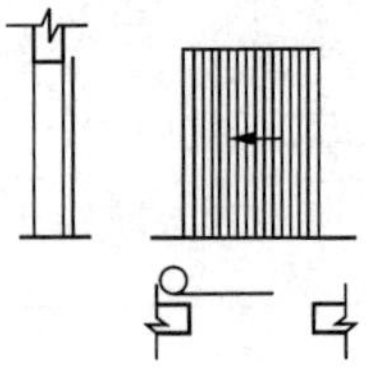

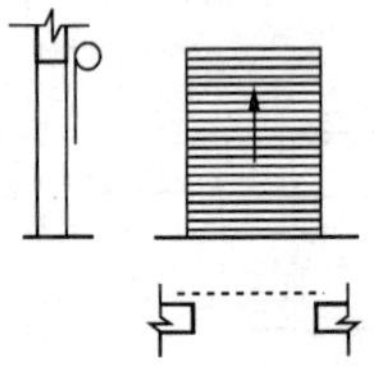

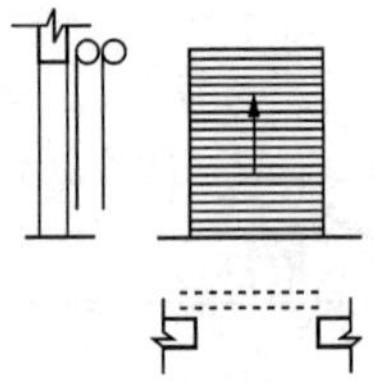

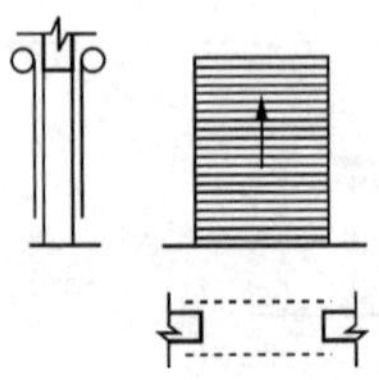

序 号	名 称	图 例	备 注
23	固定窗	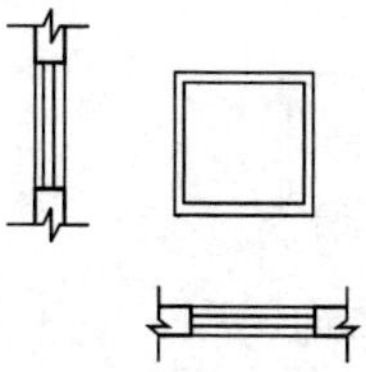	
24	上悬窗	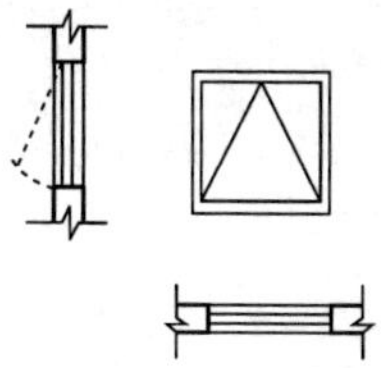	1. 窗的名称代号用 C 表示 2. 平面图中，下为外，上为内 3. 立面图中，开启线实线为外开，虚线为内开。开启线交角的一侧为安装合页一侧。开启线在建筑立面图中可不表示，在门窗立面大样图中需绘出 4. 剖面图中，左为外，右为内。虚线仅表示开启方向，项目设计不表示 5. 附加纱窗应以文字说明，在平、立、剖面图中均不表示 6. 立面形式应按实际情况绘制
	中悬窗	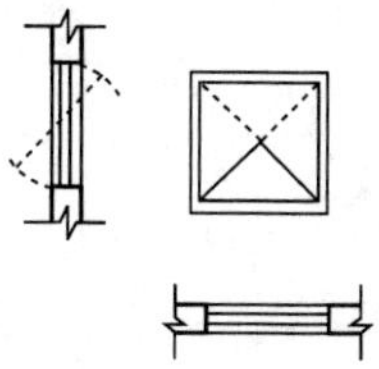	
25	下悬窗	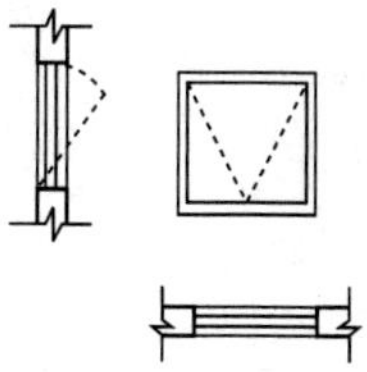	

序 号	名 称	图 例	备 注
26	立转窗	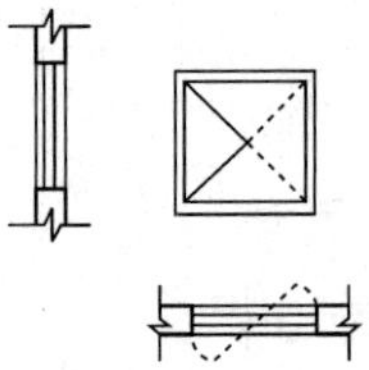	
27	内开平开内倾窗	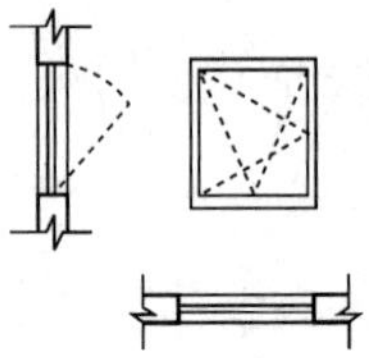	1. 窗的名称代号用 C 表示 2. 平面图中，下为外，上为内 3. 立面图中，开启线实线为外开，虚线为内开。开启线交角的一侧为安装合页一侧。开启线在建筑立面图中可不表示，在门窗立面大样图中需绘出 4. 剖面图中，左为外，右为内。虚线仅表示开启方向，项目设计不表示 5. 附加纱窗应以文字说明，在平、立、剖面图中均不表示 6. 立面形式应按实际情况绘制
28	单层外开平开窗	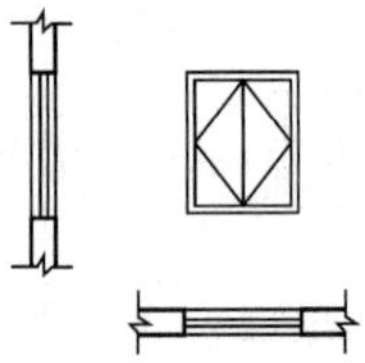	
	单层内开平开窗	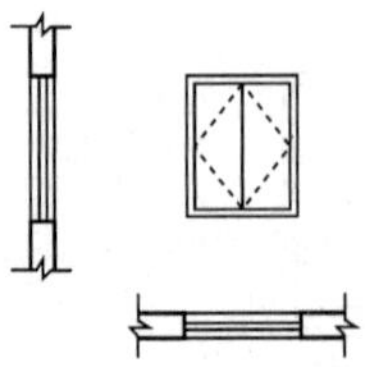	

序 号	名 称	图 例	备 注
29	双层内外开平开窗	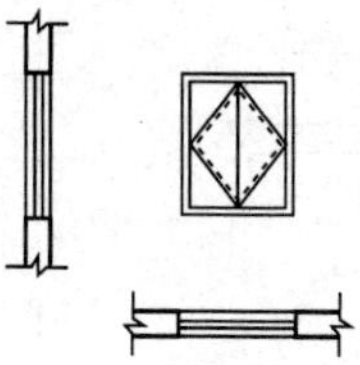	1. 窗的名称代号用 C 表示 2. 平面图中，下为外，上为内 3. 立面图中，开启线实线为外开，虚线为内开。开启线交角的一侧为安装合页一侧。开启线在建筑立面图中可不表示，在门窗立面大样图中需绘出 4. 剖面图中，左为外，右为内。虚线仅表示开启方向，项目设计不表示 5. 附加纱窗应以文字说明，在平、立、剖面图中均不表示 6. 立面形式应按实际情况绘制
30	单层推拉窗	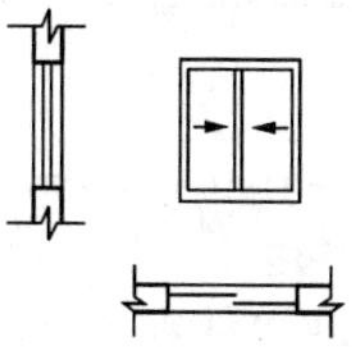	
	双层推拉窗	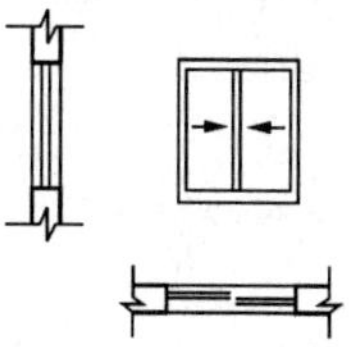	
31	上推窗	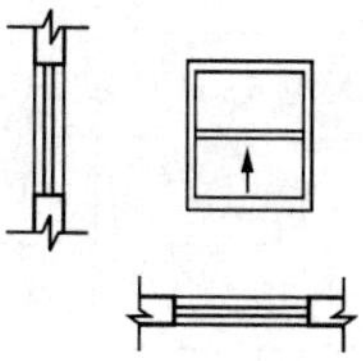	1. 窗的名称代号用 C 表示 2. 立面形式应按实际情况绘制
32	百叶窗	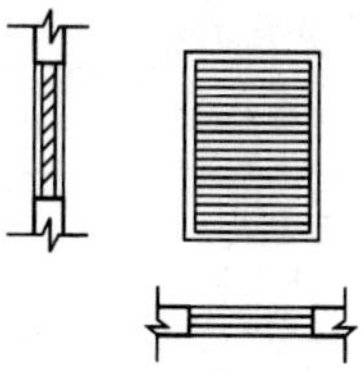	

序　号	名　称	图　例	备　注
33	高窗	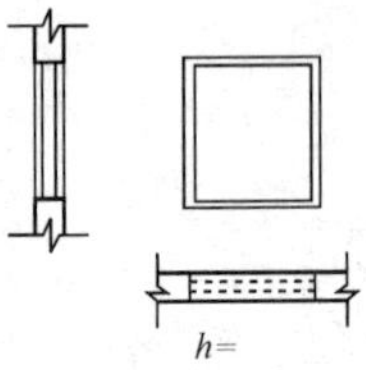	1. 窗的名称代号用 C 表示 2. 立面图中，开启线实线为外开，虚线为内开。开启线交角的一侧为安装合页一侧。开启线在建筑立面图中可不表示，在门窗立面大样图中需绘出 3. 剖面图中，左为外，右为内 4. 立面形式应按实际情况绘制 5. h 表示高窗底距本层地面高度 6. 高窗开启方式参考其他窗型
34	平推窗	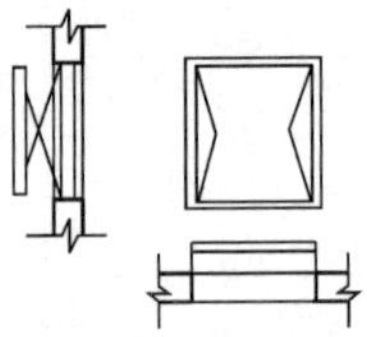	1. 窗的名称代号用 C 表示 2. 立面形式应按实际情况绘制

1.3.5　结构构件代号

　　预制混凝土构件、现浇混凝土构件、钢构件和木构件，一般可直接采用表 1-4 所列构件代号。

　　预应力混凝土构件代号，应在构件代号前加注"Y-"，如 Y-DL 表示预应力混凝土吊车梁。

常用构件代号　　　　　　　　　　　　　　　表 1-4

序号	名称	代号	序号	名称	代号	序号	名称	代号
1	板	B	11	墙板	QB	21	连系梁	LL
2	屋面板	WB	12	天沟板	TGB	22	基础梁	JL
3	空心板	KB	13	梁	L	23	楼梯梁	TL
4	槽形板	CB	14	屋面梁	WL	24	框架梁	KL
5	折板	ZB	15	吊车梁	DL	25	框支梁	KZL
6	密肋板	MB	16	单轨吊车梁	DDL	26	屋面框架梁	WKL
7	楼梯板	TB	17	轨道连接	DGL	27	檩条	LT
8	盖板或沟盖板	GB	18	车挡	CD	28	屋架	WJ
9	挡雨板或檐口板	YB	19	圈梁	QL	29	托架	TJ
10	吊车安全走道板	DB	20	过梁	GL	30	天窗架	CJ

26

序号	名称	代号	序号	名称	代号	序号	名称	代号
31	框架	KJ	39	桩	ZH	47	阳台	YT
32	刚架	GJ	40	挡土墙	DQ	48	梁垫	LD
33	支架	ZJ	41	地沟	DG	49	预埋件	M—
34	柱	Z	42	柱间支撑	ZC	50	天窗端壁	TD
35	框架柱	KZ	43	垂直支撑	CC	51	钢筋网	W
36	构造柱	GZ	44	水平支撑	SC	52	钢筋骨架	G
37	承台	CT	45	梯	T	53	基础	J
38	设备基础	SJ	46	雨篷	YP	54	暗柱	AZ

1.3.6 钢筋图例

普通钢筋图例见表1-5。

普通钢筋图例　　　　　　　　　　　　　　表1-5

序　号	名　　称	图　　例	说　　明
1	钢筋横断面	●	—
2	无弯钩的钢筋端部	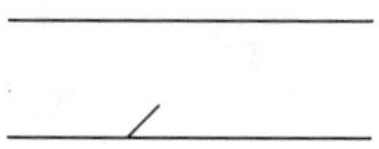	下图表示长，短钢筋投影重叠时，短钢筋的端部用45°斜画线表示
3	带半圆形弯钩的钢筋端部		—
4	带直钩的钢筋端部		—
5	带丝扣的钢筋端部		—
6	无弯钩的钢筋搭接		—
7	带半圆弯钩的钢筋搭接		—
8	带直钩的钢筋搭接		—
9	花篮螺丝钢筋接头	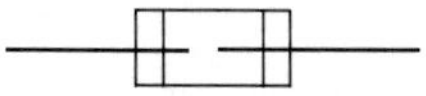	
10	机械连接的钢筋接头	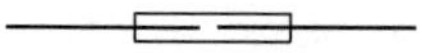	用文字说明机械连接的方式（如冷挤压或直螺纹等）

预应力钢筋图例见表1-6。

预应力钢筋图例 表1-6

序　号	名　　称	图　　例
1	预应力钢筋或钢绞线	
2	后张法预应力钢筋断面 无粘结预应力钢筋断面	
3	预应力钢筋断面	
4	张拉端锚具	
5	固定端锚具	
6	锚具的端视图	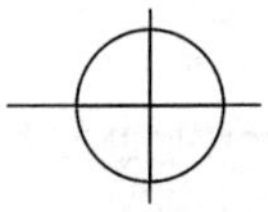
7	可动连接件	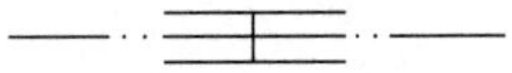
8	固定连接件	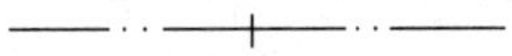

钢筋网片图例见表1-7。

钢筋网片图例 表1-7

序　号	名　　称	图　　例
1	一片钢筋网平面图	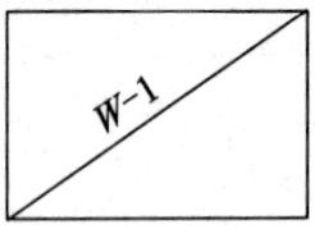
2	一行相同的钢筋网平面图	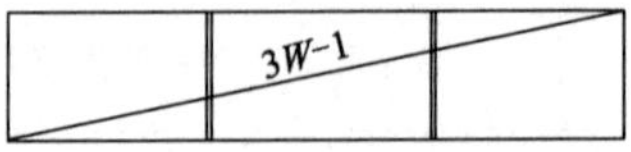

注：用文字注明焊接网或绑扎网片。

1.3.7　钢结构图例

型钢图例见表1-8。

28

型 钢 图 例   表 1-8

序　号	名　　称	截　面	标　注	说　明
1	等边角钢		$b \times t$	b 为肢宽 t 为肢厚
2	不等边角钢	B	$B \times b \times t$	B 为长肢宽 b 为短肢宽 t 为肢厚
3	工字钢		$N \quad Q \quad N$	轻型工字钢加注 Q 字
4	槽钢		$N \quad Q \quad N$	轻型槽钢加注 Q 字
5	方钢	b	b	—
6	扁钢	b	$b \times t$	—
7	钢板		$\dfrac{b \times t}{L}$	$\dfrac{宽 \times 厚}{板长}$
8	圆钢		ϕd	—
9	钢管		$\phi d \times t$	d 为外径 t 为壁厚
10	薄壁方钢管		$B \square b \times t$	
11	薄壁等肢角钢		$B \llcorner b \times t$	
12	薄壁等肢卷边角钢	a	$B \llcorner b \times a \times t$	薄壁型钢加注 B 字 t 为壁厚
13	薄壁槽钢	h	$B [h \times b \times t$	
14	薄壁卷边槽钢	a	$B [h \times b \times a \times t$	
15	薄壁卷边 Z 型钢	h a b	$B \ h \times b \times a \times t$	
16	T 型钢		TW　×× TM　×× TN　××	TW　为宽翼缘 T 型钢 TM　为中翼缘 T 型钢 TN　为窄翼缘 T 型钢

29

序 号	名 称	截 面	标 注	说 明
17	H 型钢	H	HW ×× HM ×× HN ××	HW 为宽翼缘 H 型钢 HM 为中翼缘 H 型钢 HN 为窄翼缘 H 型钢
18	起重机钢轨		⊥ QU××	详细说明产品规格型号
19	轻轨及钢轨		⊥ ××kg/m 钢轨	

螺栓、孔、电焊铆钉图例见表1-9。

螺栓、孔、电焊铆钉图例 表 1-9

序 号	名 称	图 例	说 明
1	永久螺栓	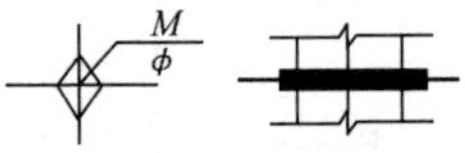	
2	高强度螺栓	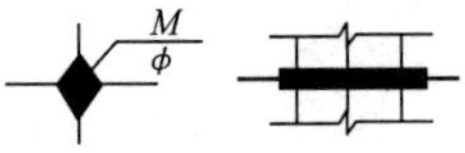	
3	安装螺栓	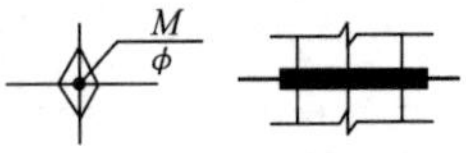	1. 细"＋"线表示定位线; 2. M 表示螺栓型号; 3. ϕ 表示螺栓孔直径; 4. d 表示膨胀螺栓、电焊铆钉直径; 5. 采用引出线标注螺栓时,横线上标注螺栓规格,横线下标注螺栓孔直径
4	膨胀螺栓	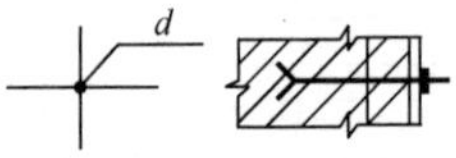	
5	圆形螺栓孔	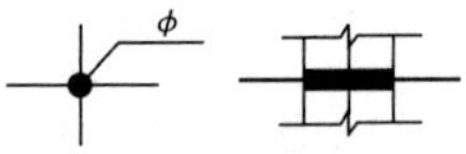	
6	长圆形螺栓孔	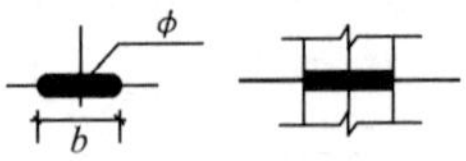	
7	电焊铆钉	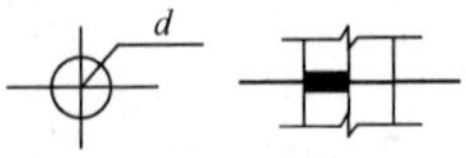	

1.3.8 木结构图例

木结构图例见表1-10。

序　号	名　　称	图　例	说　　明
1	圆木	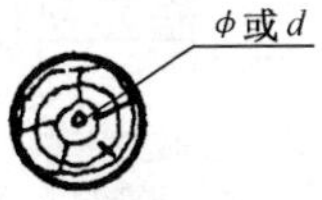 ϕ 或 d	
2	半圆木	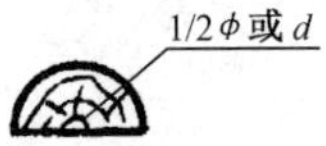 $1/2\phi$ 或 d	
3	方木	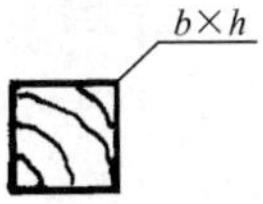 $b \times h$	
4	木板	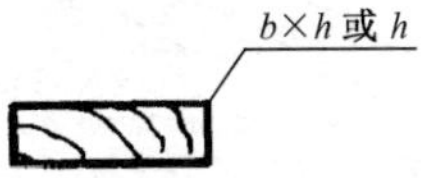 $b \times h$ 或 h	
5	钉连接正面画法（看得见钉帽的）	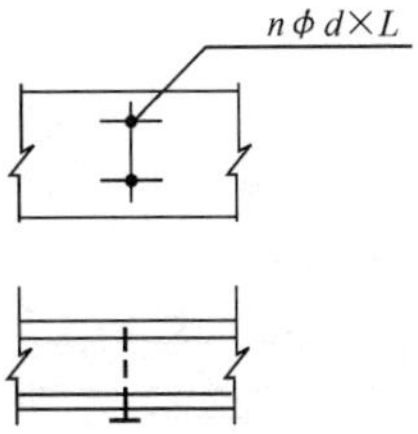 $n\phi d \times L$	1. 木材的断面图均应画出横纹线或顺纹线； 2. 立面图一般不画木纹线，但木键的立面图均须绘出木纹线
6	钉连接背面画法（看不见钉帽的）	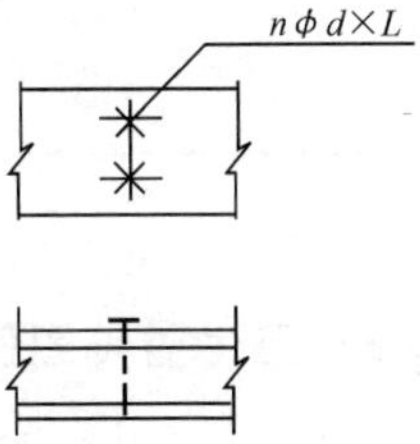 $n\phi d \times L$	
7	木螺钉连接正面画法（看得见钉帽的）	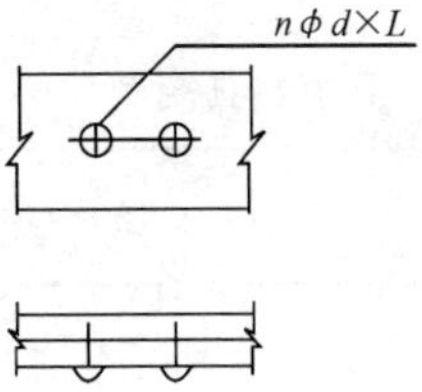 $n\phi d \times L$	
8	木螺钉连接背面画法（看不见钉帽的）	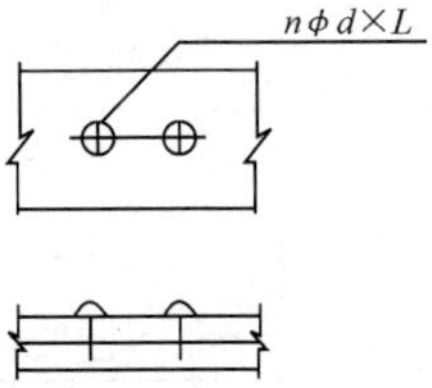 $n\phi d \times L$	

序　号	名　　称	图　　例	说　　明
9	杆件连接	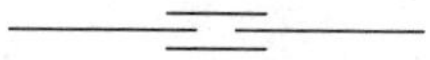	仅用于单线图中
10	螺栓连接	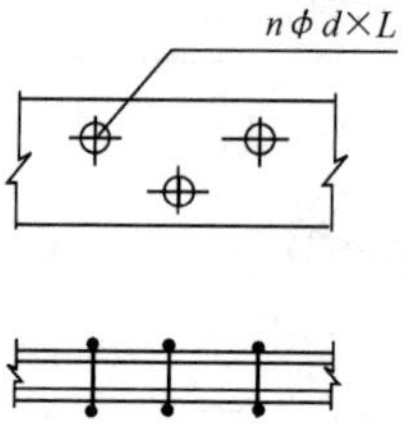 $n\phi d\times L$	1. 当采用双螺母时应加以注明； 2. 当采用钢夹板时，可不画垫板线
11	齿连接	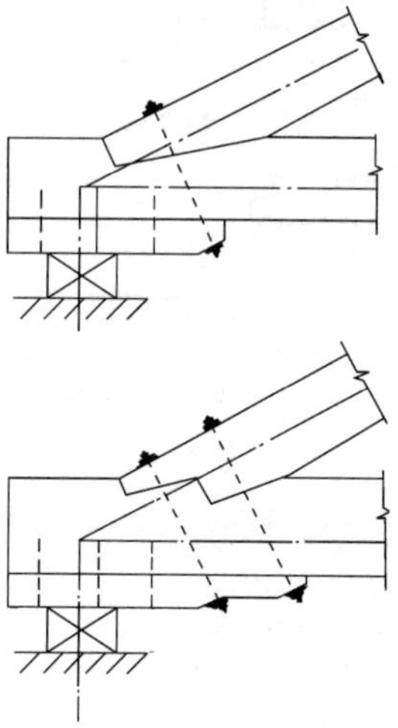	—

1.3.9　卫生器具图例

卫生器具图例见表 1-11。

卫生器具图例　　　　　　　　　　　　　　表 1-11

序　号	名　　称	图　　例	备　注
1	立式洗脸盆	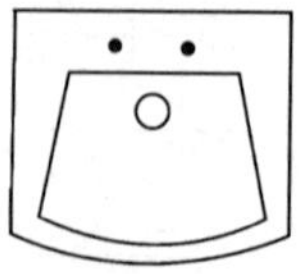	—
2	台式洗脸盆	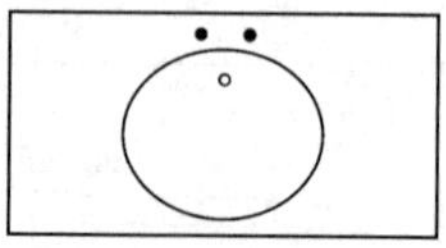	—

序　号	名　　称	图　　例	备　注
3	挂式洗脸盆	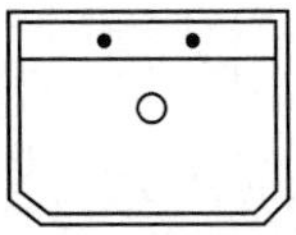	—
4	浴盆	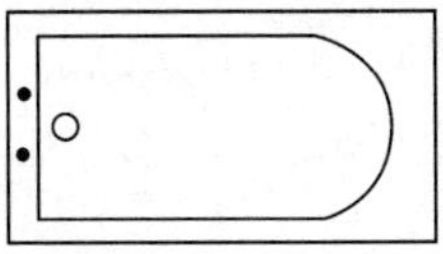	—
5	化验盆、洗涤盆	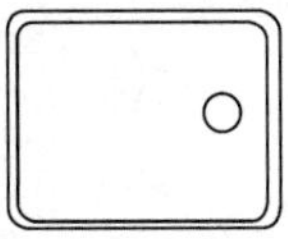	—
6	厨房洗涤盆	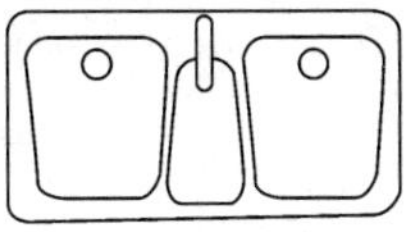	不锈钢制品
7	带沥水板洗涤盆	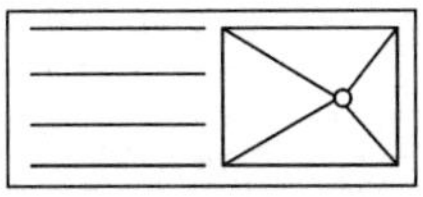	—
8	盥洗槽	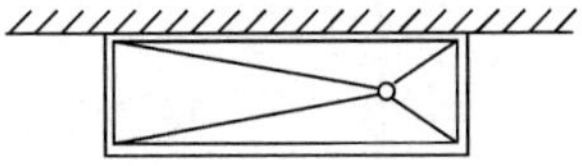	—
9	污水池	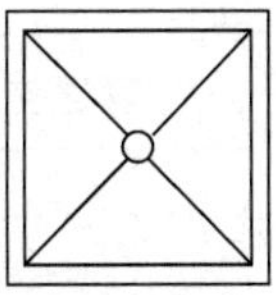	—
10	妇女净身盆	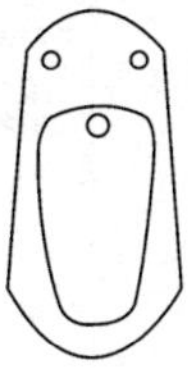	—
11	立式小便器	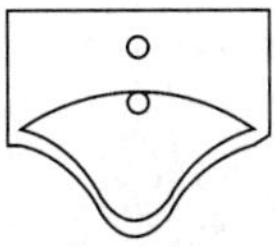	—

序　号	名　　称	图　　例	备　　注
12	壁挂式小便器		—
13	蹲式大便器	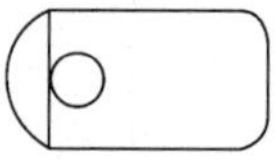	—
14	坐式大便器	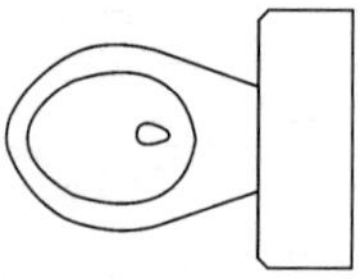	—
15	小便槽	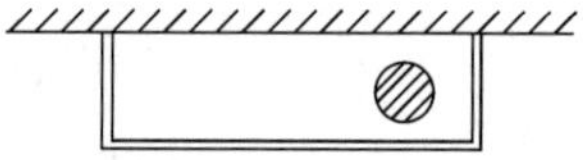	—
16	淋浴喷头		—

注：卫生设备图例也可以建筑专业资料图为准。

1.3.10　暖通空调设备图例

暖通空调设备图例见表 1-12。

暖通空调设备图例　　　　　　　　　　表 1-12

序　号	名　　称	图　　例	备　　注
1	散热器及手动放气阀	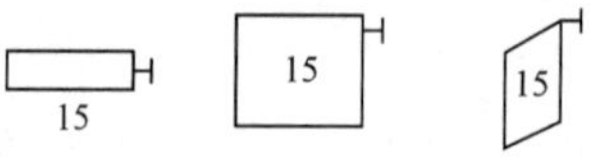	左为平面图画法，中为剖面图画法，右为系统图（Y 轴侧）画法
2	散热器及温控阀	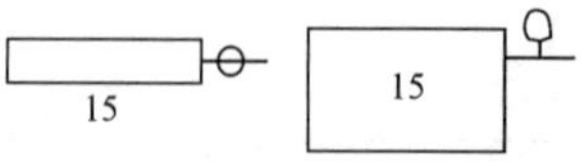	—
3	轴流风机	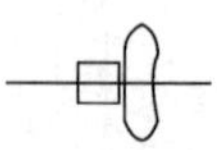	—

序 号	名 称	图 例	备 注
4	轴（混）流式管道风机	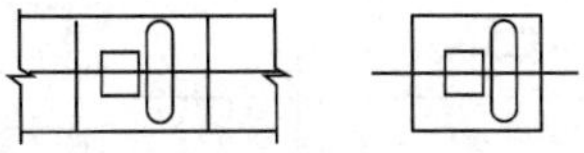	—
5	离心式管道风机	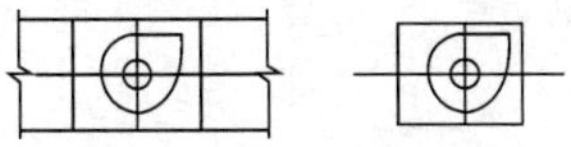	—
6	吊顶式排气扇		—
7	水泵	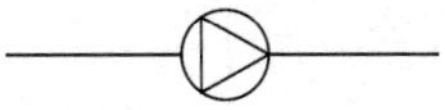	—
8	手摇泵	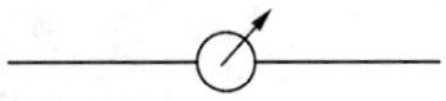	—
9	变风量末端	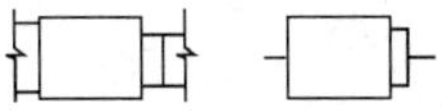	—
10	空调机组加热、冷却盘管		从左到右分别为加热、冷却及双功能盘管
11	空气过滤器	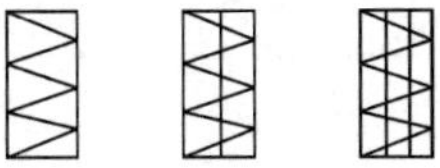	从左至右分别为粗效、中效及高效
12	挡水板		—
13	加湿器	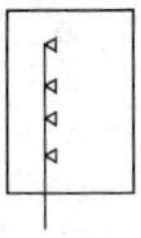	—
14	电加热器	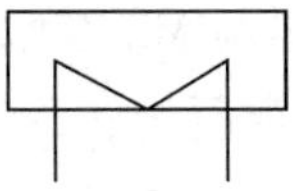	—
15	板式换热器	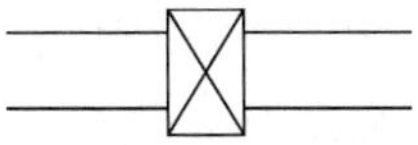	—
16	立式明装风机盘管	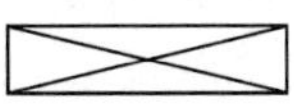	—

序 号	名 称	图 例	备 注
17	立式暗装风机盘管	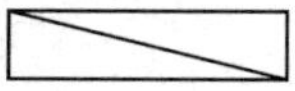	—
18	卧式明装风机盘管	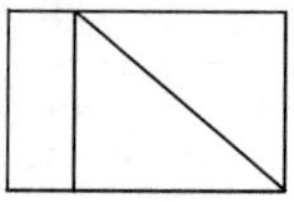	—
19	卧式暗装风机盘管	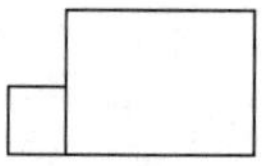	—
20	窗式空调器	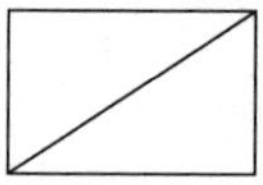	—
21	分体空调器	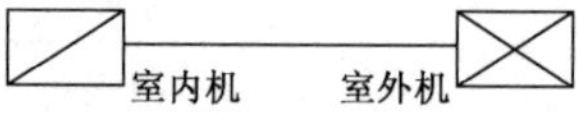 室内机　室外机	—
22	射流诱导风机	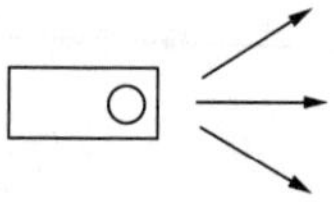	—
23	减振器		左为平面图画法，右为剖面图画法

1.4 建筑工程识图示例

兹举一幢三层砖混结构住宅楼的建筑施工图和结构施工图（摘要）作为识图示例。

1.4.1 设 计 说 明

住宅楼各部分用料如下：

1. 基础：MU10 烧结普通砖与 M5 水泥砂浆砌筑，垫层 3：7 灰土。

2. 墙体：MU10 烧结普通砖与 M2.5 水泥石灰砂浆砌筑，厚度 240mm。

3. 楼板：预制空心板 C20 混凝土；现浇平板 C15 混凝土。

4. 楼梯：C20 混凝土现浇。

5. 阳台、雨篷、挑檐：C20 混凝土现浇。

6. 外墙面：12 厚 1：1：6 水泥石灰砂浆打底，6 厚 1：1：4 水泥石灰砂浆罩面。

7. 外墙裙：12 厚 1：3 水泥砂浆打底，8 厚 1：3 水泥砂浆刮平，5 厚 1：2.5 水泥砂浆罩面。

8. 地面：客厅、卧室地面：素土夯实，100 厚 3：7 灰土，50 厚 C10 混凝土，20 厚

1:2.5 水泥砂浆；厨房、卫生间地面：素土夯实，100 厚 3:7 灰土，50 厚 C10 混凝土，20 厚 1:4 干硬性水泥砂浆，8 厚地砖（彩釉砖）。

9. 楼面：客厅、卧室楼面：素水泥浆，20 厚 1:2.5 水泥砂浆；厨房、卫生间楼面：20 厚 1:4 干硬性水泥砂浆，8 厚地砖。

10. 踢脚：12 厚 1:3 水泥砂浆打底，8 厚 1:2.5 水泥砂浆罩面，高 120mm。

11. 内墙面：客厅、卧室内墙面：13 厚 1:0.3:3 水泥石灰砂浆打底，5 厚 1:0.3:2.5 水泥石灰砂浆罩面，刷乳胶漆二遍；厨房、卫生间内墙面：12 厚 1:3 水泥砂浆打底，8 厚 1:0.1:2.5 水泥石灰砂浆结合层，贴 5 厚釉面砖（瓷板）。

12. 顶棚：板底刷素水泥浆一道（内掺水重 3% ~5% 的 108 胶），5 厚 1:0.3:3 水泥石灰砂浆打底，5 厚 1:0.3:2.5 水泥石灰砂浆罩面，刷乳胶漆。

13. 木材面油漆：刷底油，刷油色，清漆二遍。

14. 屋面：30 ~120 厚水泥蛭石保温层、20 厚 1:3 水泥砂浆找平层、铺 1.5 厚三元乙丙橡胶卷材。

15. 散水：素土夯实向外坡 4%，150 厚 3:7 灰土，50 厚 C15 混凝土撒 1:1 水泥砂浆压实抹光。散水宽 900mm。

16. 排水部件：玻璃钢落水管、水斗。

17. 门窗：阳台门及外窗为铝合金平开门窗，户门为木镶板门，卧室门为胶合板门，厨房、卫生间门为半截玻璃门。门窗表如下：

门 窗 表

编 号	洞口尺寸，宽×高（mm）	门窗类型	数 量
M-1	900×2400	单扇带亮铝合金平开门	4
M-2	900×2400	单扇带亮胶合板平开门	15
M-3	800×2400	单扇带亮半截玻璃平开门	6
M-4	700×2400	单扇带亮半截玻璃平开门	6
M-5	900×2100	单扇无亮镶板平开门	6
C-1	1500×1500	三扇带亮铝合金平开窗	14
C-2	1200×1500	双扇带亮铝合金平开窗	13
C-3	900×1500	双扇带亮铝合金平开窗	6
C-4	1200×600	双扇无亮铝合金平开窗	3

1.4.2 识建筑施工图

（一）底层平面图

本住宅楼底层平面图如图 1-11 所示。

底层平面图表达了该住宅楼底层各房间的平面位置、墙体平面位置及其相互间轴线尺寸、门窗平面位置及其宽度、第一段楼梯平面、散水平面等。

底层平面图右上角有指北针，箭头指向为北。

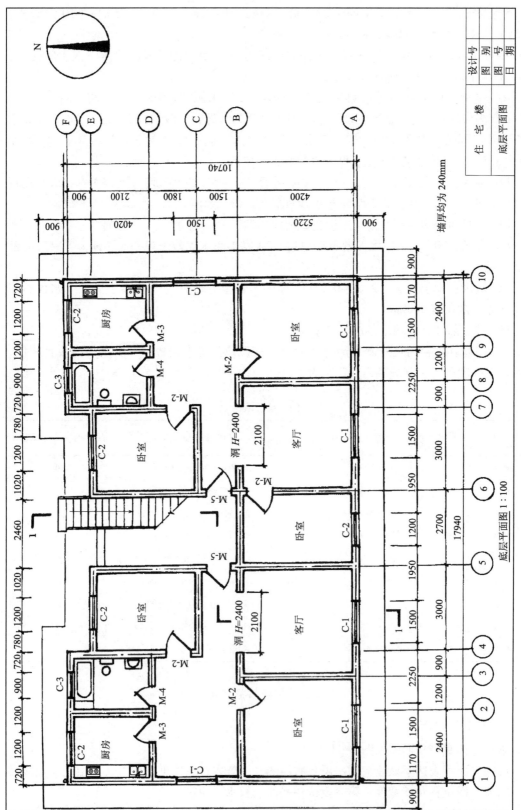

底层平面图 1:100

图 1-11 底层平面图

从图中可以看出，从北向楼梯间处进去，有东西两户，东户为三室一厅，即一间客厅、三间卧室、另有厨房、卫生间各一间；西户为两室一厅，即一间客厅、两间卧室，另有厨房、卫生间各一间。

东户的客厅开间3900mm，进深4200mm，无门只有空圈，有C-1外窗；南卧室有两间，小间开间2700mm，进深4200mm；大间开间3600mm，进深4200mm。小间有M-2内门、C-2外窗；大间有M-2内门，C-1外窗。北卧室开间3000mm，进深3900mm，有M-2内门，C-2外窗。厨房开间2400mm，进深3000mm，有M-3内门，C-2外窗，室内有洗涤池一个。卫生间开间2100mm，进深3000mm，有M-4内门，C-3外窗，室内有浴盆、坐便器、洗面器各一件。

西户的客厅开间3900mm，进深4200mm，无门只有空圈，有C-1外窗；南卧室开间3600mm，进深4200mm，有M-2内门，C-1外窗；北卧室开间3600mm，进深3900mm，有M-2内门，C-2外窗。厨房开间2400mm，进深3000mm，有M-3内门，C-2外窗，室内有洗涤池一个。卫生间开间2100mm，进深3000mm，有M-4内门，C×3外窗，室内有浴盆、坐便器、洗面器各一件。

这两户的户门为M-5。

楼梯间有第一梯段的大部分，及进入室内的两步室内台阶，梯段上的箭头方向是示出从箭头方向上楼。

底层外墙外围是散水，仅表示散水宽度。

通过楼梯间有一道剖面符号1-1，表示该楼的剖面图从此处剖开从右向左剖视。

每道承重墙标有定位轴线，240mm厚墙体，定位轴线通过其中心。横向墙体的定位轴线用阿拉伯数字从左向右顺序编号，纵向墙体的定位轴线用英文大写从下向上顺序编号。底层平面图上有10道横向墙体定位轴线，6道纵向墙体定位轴线。

底层平面图上尺寸线，每边注3道（相对应边尺寸相同者只注其中一边尺寸），第一道为门窗宽及窗间墙宽，第二道为定位轴线间中距，第三道为外包尺寸。

本图中东西边尺寸相同，只注东边尺寸；南北边第一道尺寸不同，故分别标注，第二、第三道尺寸相同，故北边不注第二、第三道尺寸。

（二）二层平面图

本住宅楼二层平面图如图1-12所示。

二层平面图表达了该住宅楼第二层各房间平面位置；墙体平面位置及其相互间轴线尺寸、门窗、平面位置及其宽度；第二段楼梯全部及第一、第三段楼梯局部平面；阳台、雨篷平面等。

二层平面图中各房间的进深及开间尺寸同底层平面图中所示。所不同的是客厅及楼梯间。

客厅外有阳台，有阳台的外墙上设M-1外门及C-2外窗。

楼梯间内表示出第二梯段平面的全部、第一梯段及第三梯段平面局部，以折断线为界。楼梯间外窗为C-4。楼梯间外墙外有雨篷的平面。

（三）立面图

本住宅楼立面图如图1-13所示。

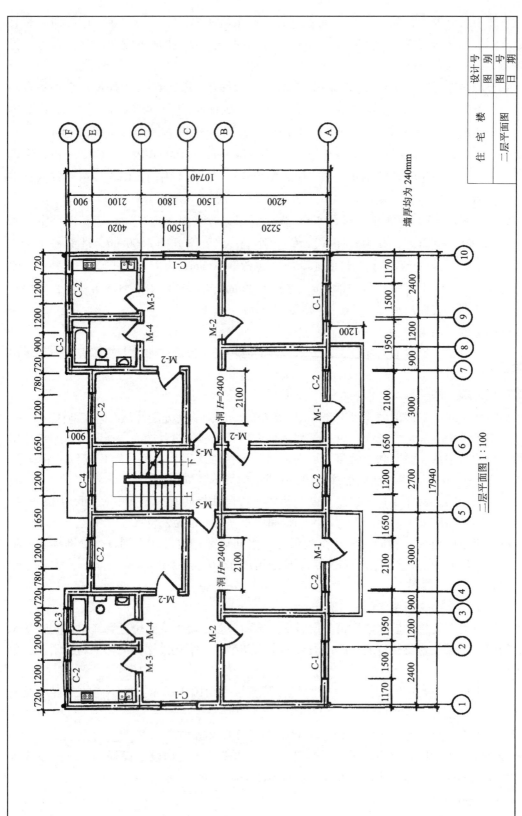

图 1-12 二层平面图

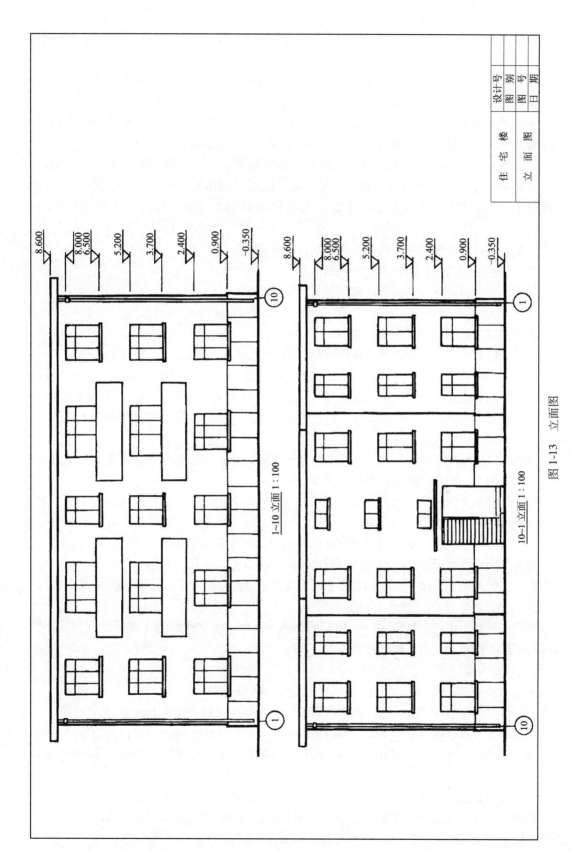

图 1-13　立面图

该住宅楼立面图有两个，上图为正立面，即定位轴线1至10立面，下图为背立面，即定位轴线10至1立面。

从正立面图上可以看到各层临南向房间的外窗位置及其形式、阳台栏板立面位置、外墙面及墙裙立面形式、屋面挑檐立面形式等。

从背立面图上可以看出各层临北向房间的外窗位置及其形式、外墙面及墙裙立面形式、楼梯间入口、第一段楼梯立面，室内台阶立面、雨篷立面等。

立面图右侧的标高线，表示外窗、挑檐等各处标高值，标高值以底层室内地面标高为零算起的，高于底层室内地面者为正值，低于底层室内地面者为负值，本图中室外地坪标高值为 – 0.350，表示室外地坪低于底层室内地面0.35m。标高值的计量单位为"米"。

外墙裙立面上竖向细线是表示外墙裙抹灰的分格线。

每个外窗下边的狭长粗线条表示窗盘立面。

外墙底下一道最粗线表示室外地坪线（不画散水）。

（四）剖面图

本住宅楼剖面图（剖面1-1）如图1-14所示。

根据底层平面图上剖切符号，该剖面图表示出楼梯间、客厅、阳台等处剖视情况。

从剖面图中看出，该住宅楼为三个层次。层高为2.8m。屋顶为平屋面，有外伸挑檐。客厅外墙外侧有挑出阳台（二、三层有阳台，底层无阳台）。楼梯有三段，第一段楼梯从底层到二层为单跑梯；第二段楼梯从二层楼面到楼梯平台，第三段楼梯从楼梯平台到三层楼面，这两段楼梯组成双跑梯，从二层到三层。

根据建筑材料图例得知，二、三层客厅楼板为预制板；屋面板全为预制板，楼梯及走道为现浇混凝土。阳台、雨篷也为现浇混凝土。

每个外窗及空圈上边有钢筋混凝土过梁。三层外窗上面为挑檐圈梁。阳台门上面为阳台梁。楼梯间入口处上面为雨篷梁。

剖面图只表示到底层室内地面及室外地坪线，以下部分属于基础，另见基础图。

剖面图两侧均有标高线，标出底层室内地面、各层楼面、屋面板面、外窗上下边、楼梯平台、室外地坪等处标高值。以底层室内地面标高为零，以上者标正值，以下者标负值。

说明：剖面图比例应与平面图比例相同，用1:100。考虑到用1:100绘剖面图太小，缩版后印刷不清楚，故本剖面图比例改为1:50。

（五）胶合板门详图

本住宅楼采用的胶合板门（M-2）详图如图1-15所示。

胶合板门详图表达了胶合板门的立面形式，各主要结点构造等情况。

图的左侧为胶合板门的外立面，即看到的是胶合板门外面的情况，可以看出这是一扇带腰窗（带亮）的单扇胶合板门，门宽880mm，门高2385mm，配合900mm×2400mm门洞口。

胶合板门的立面图有5个索引符号，索引5个节点详图都在本图上。

详图1表示门框边梃与腰窗边梃结合情况，可以看出门框边梃断面为55mm×75mm，腰窗边梃断面为40mm×55mm。腰窗配3mm厚玻璃。

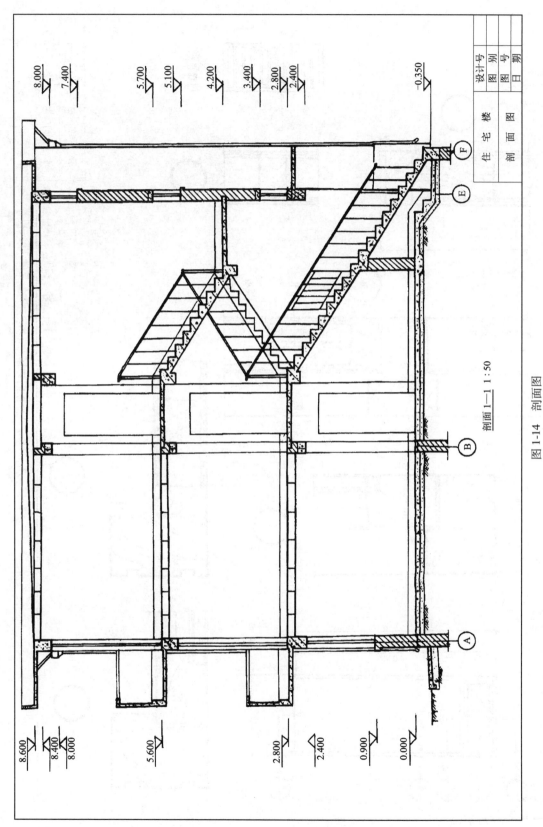

剖面1—1 1:50

图1-14 剖面图

住 宅 楼		设计号	
剖 面 图		图 别	
		图 号	
		日 期	

8.000
7.400
5.700
5.100
4.200
3.400
2.800
2.400
-0.350

Ⓕ
Ⓔ
Ⓑ
Ⓐ

8.600
8.400
8.000
5.600
2.800
2.400
0.900
0.000

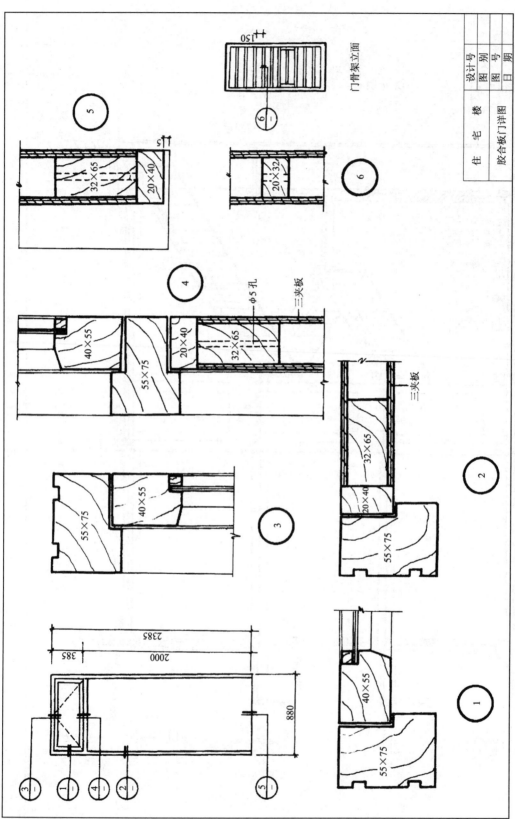

图 1-15 胶合板门详图

44

详图 2 表示门框边梃与门扇边梃结合情况，可以看出门框边梃断面为 55mm×75mm，门扇边梃断面为 32mm×65mm，两面钉三夹板，加 20mm×40mm 保护边条。

详图 3 表示门框上坎与腰窗上冒结合情况门框上坎断面为 55mm×75mm，腰窗上冒断面为 40mm×55mm，配 3mm 厚玻璃。

详图 4 表示腰窗下冒、门框中档与门扇上冒结合情况，腰窗下冒断面为 40mm×55mm，门框中档断面为 55mm×75mm，门扇上冒断面为 32mm×65mm，两面钉三夹板，加 20mm×40mm 保护边条。

详图 5 表示门扇下冒与室内地面结合情况，门扇下冒断面为 32mm×65mm，两面钉三夹板，加 20mm×40mm 保护边条。边条下面离室内地面 5mm。

图的右侧有胶合板门骨架组成示意图，并有索引详图 6。从详图 6 中可以看出骨架的横档断面为 20mm×32mm，两面钉三夹板。横档间距为 150mm。

为了门扇内部透气，在门扇的上冒、下冒及骨架横档的中央开设 φ5 气孔，气孔呈竖向，如胶合板门冷压加工时可取消此气孔。

为了使结合点构造清楚，详图比例与立面比例是不一致的，详图是按放大比例绘制的。本图中胶合板门立面比例为 1:30，详图比例为 1:2。腰窗立面上虚斜线表示里开上悬窗。

详图左侧为门的外面，右侧为门的里面，由此看出该胶合板门为里开门，腰窗为里开上悬窗。

1.4.3 识结构施工图

（一）基础图

本住宅楼基础图如图 1-16 所示。

基础图中有基础平面图及基础详图（带形基础为剖面图）。

基础平面图表达了基础的平面位置及其定位轴线间尺寸。两条粗线之间距离表示墙基厚度，两条细线之间距离表示基础垫层的宽度，砖基础大放脚宽度不表示。从图中可以看出有承重墙下才有基础，无承重墙则没有基础，如楼梯间入口处（E 轴线中的 5~6 段），因无外墙故这段也没有基础。基础平面图中只注轴线尺寸。基础剖切符号依剖视位置而定。

基础详图表达了基础断面形状、用料及其标高、尺寸等。从基础详图中可以看出，该基础为砖砌，下有三层等高式大放脚，大放脚每层高 125mm，逐层两边各伸出 62mm。砖基础下面设置 3:7 灰土垫层，垫层宽 900mm，厚 450mm。垫层底的标高值为 -1.950，表示垫层底低于底层室内地面 1.950m。室外地坪线用虚线表示，其标高值为 -0.350，实际上垫层底距室外地坪为 1.600m，开挖基槽只要挖 1.6m 深即可。

在底层室内地面以下 60mm 处，还有一道水平防潮层，防潮层用 20mm 厚 1:2 水泥防水砂浆。

由于外墙基础与内墙基础构造相同，故只画一张基础剖面。

基础剖面图中要画出定位轴线，因内外墙基础都一样，定位轴线圈内不注编号。

（二）楼层结构平面图

本住宅楼层结构平面图（二层）如图 1-17 所示。

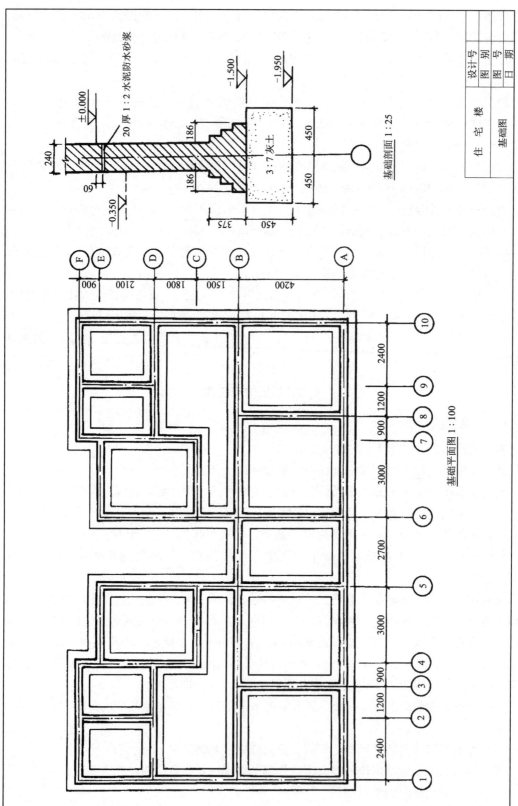

图 1-16 基础图

46

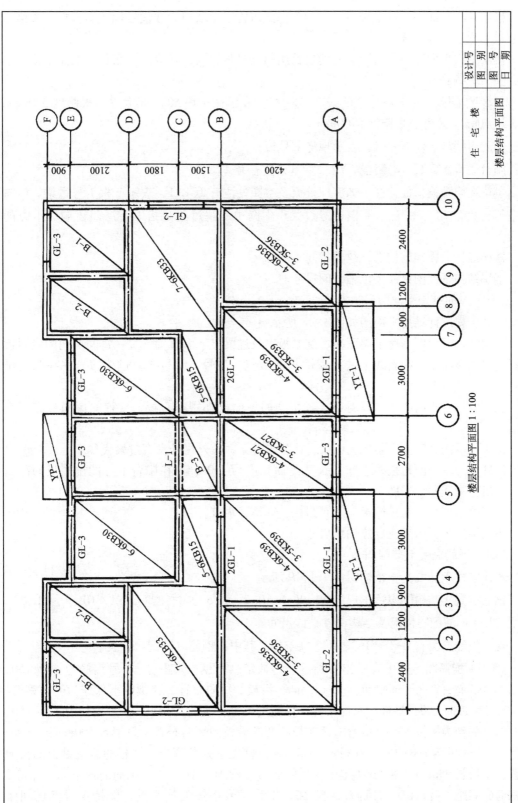

楼层结构平面图 1∶100

图 1-17 楼层结构平面图

楼层结构平面图表达了楼板、过梁等平面布置，用结构构件代号标注出楼板、过梁等的数量、型号、编号等。

楼层结构平面图中，每间房间的楼板用斜向对角线画出其范围，在斜线上注出楼板数量、型号、编号等。

如客厅楼板，注有 4-6KB39 及 3-5KB39，表示铺 4 块 600mm 宽空心板跨度 3900mm 及 3 块 500mm 宽空心板跨度 3900mm。

如厨房楼板，注有 B-1，表示现浇 1 号板。

阳台注有 YT-1；雨篷注有 YP-1。单梁注有 L-1。

过梁在门窗洞口处标注。如客厅外窗及空圈处注有 2GL-1，表示 2 根 1 号过梁。南向卧室外窗注有 GL-2，表示 1 根 2 号过梁。本图中所注过梁是指下一层门窗洞口上方的过梁。

楼梯因另见楼梯结构图，故楼梯间不注什么。

楼层结构平面图只注定位轴线间尺寸。

（三）屋面结构平面图

本住宅楼屋面结构平面图如图 1-18 所示。

屋面结构平面图表达了屋面板、挑檐板以及过梁等平面布置情况。每间房间的屋面板用斜向对角线画出，在斜线上注出屋面板的数量、型号、编号等。过梁编号注在门窗洞口处。

从屋面结构平面图中可以看出，各房间的屋面板都用空心板，楼梯间屋面板亦用空心板。

由于外墙的外窗上面是挑檐圈梁，代替了过梁，故外窗处没有过梁代号。

沿外墙外围一圈是挑檐板平面，其平面宽度为 700mm。在阳台上方的挑檐板局部凸出，凸出范围同阳台平面。

位于外墙四角，在挑檐板上留有圆孔，这是雨水口。

屋面结构平面图只注定位轴线尺寸。

（四）钢筋混凝土结构图

本住宅楼钢筋混凝土结构图如图 1-19 所示。

钢筋混凝土结构图表达了现浇板（B-1、B-2、B-3）、过梁（GL-1、GL-2、GL-3）、单梁（L-1）的配筋情况及结构构件具体尺寸。

现浇板配筋图有 B-1、B-2、B-3 共三幅。其中，钢筋以卧倒状态表示。

如 B-1 配筋图，图中表示出 6 种钢筋的数量、直径、间距等。1 号钢筋为 $\phi8@150$，表示 1 号钢筋直径为 8mm，间距为 150mm，沿板的短向布置，在板的下部作为受力钢筋；2 号钢筋为 $\phi8@150$，沿板的长向布置，在板的下部作为受力钢筋；3 号钢筋为 $\phi8@150$，在板的上部作为抵抗支座处负弯矩，在板的两端沿板的短向布置，每根长 500mm，带 90°弯钩；4 号钢筋为 $\phi8@150$，在板的上部作为抵抗支座处负弯矩，在板的两端沿板的长向布置，每根长 550mm，带 90°弯钩；5 号钢筋为 3 根 $\phi6$，作为 3 号钢筋的连系筋，保持 3 号钢筋的间距不变；6 号钢筋为 3 根 $\phi6$，作为 4 号钢筋的连系筋，保持 4 号钢筋间距不变。

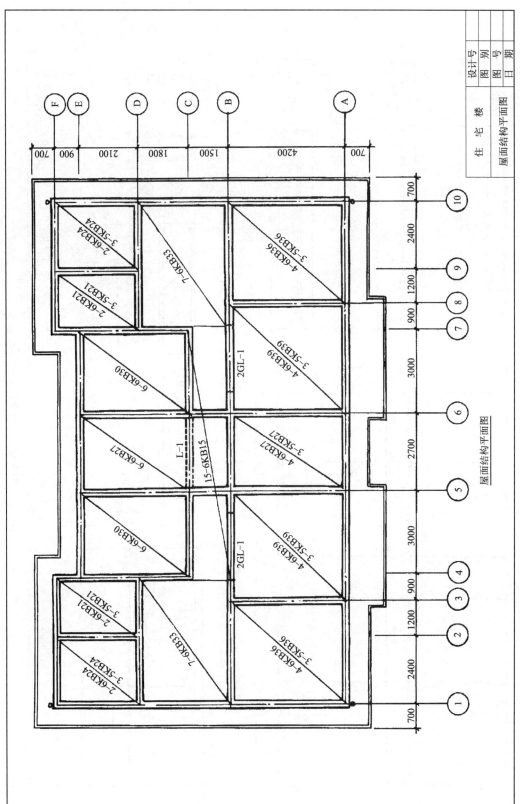

图 1-18　屋面结构平面图

49

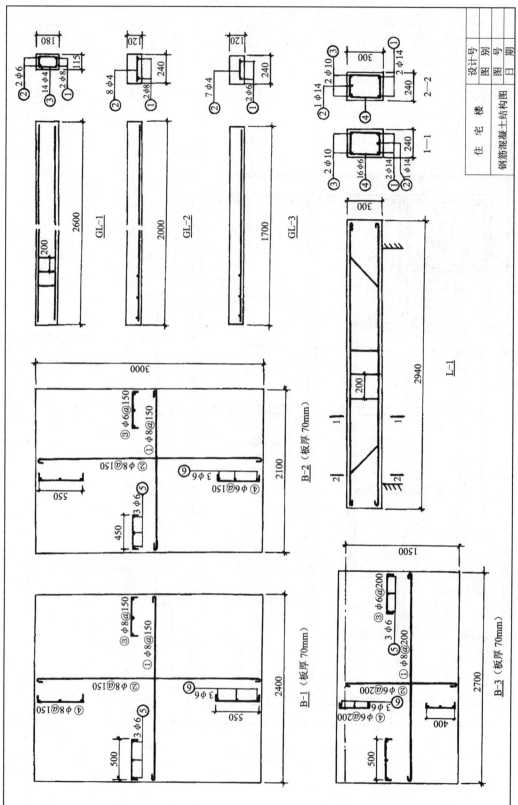

图 1-19 钢筋混凝土结构图

B-2、B-3 配筋图识读方法同 B-1 配筋图。

过梁配筋图有 GL-1、GL-2、GL-3 共三幅、各有过梁的立面及断面。

如 GL-1 配筋图，过梁长 2600mm（洞口宽 2100mm 加 500mm），断面为 115mm × 180mm。1 号钢筋为 2 根 φ8，布置在过梁下部作为受力筋；2 号钢筋为 2 根 φ6，布置在过梁上部作为架立筋；3 号钢筋为 14 根 φ4，间距为 200mm，沿过梁长向等距布置作为箍筋。

如 GL-2 配筋图，过梁长 2000mm（洞口宽 1500mm 加 500mm），断面为 240mm × 120mm。1 号钢筋为 2 根 φ8，布置在过梁下部作为受力钢筋，2 号钢筋为 8 根 φ4，布置在过梁下部作为 1 号钢筋的连系筋。

GL-3 配筋图识读方法同 GL-2 配筋图。

L-1 配筋图只有一幅，表示出 L-1 梁的立面、断面及其配筋情况。梁长 2940mm，断面为 240mm×300mm。1 号钢筋为 2 根 φ14，布置在梁下部作为受力钢筋；2 号钢筋为 1 根 φ14，布置在梁下部作为受力钢筋，但其两端在支座附近弯起，弯起部分布置在梁的上部用以抵抗支座处负弯矩；3 号钢筋为 2 根 φ10，布置在梁的上部作为架立筋；4 号钢筋为 16 根 φ6，间距为 200mm，沿梁长等距布置作为箍筋。

（五）第一梯段配筋图

本住宅楼第一梯段（从底层到二层）配筋图如图 1-20 所示。

第一梯段配筋图表达了该梯段的纵向剖面、横向剖面及其配筋情况，并附有踏步大样。

从图中梯段纵向剖面可以看出，该梯段共有 18 个踏步高，每个踏步高为 175mm；17 个踏步宽，每个踏步宽为 275mm。梯段上端与楼面梁（L-1）连在一起，梯段下端支承在梯基础上，梯段中部支承在 1m 高、240mm 厚的砖墙上。

从梯段纵向、横向剖面图中可以看出，1 号钢筋为 9 根 φ8，沿梯段纵向布置在梯段板的下部作为受力筋；2 号钢筋为 18 根 φ6，沿梯段横向布置在梯段板下部作为 1 号钢筋连系筋；3 号钢筋为 9 根 φ8，在梯段下端沿梯段纵向，布置在梯段板上部，作为抵抗下端处负弯矩；4 号钢筋为 9 根 φ8，在梯段上端沿梯段纵向，布置在梯段板上部，作为抵抗上端处负弯矩；5 号钢筋为 9 根 φ8，在梯段中部沿梯段纵向，布置在梯段板上部，作为抵抗中部处负弯矩；3 号、4 号、5 号钢筋间还有连系筋，各为 4φ6、4φ6、6φ6，此连系筋因与 2 号钢筋相同直径，故编为 2 号钢筋。

踏步一端画有留孔（虚线表示），作为栏杆插孔。

从横向剖面 1-1 看出，该梯段宽度为 1100mm，梯段板厚 70mm。

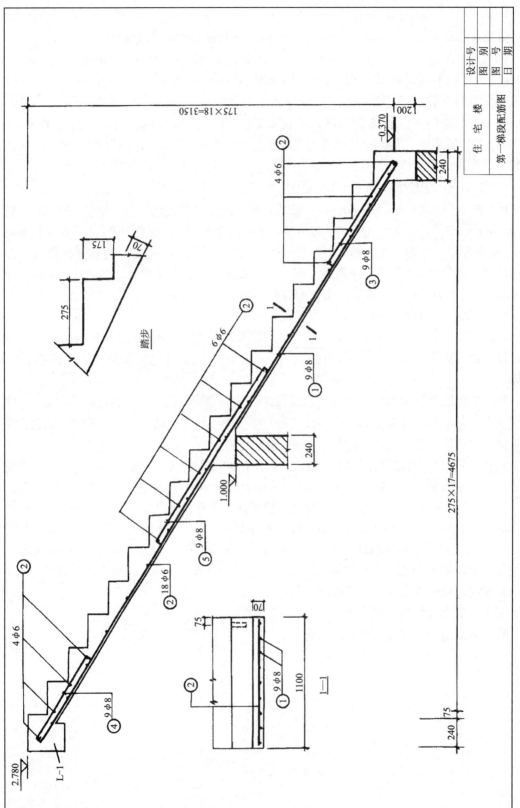

图 1-20 第一梯段配筋图

2　建筑工程预算编制

2.1　建筑工程预算编制原理

2.1.1　传统建筑工程预算的费用构成

我们已经知道，建筑工程预算的主要作用是确定工程预算造价（以下简称工程造价）。如果从产品的角度看，工程造价就是建筑产品的价格。

从理论上讲建筑产品的价格也同其他产品一样，由生产这个产品的社会必要劳动量确定，劳动价值论表达为：$C+V+m$。现行的建设预算制度，将 $C+V$ 表达为直接费和间接费，m 表达为利润和税金。因此，施工图预算由上述四部分费用构成。

（一）直接费

直接费是与建筑产品生产直接有关的各项费用，包括直接工程费和措施费。

（1）直接工程费

直接工程费是指构成工程实体的各项费用，主要包括人工费、材料费和施工机械使用费。

（2）措施费

措施费是指有助于构成工程实体形成的各项费用，主要包括冬雨期施工增加费、夜间施工增加费、材料二次搬运费、脚手架搭设费、临时设施费等。

（二）间接费

间接费是指费用发生后，不能直接计入某个建筑工程，而只有通过分摊的办法间接计入建筑工程成本的费用，主要包括企业管理费和规费。

（三）利润

利润是劳动者为社会劳动、为企业劳动创造的价值。利润按国家或地方规定的利润率计取。

利润的计取具有竞争性。承包商投标时，可根据本企业的经营管理水平和建筑市场的供求状况，在一定的范围内确定本企业的利润水平。

（四）税金

税金是劳动者为社会劳动创造的价值。与利润的不同点是它具有法令性和强制性。按现行规定，税金主要包括营业税、城市维护建设税和教育费附加。

2.1.2　44号文规定的建筑安装工程费用项目组成

（一）按费用构成要素划分

建筑安装工程费按照费用构成要素划分由人工费、材料（包含工程设备，下同）费、施工机具使用费、企业管理费、利润、规费和税金组成。其中，人工费、材料费、施工机具使用费、企业管理费和利润包含在分部分项工程费、措施项目费、其他项目费中（见附表）。

1. 人工费

是指按工资总额构成规定，支付给从事建筑安装工程施工的生产工人和附属生产单位工人的各项费用。内容包括：

（1）计时工资或计件工资

是指按计时工资标准和工作时间或对已做工作按计件单价支付给个人的劳动报酬。

（2）奖金

是指对超额劳动和增收节支支付给个人的劳动报酬。如节约奖、劳动竞赛奖等。

（3）津贴补贴

是指为了补偿职工特殊或额外的劳动消耗和因其他特殊原因支付给个人的津贴，以及为了保证职工工资水平不受物价影响支付给个人的物价补贴。如流动施工津贴、特殊地区施工津贴、高温（寒）作业临时津贴、高空津贴等。

（4）加班加点工资

是指按规定支付的在法定节假日工作的加班工资和在法定日工作时间外延时工作的加点工资。

（5）特殊情况下支付的工资

是指根据国家法律、法规和政策规定，因病、工伤、产假、计划生育假、婚丧假、事假、探亲假、定期休假、停工学习、执行国家或社会义务等原因按计时工资标准或计时工资标准的一定比例支付的工资。

2. 材料费

是指施工过程中耗费的原材料、辅助材料、构配件、零件、半成品或成品、工程设备的费用。内容包括：

（1）材料原价

是指材料、工程设备的出厂价格或商家供应价格。

（2）运杂费

是指材料、工程设备自来源地运至工地仓库或指定堆放地点所发生的全部费用。

（3）运输损耗费

是指材料在运输装卸过程中不可避免的损耗。

（4）采购及保管费

是指为组织采购、供应和保管材料、工程设备的过程中所需要的各项费用。包括采购费、仓储费、工地保管费、仓储损耗。

工程设备是指构成或计划构成永久工程一部分的机电设备、金属结构设备、仪器装置及其他类似的设备和装置。

3. 施工机具使用费

是指施工作业所发生的施工机械、仪器仪表使用费或租赁费。

（1）施工机械使用费

以施工机械台班耗用量乘以施工机械台班单价表示，施工机械台班单价应由下列七项费用组成：

①折旧费

指施工机械在规定的使用年限内，陆续收回其原值的费用。

②大修理费

指施工机械按规定的大修理间隔台班进行必要的大修理，以恢复其正常功能所需的费用。

③经常修理费

指施工机械除大修理以外的各级保养和临时故障排除所需的费用。包括为保障机械正常运转所需替换设备与随机配备工具附具的摊销和维护费用，机械运转中日常保养所需润滑与擦拭的材料费用及机械停滞期间的维护和保养费用等。

④安拆费及场外运费

安拆费指施工机械（大型机械除外）在现场进行安装与拆卸所需的人工、材料、机械和试运转费用以及机械辅助设施的折旧、搭设、拆除等费用；场外运费指施工机械整体或分体自停放地点运至施工现场或由一施工地点运至另一施工地点的运输、装卸、辅助材料及架线等费用。

⑤人工费

指机上司机（司炉）和其他操作人员的人工费。

⑥燃料动力费

指施工机械在运转作业中所消耗的各种燃料及水、电等。

⑦税费

指施工机械按照国家规定应缴纳的车船使用税、保险费及年检费等。

（2）仪器仪表使用费

是指工程施工所需使用的仪器仪表的摊销及维修费用。

4. 企业管理费

是指建筑安装企业组织施工生产和经营管理所需的费用。内容包括：

（1）管理人员工资

是指按规定支付给管理人员的计时工资、奖金、津贴补贴、加班加点工资及特殊情况下支付的工资等。

（2）办公费

是指企业管理办公用的文具、纸张、账表、印刷、邮电、书报、办公软件、现场监控、会议、水电、烧水和集体取暖降温（包括现场临时宿舍取暖降温）等费用。

（3）差旅交通费

是指职工因公出差、调动工作的差旅费、住勤补助费，市内交通费和误餐补助费，职工探亲路费，劳动力招募费，职工退休、退职一次性路费，工伤人员就医路费，工地转移费以及管理部门使用的交通工具的油料、燃料等费用。

（4）固定资产使用费

是指管理和试验部门及附属生产单位使用的属于固定资产的房屋、设备、仪器等的折旧、大修、维修或租赁费。

（5）工具用具使用费

是指企业施工生产和管理使用的不属于固定资产的工具、器具、家具、交通工具和检验、试验、测绘、消防用具等的购置、维修和摊销费。

（6）劳动保险和职工福利费

是指由企业支付的职工退职金、按规定支付给离休干部的经费，集体福利费、夏季防暑降温、冬季取暖补贴、上下班交通补贴等。

（7）劳动保护费

是企业按规定发放的劳动保护用品的支出。如工作服、手套、防暑降温饮料以及在有碍身体健康的环境中施工的保健费用等。

（8）检验试验费

是指施工企业按照有关标准规定，对建筑以及材料、构件和建筑安装物进行一般鉴定、检查所发生的费用，包括自设试验室进行试验所耗用的材料等费用。不包括新结构、新材料的试验费，对构件做破坏性试验及其他特殊要求检验试验的费用和建设单位委托检测机构进行检测的费用，对此类检测发生的费用，由建设单位在工程建设其他费用中列支。但对施工企业提供的具有合格证明的材料进行检测不合格的，该检测费用由施工企业支付。

（9）工会经费

是指企业按《工会法》规定的全部职工工资总额比例计提的工会经费。

（10）职工教育经费

是指按职工工资总额的规定比例计提，企业为职工进行专业技术和职业技能培训，专业技术人员继续教育、职工职业技能鉴定、职业资格认定以及根据需要对职工进行各类文化教育所发生的费用。

（11）财产保险费

是指施工管理用财产、车辆等的保险费用。

（12）财务费

是指企业为施工生产筹集资金或提供预付款担保、履约担保、职工工资支付担保等所发生的各种费用。

（13）税金

是指企业按规定缴纳的房产税、车船使用税、土地使用税、印花税等。

（14）其他

包括技术转让费、技术开发费、投标费、业务招待费、绿化费、广告费、公证费、法律顾问费、审计费、咨询费、保险费等。

5. 利润

是指施工企业完成所承包工程获得的盈利。

6. 规费

是指按国家法律、法规规定，由省级政府和省级有关权力部门规定必须缴纳或计取的费用。包括：

（1）社会保险费

①养老保险费：是指企业按照规定标准为职工缴纳的基本养老保险费。

②失业保险费：是指企业按照规定标准为职工缴纳的失业保险费。

③医疗保险费：是指企业按照规定标准为职工缴纳的基本医疗保险费。

④生育保险费：是指企业按照规定标准为职工缴纳的生育保险费。

⑤工伤保险费：是指企业按照规定标准为职工缴纳的工伤保险费。

（2）住房公积金

是指企业按规定标准为职工缴纳的住房公积金。

（3）工程排污费

是指按规定缴纳的施工现场工程排污费。

其他应列而未列入的规费，按实际发生计取。

7. 税金

是指国家税法规定的应计入建筑安装工程造价内的营业税、城市维护建设税、教育费附加以及地方教育附加。

（二）按造价形成划分

建筑安装工程费按照工程造价形成由分部分项工程费、措施项目费、其他项目费、规费、税金组成，分部分项工程费、措施项目费、其他项目费包含人工费、材料费、施工机具使用费、企业管理费和利润（见附表）。

1. 分部分项工程费

是指各专业工程的分部分项工程应予列支的各项费用。

（1）专业工程

是指按现行国家计量规范划分的房屋建筑与装饰工程、仿古建筑工程、通用安装工程、市政工程、园林绿化工程、矿山工程、构筑物工程、城市轨道交通工程、爆破工程等各类工程。

（2）分部分项工程

指按现行国家计量规范对各专业工程划分的项目。如房屋建筑与装饰工程划分的土石方工程、地基处理与桩基工程、砌筑工程、钢筋及钢筋混凝土工程等。

各类专业工程的分部分项工程划分见现行国家或行业计量规范。

2. 措施项目费

是指为完成建设工程施工，发生于该工程施工前和施工过程中的技术、生活、安全、环境保护等方面的费用。内容包括：

（1）安全文明施工费

①环境保护费：是指施工现场为达到环保部门要求所需要的各项费用。

②文明施工费：是指施工现场文明施工所需要的各项费用。

③安全施工费：是指施工现场安全施工所需要的各项费用。

④临时设施费：是指施工企业为进行建设工程施工所必须搭设的生活和生产用的临时建筑物、构筑物和其他临时设施费用。包括临时设施的搭设、维修、拆除、清理费或摊销费等。

（2）夜间施工增加费

是指因夜间施工所发生的夜班补助费、夜间施工降效、夜间施工照明设备摊销及照明用电等费用。

（3）二次搬运费

是指因施工场地条件限制而发生的材料、构配件、半成品等一次运输不能到达堆放地点，必须进行二次或多次搬运所发生的费用。

（4）冬雨季施工增加费

是指在冬季或雨季施工需增加的临时设施、防滑、排除雨雪，人工及施工机械效率降低等费用。

（5）已完工程及设备保护费

是指竣工验收前，对已完工程及设备采取的必要保护措施所发生的费用。

（6）工程定位复测费

是指工程施工过程中进行全部施工测量放线和复测工作的费用。

（7）特殊地区施工增加费

是指工程在沙漠或其边缘地区、高海拔、高寒、原始森林等特殊地区施工增加的费用。

（8）大型机械设备进出场及安拆费

是指机械整体或分体自停放场地运至施工现场或由一个施工地点运至另一个施工地点，所发生的机械进出场运输及转移费用及机械在施工现场进行安装、拆卸所需的人工费、材料费、机械费、试运转费和安装所需的辅助设施的费用。

（9）脚手架工程费

是指施工需要的各种脚手架搭、拆、运输费用以及脚手架购置费的摊销（或租赁）费用。

措施项目及其包含的内容详见各类专业工程的现行国家或行业计量规范。

3. 其他项目费

（1）暂列金额

是指建设单位在工程量清单中暂定并包括在工程合同价款中的一笔款项。用于施工合同签订时尚未确定或者不可预见的所需材料、工程设备、服务的采购，施工中可能发生的工程变更、合同约定调整因素出现时的工程价款调整以及发生的索赔、现场签证确认等的费用。

（2）计日工

是指在施工过程中，施工企业完成建设单位提出的施工图纸以外的零星项目或工作所需的费用。

（3）总承包服务费

是指总承包人为配合、协调建设单位进行的专业工程发包，对建设单位自行采购的材料、工程设备等进行保管以及施工现场管理、竣工资料汇总整理等服务所需的费用。

4. 规费

同费用构成要素划分定义。

5. 税金

同费用构成要素划分定义。

2.1.3 建筑产品的特点

建筑产品具有：产品生产的单件性、建设地点的固定性、施工生产的流动性等特点。

这些特点是形成建筑产品必须通过编制施工图预算确定工程造价的根本原因。

（一）单件性

建筑产品的单件性是指每个建筑产品都具有特定的功能和用途，即：在建筑物的造型、结构、尺寸、设备配置和内外装修等方面都有不同的具体要求。就是用途完全相同的工程项目，在建筑等级、基础工程等方面都会发生不同的情况。可以这么说，在实践中找不到两个完全相同的建筑产品。因而，建筑产品的单件性使得建筑物在实物形态上千差万别，各不相同。

（二）固定性

固定性是指建筑产品的生产和使用必须固定在某一个地点，不能随意移动。建筑产品固定性的客观事实，使得建筑物的结构和造型受当地自然气候、地质、水文、地形等因素的影响和制约，使得功能相同的建筑物在实物形态上仍有较大的差别，从而使每个建筑产品的工程造价各不相同。

（三）流动性

建筑产品的固定性是产生施工生产流动性的根本原因。因为建筑物固定了，施工队伍就流动了。流动性是指施工企业必须在不同的建设地点组织施工、建造房屋。

由于每个建设地点离施工单位基地的距离不同、资源条件不同、运输条件不同、工资水平不同等等，都会影响建筑产品的造价。

2.1.4　建筑工程预算确定工程造价的必要性

建筑产品的三大特性，决定了其在实物形态上和价格要素上千差万别的特点。这种差别形成了制定统一建筑产品价格的障碍，给建筑产品定价带来了困难，通常工业产品的定价方法已经不适用于建筑产品的定价。

当前，建筑产品价格主要有两种表现形式：一是政府指导价；二是市场竞争价。施工图预算确定的工程造价属于政府指导价；招标投标确定的承包价属于市场竞争价。但是，应该指出，市场竞争价也可以以施工图预算为基础确定的。

产品定价的基本规律除了价值规律外，还应该有两条，一是通过市场竞争形成价格，二是同类产品的价格水平应该基本一致。

对于建筑产品来说，价格水平一致性的要求和建筑产品单件性的差别特性是一对需要解决的矛盾。因为我们无法做到以一个建筑物为对象来整体定价而达到保持价格水平一致性的要求。通过人们长期实践和探讨，找到了用编制建筑工程预算确定建筑产品价格的方法，从而较好地解决了这个问题。因此，从这个意义上说，建筑工程预算是确定建筑产品价格的特殊方法。

2.1.5　确定建筑工程造价的基本理论

将一个复杂的建筑工程分解为具有共性的基本构造要素——分项工程；编制单位分项工程人工、材料、机械台班消耗量及货币量的预算定额，是确定建筑工程造价基本原理的重要基础。

（一）建设项目的划分

基本建设项目按照合理确定工程造价和基本建设管理工作的要求，划分为建设项目、单项工程、单位工程、分部工程、分项工程五个层次。

（1）建设项目

建设项目一般是指在一个总体设计范围内，由一个或几个工程项目组成，经济上实行独立核算，行政上实行独立管理，并且具有法人资格的建设单位。通常，一个企业、事业单位就是一个建设项目。

（2）单项工程

单项工程又称工程项目，它是建设项目的组成部分，是指具有独立的设计文件、竣工后可以独立发挥生产能力或使用效益的工程。如，一个工厂的生产车间、仓库等，学校的教学楼、图书馆等分别都是一个单项工程。

（3）单位工程

单位工程是单项工程的组成部分。单位工程是指具有独立的设计文件，能单独施工，但建成后不能独立发挥生产能力或使用效益的工程。如，一个生产车间的土建工程、电气照明工程、给水排水工程、机械设备安装工程、电气设备安装工程等分别是一个单位工程，它们是生产车间这个单项工程的组成部分。

（4）分部工程

分部工程是单位工程的组成部分。分部工程一般按工种工程来划分。例如，土建单位工程划分为：土石方工程、砌筑工程、脚手架工程、钢筋混凝土工程、木结构工程、金属结构工程、装饰工程等等。也可按单位工程的构成部分来划分，例如，基础工程、墙体工程、梁柱工程、楼地面工程、门窗工程、屋面工程等等。一般，建筑工程预算定额综合了上述两种方法来划分分部工程。

（5）分项工程

分项工程是分部工程的组成部分。一般，按照分部工程划分的方法，再将分部工程划分为若干个分项工程。例如，基础工程还可以划分为基槽开挖、基础垫层、基础砌筑、基础防潮层、基槽回填土、土方运输等分项工程。

分项工程是建筑工程的基本构造要素。通常，我们把这一基本构造要素称为"假定建筑产品"。假定建筑产品虽然没有独立存在的意义，但是这一概念在预算编制原理、计划统计、建筑施工及管理、工程成本核算等方面都是十分重要的概念。

建筑项目划分示意图见图2-1（a）。

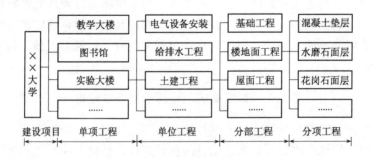

图2-1（a）　建设项目划分示意图

（二）建筑产品的共同要素——分项工程

建筑产品是结构复杂、体形庞大的工程，要对这样一类完整产品进行统一定价，不太容易办到。这就需要按照一定的规则，将建筑产品进行合理分解，层层分解到构成完整建筑产品的共同要素——分项工程为止，就能实现对建筑产品定价的目的。

从建设项目划分的内容来看，将建筑单位工程按结构构造部位和工程工种来划分，可以分解为若干个分部工程。但是，从对建筑产品定价要求来看，仍然不能满足要求。因为以分部工程为对象定价，其影响因素较多。例如，同样是砖墙，由于其构造不同，如实砌墙或空花墙；材料不同，标准砖或空心砖等，受这些因素影响，其人工、材料消耗的差别较大。所以，还必须按照不同的构造、材料等要求，将分部工程分解为更为简单的组成部分——分项工程，例如，M5 混合砂浆砌 240mm 厚灰砂砖墙，现浇 C20 钢筋混凝土圈梁等等。

分项工程是经过逐步分解，最后得到能够用较为简单的施工过程生产出来的，可以用适当计量单位计算的工程基本构造要素。

（三）单位分项工程的消耗量标准——预算定额

将建筑工程层层分解后，我们就能采用一定的方法，编制出确定单位分项工程的人工、材料、机械台班消耗量标准——预算定额。

虽然不同的建筑工程由不同的分项工程项目和不同的工程量构成，但是有了预算定额后，就可以计算出价格水平基本一致的工程造价。这是因为，预算定额确定的每一单位分项工程的人工、材料、机械台班消耗量起到了统一建筑产品劳动消耗水平的作用，从而使我们能够将千差万别的各建筑工程不同的工程数量，计算出符合统一价格水平的工程造价成为现实。

例如，甲工程砖基础工程量为 68.56m^3，乙工程砖基础工程量为 205.66m^3，虽然工程量不同，但使用统一的预算定额后，他们的人工、材料、机械台班消耗量水平是一致的。

如果在预算定额消耗量的基础上再考虑价格因素，用货币量反映定额基价，那么，我们就可以计算出直接费、间接费、利润和税金，就能算出整个建筑产品的工程造价。

必须明确指出，通常施工图预算以单位工程为对象编制，也就是说，施工图预算确定的是单位工程预算造价。

（四）传统费用划分确定工程预算造价的数学模型

用编制施工图预算确定工程造价，一般采用下列三种方法，因此也需构建三种数学模型。

（1）单位估价法

单位估价法是编制施工图预算常采用的方法。该方法根据施工图和预算定额，通过计算分项工程量、分项直接工程费，将分项直接工程费汇总成单位工程直接工程费后，再根据措施费费率、间接费费率、利润率、税率分别计算出各项费用和税金，最后汇总成单位工程造价。其数学模型如下：

工程造价 = 直接费 + 间接费 + 利润 + 税金

即：以直接费为取费基础的工程造价 $= \Big[\sum_{i=1}^{n}$ （分项工程量 × 定额基价）$_i$ ×

（1 + 措施费费率 + 间接费费率 + 利润率）$\Big]$ × （1 + 税率）

$$\begin{aligned}
\text{以人工费为取费} \atop \text{基础的工程造价} = \Big[&\sum_{i=1}^{n} (\text{分项工程量} \times \text{定额基价})_i + \\
&\sum_{i=1}^{n} (\text{分项工程量} \times \text{定额基价中人工费})_i \times \\
&(\text{措施费费率} + \text{间接费费率} + \text{利润率}) \Big] \times (1 + \text{税率})
\end{aligned}$$

（2）实物金额法

当预算定额中只有人工、材料、机械台班消耗量，而没有定额基价的货币量时，我们可以采用实物金额法来计算工程造价。

实物金额法的基本做法是，先算出分项工程的人工、材料、机械台班消耗量，然后汇总成单位工程的人工、材料、机械台班消耗量，再将这些消耗量分别乘以各自的单价，最后汇总成单位工程直接费。后面各项费用的计算同单位估价法。其数学模型如下：

$$\text{工程造价} = \text{直接费} + \text{间接费} + \text{利润} + \text{税金}$$

即：

$$\begin{aligned}
\text{以直接费为取费} \atop \text{基础的工程造价} = \Bigg\{ \bigg[&\sum_{i=1}^{n} (\text{分项工程量} \times \text{定额用工量})_i \times \\
&\text{工日单价} + \sum_{j=1}^{m} (\text{分项工程量} \times \text{定额材料用量})_j \times \\
&\text{材料单价} + \sum_{k=1}^{p} (\text{分项工程量} \times \text{定额机械台班量})_k \times \\
&\text{台班单价} \bigg] \times (1 + \text{措施费费率} + \text{间接费费率} + \text{利润率}) \Bigg\} \times \\
&(1 + \text{税率})
\end{aligned}$$

$$\begin{aligned}
\text{以人工费为取费} \atop \text{基础的工程造价} = \Bigg[&\sum_{i=1}^{n} (\text{分项工程量} \times \text{定额用工量})_i \times \text{工日单价} \times \\
&(1 + \text{措施费费率} + \text{间接费费率} + \text{利润率}) + \\
&\sum_{j=1}^{m} (\text{分项工程量} \times \text{定额材料用量})_j \times \\
&\text{材料单价} + \sum_{k=1}^{p} (\text{分项工程量} \times \text{定额机械台班量})_k \times \\
&\text{台班单价} \Bigg] \times (1 + \text{税率})
\end{aligned}$$

（3）分项工程完全单价计算法

分项工程完全单价计算法的特点是，以分项工程为对象计算工程造价，再将分项工程造价汇总成单位工程造价。该方法从形式上类似于工程量清单计价法，但又有本质上的区别。

分项工程完全单价计算法的数学模型为：

$$\begin{aligned}
\text{以直接费为取费} \atop \text{基础计算工程造价} = \sum_{i=1}^{n} \Big[&(\text{分项工程量} \times \text{定额基价}) \times \\
&(1 + \text{措施费费率} + \text{间接费费率} + \text{利润率}) \times \\
&(1 + \text{税率}) \Big]_i
\end{aligned}$$

$$\begin{aligned}\text{以人工费为取费} \atop \text{基础计算工程造价} = \sum_{i=1}^{n}&\Big\{\Big[(\text{分项工程量}\times\text{定额基价})+(\text{分项工程量}\times\\&\text{定额用工量}\times\text{工日单价})\times(\text{措施费费率}+\\&\text{间接费费率}+\text{利润率})\Big]\times(1+\text{税率})\Big\}_i\end{aligned}$$

注：上述数学模型分两种情况表述的原因是，建筑工程造价一般以直接费为基础计算；装饰工程造价或安装工程造价一般以人工费为基础计算。

（五）按建标〔2013〕44 号文费用划分确定工程预算造价的数学模型

工程预算造价 = 分部分项工程费 + 措施项目费 + 其他项目费 + 规费 + 税金

其中：

（1）分部分项工程费

$$\sum_{i=1}^{n}(\text{分部分项工程量}\times\text{定额基价}+\text{分部分项工程量}\times\text{定额人工费}\times\text{管理费和利润率})_i$$

（2）措施项目费 = 单价措施项目费 + 总价措施项目费

　　①单价措施项目费

$$\sum_{i=j}^{n}(\text{单价措施项目工程量}\times\text{定额基价}+\text{单价措施项目工程量}\times\text{定额人工费}\times\text{管理费和利润率})_j$$

　　②总价措施项目费

$$\sum_{i=k}^{n}(\text{分部分项工程项目定额人工费与单价措施项目定额人工费之和}\times\text{措施项目费率})_k$$

（3）其他项目费

$\sum$暂列金额 + 暂估价 + 计日工 + 总承包服务费

（4）规费

$$\sum_{i=l}^{n}(\text{分部分项工程项目定额人工费与单价措施项目定额人工费之和}\times\text{规费费率})_l$$

（5）税金

（分部分项工程费 + 措施项目费 + 其他项目费 + 规费）×税率

2.1.6　传统费用的建筑工程预算编制程序

上述工程造价的数学模型反映了编制建筑工程预算的本质特征，同时也反映了编制施工图预算的步骤与方法。

所谓施工图预算编制程序是指编制建筑工程预算有规律的步骤和顺序，包括施工图预算的编制依据、编制内容和编制程序。

（一）编制依据

（1）施工图

施工图是计算工程量和套用预算定额的依据。广义地讲，施工图除了施工蓝图外，还包括标准施工图、图纸会审纪要和设计变更等资料。

（2）施工组织设计或施工方案

施工组织设计或施工方案是编制施工图预算过程中，计算工程量和套用预算定额时，确定土方类别，基础工作面大小、构件运输距离及运输方式等的依据。

（3）预算定额

预算定额是确定分项工程项目、计量单位，计算分项工程量、分项工程直接费和人工、材料、机械台班消耗量的依据。

（4）地区材料预算价格

地区材料预算价格或材料指导价是计算材料费和调整材料价差的依据。

（5）费用定额和税率

费用定额包括措施费、间接费、利润和税金的计算基础和费率、税率的规定。

（6）施工合同

施工合同是确定收取哪些费用，按多少收取的依据。

（二）施工图预算编制内容

施工图预算编制的主要内容包括：

（1）列出分项工程项目，简称列项；

（2）计算工程量；

（3）套用预算定额及定额基价换算；

（4）工料分析及汇总；

（5）计算直接费；

（6）材料价差调整；

（7）计算间接费；

（8）计算利润；

（9）计算税金；

（10）汇总为工程造价。

（三）施工图预算编制程序

按单位估价法编制施工图预算的程序见图2-1（b）。

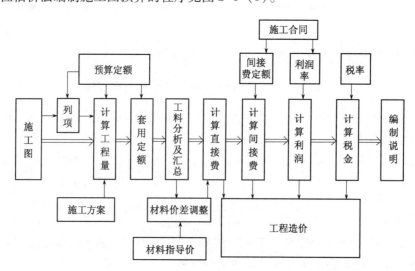

图2-1（b）　施工图预算编制程序示意图

2.1.7 按44号文规定费用的施工图预算编制程序

按44号文规定的施工图预算编制程序见图2-1（c）。

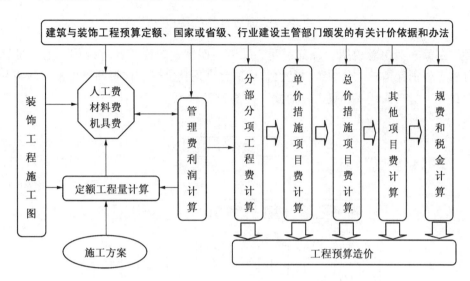

图2-1（c） 按44号文规定建筑装饰工程预算编制程序示意图

其编制程序可以描述为：

1）根据施工图、预算定额、施工方案列出分部分项工程项目和单价措施项目，并进行定额工程量计算。

2）根据分部分项和单价措施项目名称，套用预算定额后，分别用工程量乘以定额对应单价，计算定额人工费、定额材料费、定额机具费。

3）根据分部分项和单价措施项目的定额人工费和规定的管理费率、利润率计算管理费和利润。

4）将分部分项的定额人工费、材料费、机具费、管理费和利润汇总成装饰单位工程分部分项工程费。

5）将单价措施项目定额人工费、材料费、机具费、管理费和利润汇总成单位工程单价措施项目费。

6）根据定额人工费（或定额人工费＋定额机具费）和总价措施项目费费率，计算总价措施项目费。

7）根据分包工程的造价和费率计算其他项目费的总承包服务费。

8）根据有关规定计算其他项目费。

9）根据定额人工费（或定额人工费＋定额机具费）和规费费率，计算规费。

10）根据分部分项工程费、单价措施项目费、总价措施项目费、其他项目费和规费之和及税率计算税金。

11）将分部分项工程费、单价措施项目费、总价措施项目费、其他项目费、规费、税金之和汇总为工程预算造价。

2.2 预算定额的应用

2.2.1 预算定额的构成

预算定额一般由总说明、分部说明、分节说明、建筑面积计算规则、工程量计算规则、分项工程消耗指标、分项工程基价、机械台班预算价格、材料预算价格、砂浆和混凝土配合比表、材料损耗率表等内容构成，见图2-2（a）。

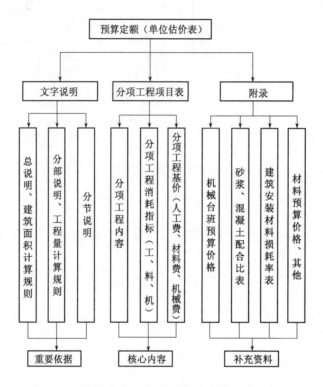

图2-2（a）　预算定额构成示意图

由此可见，预算定额是由文字说明、分项工程项目表和附录三部分内容所构成。其中，分项工程项目表是预算定额的主体内容。例如，表2-1为某地区土建部分砌砖项目工程的定额项目表，它反映了砌砖工程某子目工程的预算价值（定额基价）以及人工、材料、机械台班消耗量指标。

需要强调的是，当分项工程项目中的材料项目栏中含有砂浆或混凝土半成品的用量时，其半成品的原材料用量要根据定额附录中的砂浆、混凝土配合比表的材料用量来计算。因此，当定额项目中的配合比与设计配合比不同时，附录半成品配合比表是定额换算的重要依据。

【例1】根据表2-2的"定-1"号定额和表2-4的"附-1"号定额，计算用M5水泥砂浆砌10m³砖基础的原材料用量。

工程内容：略

定 额 编 号				定-1	×××
定 额 单 位				10m³	×××
项 目		单 位	单价（元）	M5 混合砂浆砌砖墙	×××
基价		元		1257. 12	×××
其中	人工费	元		145. 28	
	材料费	元		1023. 24	×××
	机械费	元		88. 60	
人工	合计用工	工日	8. 18	17. 76	×××
材料	标准砖	千块	140	5. 26	
	M5 混合砂浆	m³	127	2. 24	
	水	m³	0. 5	2. 16	×××
	其他材料费	元		1. 28	
机械	200L 砂浆搅拌机	台班	15. 92	0. 475	
	2t 内塔吊	台班	170. 61	0. 475	×××

【解】

42. 5 级水泥：$2.36m^3/10m^3 \times 270kg/m^3 = 637.20kg$

中砂：$2.36m^3/10m^3 \times 1.14m^3/m^3 = 2.69m^3$

2.2.2 预算定额的使用

（一）预算定额的直接套用

当施工图的设计要求与预算定额的项目内容一致时，可直接套用预算定额。

在编制单位工程施工图预算的过程中，大多数项目可以直接套用预算定额。套用时应注意以下几点：

（1）根据施工图、设计说明和做法说明，选择定额项目。

（2）要从工程内容、技术特征和施工方法上仔细核对，才能较准确地确定相对应的定额项目。

（3）分项工程的名称和计量单位要与预算定额相一致。

（二）预算定额的换算

当施工图中的分项工程项目不能直接套用预算定额时，就产生了定额的换算。

（1）换算原则

为了保持定额的水平，在预算定额的说明中规定了有关换算原则，一般包括：

1）定额的砂浆、混凝土强度等级，如设计与定额不同时，允许按定额附录的砂浆、混凝土配合比表换算，但配合比中的各种材料用量不得调整。

2）定额中抹灰项目已考虑了常用厚度，各层砂浆的厚度一般不作调整。如果设计有特殊要求时，定额中工、料可以按厚度比例换算。

工程内容：略

定　额　编　号			定-1	定-2	定-3	定-4
定　额　单　位			10m³	10m³	10m³	10m²
项　　目	单位	单价（元）	M5 水泥砂浆砌砖基础	现浇 C20 钢筋混凝土矩形梁	C15 混凝土地面垫层	1:2 水泥砂浆墙基防潮层
基价	元		1115.71	6721.44	1673.96	675.29
其中　人工费	元		149.16	879.12	258.72	114.00
其中　材料费	元		958.99	5684.33	1384.26	557.31
其中　机械费	元		7.56	157.99	30.98	3.98
人工　基本工	工日	12.00	10.32	52.20	13.46	7.20
人工　其他工	工日	12.00	2.11	21.06	8.10	2.30
人工　合计	工日	12.00	12.43	73.26	21.56	9.5
材料　标准砖	千块	127.00	5.23			
材料　M5 水泥砂浆	m³	124.32	2.36			
材料　木材	m³	700.00		0.138		
材料　钢模板	kg	4.60		51.53		
材料　零星卡具	kg	5.40		23.20		
材料　钢支撑	kg	4.70		11.60		
材料　$\phi10$ 内钢筋	kg	3.10		471		
材料　$\phi10$ 外钢筋	kg	3.00		728		
材料　C20 混凝土（0.5~4）	m³	146.98		10.15		
材料　C15 混凝土（0.5~4）	m³	136.02			10.10	
材料　1:2 水泥砂浆	m³	230.02				2.07
材料　防水粉	kg	1.20				66.38
材料　其他材料费	元			26.83	1.23	1.51
材料　水	m³	0.60	2.31	13.52	15.38	
机械　200L 砂浆搅拌机	台班	15.92	0.475			0.25
机械　400L 混凝土搅拌机	台班	81.52		0.63	0.38	
机械　2t 内塔吊	台班	170.61		0.625		

3）必须按预算定额中的各项规定换算定额。

（2）预算定额的换算类型

预算定额的换算类型有以下四种：

1）砂浆换算：即砌筑砂浆换强度等级、抹灰砂浆换配合比及砂浆用量。

2）混凝土换算：即构件混凝土、楼地面混凝土的强度等级、混凝土类型的换算。

3）系数换算：按规定对定额中的人工费、材料费、机械费乘以各种系数的换算。

4）其他换算：除上述三种情况以外的定额换算。

（三）定额换算的基本思路

定额换算的基本思路是：根据选定的预算定额基价，按规定换入增加的费用，减去扣除的费用。

这一思路用下列表达方式表述：

$$\genfrac{}{}{0pt}{}{\text{换算后的}}{\text{定额基价}} = \text{原定额基价} + \text{换入的费用} - \text{换出的费用}$$

例如，某工程施工图设计用 M15 水泥砂浆砌砖墙，查预算定额中只有 M5、M7.5、M10。

水泥砂浆砖墙的项目，这时就需要选用预算定额中的某个项目，再依据定额附录中 M15 水泥砂浆的配合比用量和基价进行换算：

$$\genfrac{}{}{0pt}{}{\text{换算后定}}{\text{额基价}} = \genfrac{}{}{0pt}{}{\text{M5（或 M10）水泥砂}}{\text{浆砌砖墙定额基价}} + \genfrac{}{}{0pt}{}{\text{定额砂}}{\text{浆用量}} \times \genfrac{}{}{0pt}{}{\text{M15 水泥}}{\text{砂浆基价}} - \genfrac{}{}{0pt}{}{\text{定额砂}}{\text{浆用量}} \times \genfrac{}{}{0pt}{}{\text{M5（或 M10）}}{\text{水泥砂浆基价}}$$

上述项目的定额基价换算示意见图 2-2（b）。

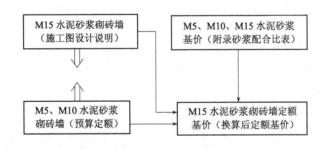

图 2-2（b） 定额基价换算示意图

2.2.3 建筑工程预算定额换算

（一）砌筑砂浆换算

（1）换算原因

当设计图纸要求的砌筑砂浆强度等级在预算定额中缺项时，就需要调整砂浆强度等级，求出新的定额基价。

（2）换算特点

由于砂浆用量不变，所以人工费、机械费不变，因而只换算砂浆强度等级和调整砂浆材料费。

砌筑砂浆换算公式：

$$换算后定额基价 = 原定额基价 + 定额砂浆用量 \times \left(换入砂浆基价 - 换出砂浆基价 \right) \tag{2-1}$$

【例2】M7.5 水泥砂浆砌砖基础。

【解】用公式（2-1）换算

换算定额号：定-1（表2-2）、附-1、附-2（表2-4）

换算后定额基价 = 1115.71 + 2.36 × (144.10 − 124.32)

$\qquad$ = 1115.71 + 2.36 × 19.78

$\qquad$ = 1115.71 + 46.68

$\qquad$ = 1162.39 元/10m³

换算后材料用量（每10m³砌体）：

$\qquad$ 42.5 级(MPa)水泥:2.36 × 341.00 = 804.76kg

$\qquad$ 中砂:2.36 × 1.10 = 2.596m³

（二）抹灰砂浆换算

（1）换算原因

当设计图纸要求的抹灰砂浆配合比或抹灰厚度与预算定额的抹灰砂浆配合比或厚度不同时，就要进行抹灰砂浆换算。

（2）换算特点

第一种情况：当抹灰厚度不变只换算配合比时，人工费、机械费不变，只调整材料费；

第二种情况：当抹灰厚度发生变化时，砂浆用量要改变，因而人工费、材料费、机械费均要换算。

（3）换算公式

第一种情况的换算公式：

$$换算后定额基价 = 原定额基价 + 抹灰砂浆定额用量 \times \left(换入砂浆基价 - 换出砂浆基价 \right) \tag{2-2}$$

第二种情况换算公式：

$$换算后定额基价 = 原定额基价 + \left(定额人工费 + 定额机械费 \right) \times (K - 1) +$$

$$\sum \left(各层换入砂浆用量 \times 换入砂浆基价 - 各层换出砂浆用量 \times 换出砂浆基价 \right) \tag{2-3}$$

式中　K——工、机费换算系数，且

$$K = \frac{设计抹灰砂浆总厚}{定额抹灰砂浆总厚}$$

各层换入砂浆用量 $= \dfrac{定额砂浆用量}{定额砂浆厚度} \times 设计厚度$

各层换出砂浆用量 = 定额砂浆用量

【例3】1:2 水泥砂浆底13厚，1:2 水泥砂浆面7厚抹砖墙面。

【解】用公式（2-2）换算（砂浆总厚不变）。

换算定额号：定-6（表2-3）、附-6、附-7（表2-4）。

工程内容：略

定　额　编　号			定-5	定-6
定　额　单　位			100m²	100m²
项　　目	单位	单价（元）	C15 混凝土地面面层（60 厚）	1:2.5 水泥砂浆抹砖墙面（底 13 厚、面 7 厚）
基价	元		1018.38	688.24
其中 人工费	元		159.60	184.80
材料费	元		833.51	451.21
机械费	元		25.27	52.23
人工 基本工	工日	12.00	9.20	13.40
其他工	工日	12.00	4.10	2.00
合计	工日	12.00	13.30	15.40
材料 C15 混凝土（0.5~4）	m³	136.02	6.06	
1:2.5 水泥砂浆	m³	210.72		2.10（底：1.39　面：0.71）
其他材料费	元			4.50
水	m³	0.60	15.38	6.99
机械 200L 砂浆搅拌机	台班	15.92		0.28
400L 混凝土搅拌机	台班	81.52	0.31	
塔式起重机	台班	170.61		0.28

砌筑砂浆配合比表（摘录）单位：m³　　　　　　　表 2-4

定　额　编　号			附-1	附-2	附-3	附-4
项　　目	单位	单价（元）	水　泥　砂　浆			
			M5	M7.5	M10	M15
基价	元		124.32	144.10	160.14	189.98
材料 42.5 级水泥	kg	0.30	270.00	341.00	397.00	499.00
中砂	m³	38.00	1.140	1.100	1.080	1.060

换算后定额基价 $= 688.24 + 2.10 \times (230.02 - 210.72)$

$$= 688.24 + 2.10 \times 19.30$$

$$= 688.24 + 40.53$$

$$= 728.77 \text{ 元/100m}^2$$

换算后材料用量（每100m²）：

32.5级水泥：2.10×635 = 1333.50kg

中砂：2.10×1.04 = 2.184m³

【例4】1:3水泥砂浆底15厚，1:2.5水泥砂浆面7厚抹砖墙面。

【解】设计抹灰厚度发生了变化，故用公式（2-3）换算。换算定额号：定-6（表2-3）、附-7、附-8（表2-5）。

$$\text{工、机费换算系数} = \frac{15+7}{13+7} = \frac{22}{20} = 1.10$$

$$1:3 \text{水泥砂浆用量} = \frac{1.39}{13} \times 15 = 1.604(\text{m}^3)$$

1:2.5水泥砂浆用量不变。

$$\begin{aligned}
\text{换算后定额基价} &= 688.24 + (184.80 + 52.23) \times (1.10 - 1) + \\
&\quad 1.604 \times 182.82 - 1.39 \times 210.72 \\
&= 688.24 + 237.03 \times 0.10 + 293.24 - 292.90 \\
&= 688.24 + 23.70 + 293.24 - 292.90 \\
&= 712.28 \text{ 元/100m}^2
\end{aligned}$$

换算后材料用量（每100m²）：

42.5级水泥：1.604×465 + 0.71×558 = 1142.04kg

中砂：1.604×1.14 + 0.71×1.14 = 2.638m³

【例5】1:2水泥砂浆底14厚，1:2水泥砂浆面9厚抹砖墙面。

【解】用公式（2-3）换算。

换算定额号：定-6（表2-3）、附-6、附-7（表2-5）。

抹灰砂浆配合比表（摘录）单位：m³ 　　　　表2-5

定　额　编　号			附-5	附-6	附-7	附-8
项　目	单　位	单价（元）	水　泥　砂　浆			
			1:1.5	1:2	1:2.5	1:3
基价	元		254.40	230.02	210.72	182.82
材料	42.5级水泥	kg	0.30	734	635	588	465
	中砂	m³	38.00	0.90	1.04	1.14	1.14

$$\text{工、机费换算系数 } K = \frac{14+9}{13+7} = \frac{23}{20} = 1.15$$

$$1:2 \text{水泥砂浆用量} = \frac{2.10}{20} \times 23$$

$$= 2.415 \text{m}^3$$

$$\begin{aligned}
\text{换算后定额基价} &= 688.24 + (184.80 + 52.23) \times (1.15 - 1) + \\
&\quad 2.415 \times 230.02 - 2.10 \times 210.72
\end{aligned}$$

$$= 688.24 + 237.03 \times 0.15 + 555.50 - 442.51$$
$$= 688.24 + 35.55 + 555.50 - 442.51$$
$$= 836.78 \ 元/100m^2$$

换算后材料用量（每 $100m^2$）：

42.5 级水泥：$2.415 \times 635 = 1533.5kg$

中砂：$2.415 \times 1.04 = 2.512m^3$

（三）构件混凝土换算

（1）换算原因

当设计要求构件采用的混凝土强度等级，在预算定额中没有相符合的项目时，就产生了混凝土强度等级或石子粒径的换算。

（2）换算特点

混凝土用量不变，人工费、机械费不变，只换算混凝土强度等级或石子粒径。

（3）换算公式

$$换算后定额基价 = 原定额基价 + 定额混凝土用量 \times$$
$$（换入混凝土基价 - 换出混凝土基价） \qquad (2\text{-}4)$$

【例6】现浇 C25 钢筋混凝土矩形梁。

【解】用公式（2-4）换算。

换算定额号：定-2（表2-2）、附-10、附-11（表2-6）。

普通塑性混凝土配合比表（摘录）单位：m^3

表2-6

定　额　编　号			附-9	附-10	附-11	附-12	附-13	附-14
项　　目	单位	单价（元）	最大粒径：40mm					
			C15	C20	C25	C30	C35	C40
基价	元		136.02	146.98	162.63	172.41	181.48	199.18
材料	42.5 级水泥	kg	0.30	274	313.00				
	52.5 级水泥	kg	0.35			313	343	370	
	62.5 级水泥	kg	0.40						368
	中砂	m³	38.00	0.49	0.46	0.46	0.42	0.41	0.41
	0.5~4 砾石	m³	40.00	0.88	0.89	0.89	0.91	0.91	0.91

换算后定额基价 $= 6721.44 + 10.15 \times (162.63 - 146.98)$
$$= 6721.44 + 10.15 \times 15.65$$
$$= 6721.44 + 158.85$$
$$= 6880.29 \ 元/10m^3$$

换算后材料用量（每 $10m^3$）：

52.5 级水泥：$10.15 \times 313 = 3176.95kg$

中砂：$10.15 \times 0.46 = 4.669m^3$

0.5~4 砾石：$10.15 \times 0.89 = 9.034m^3$

（四）楼地面混凝土换算

（1）换算原因

楼地面混凝土面层的定额单位一般是平方米。因此，当设计厚度与定额厚度不同时，就产生了定额基价的换算。

（2）换算特点

同抹灰砂浆的换算特点。

（3）换算公式

$$\begin{matrix} \text{换算后定} \\ \text{额基价} \end{matrix} = \begin{matrix} \text{原定额} \\ \text{基价} \end{matrix} + \left(\begin{matrix} \text{定额} \\ \text{人工费} \end{matrix} + \begin{matrix} \text{定额} \\ \text{机械费} \end{matrix} \right) \times (K-1)$$
$$+ \begin{matrix} \text{换入混凝} \\ \text{土用量} \end{matrix} \times \begin{matrix} \text{换入混凝} \\ \text{土基价} \end{matrix} - \begin{matrix} \text{换出混凝} \\ \text{土用量} \end{matrix} \times \begin{matrix} \text{换出混凝} \\ \text{土基价} \end{matrix} \qquad (2\text{-}5)$$

式中　K——工、机费换算系数，

$$K = \frac{\text{混凝土设计厚度}}{\text{混凝土定额厚度}}$$

$$\begin{matrix} \text{换入混凝} \\ \text{土用量} \end{matrix} = \frac{\text{定额混凝土用量}}{\text{定额混凝土厚度}} \times \text{设计混凝土厚度}$$

$$\begin{matrix} \text{换出混凝} \\ \text{土用量} \end{matrix} = \text{定额混凝土用量}$$

【例7】C20 混凝土地面面层 80mm 厚。

【解】用公式（2-5）换算。

换算定额号：定-5（表2-3）、附-9、附-10（表2-6）。

$$\text{工、机费换算系数 } K = \frac{8}{6} = 1.333$$

$$\text{换入混凝土用量} = \frac{6.06}{6} \times 8 = 8.08 \text{m}^3$$

$$\begin{aligned} \text{换算后定额基价} &= 1018.38 + (159.60 + 25.27) \times (1.333 - 1) + \\ &\quad 8.08 \times 146.98 - 6.06 \times 136.02 \\ &= 1018.38 + 184.87 \times 0.333 + 1187.60 - 824.28 \\ &= 1018.38 + 61.56 + 1187.60 - 824.28 \\ &= 1443.26 \text{ 元}/100\text{m}^2 \end{aligned}$$

换算后材料用量（每100m²）：

42.5 级水泥：8.08 × 313 = 2529.04kg

中砂：8.08 × 0.46 = 3.717m³

0.5 ~ 4 砾石：8.08 × 0.89 = 7.191m³

（五）乘系数换算

乘系数换算是指在使用某些预算定额项目时，定额的一部分或全部乘以规定的系数。例如，某地区预算定额规定，砌弧形砖墙时，定额人工费乘以 1.10 系数；楼地面垫层用于基础垫层时，定额人工费乘以系数 1.20。

【例8】C15 混凝土基础垫层。

【解】 根据题意按某地区预算定额规定，楼地面垫层定额用于基础垫层时，定额人工费乘以 1. 20 系数。

换算定额号：定-3（表2-2）。

$$换算后定额基价 = \frac{原定额}{基价} + \frac{定额}{人工费} \times (系数 - 1)$$
$$= 1673.96 + 258.72 \times (1.20 - 1)$$
$$= 1673.96 + 258.72 \times 0.20$$
$$= 1673.96 + 51.74$$
$$= 1725.7 \ 元/10m^3$$

其中：人工费 $= 258.72 \times 1.20 = 310.46 \ 元/10m^3$

（六）其他换算

其他换算是指不属于上述几种换算情况的定额基价换算。

【例9】 1:2 防水砂浆墙基防潮层（加水泥用量 8% 的防水粉）。

【解】 根据题意和定额"定-4"（表2-2）内容应调整防水粉的用量。

换算定额号：定-4（表2-2）、附-6（表2-5）。

$$防水粉用量 = 定额砂浆用量 \times 砂浆配合比中的水泥用量 \times 8\%$$
$$= 2.07 \times 635 \times 8\%$$
$$= 105.16kg$$

$$换算后定额基价 = \frac{原定额}{基价} + 防水粉单价 \times \left(\begin{array}{c}防水粉 \\ 换入量\end{array} - \begin{array}{c}防水粉 \\ 换出量\end{array}\right)$$
$$= 675.29 + 1.20 \times (105.16 - 66.38)$$
$$= 675.29 + 1.20 \times 38.78$$
$$= 675.29 + 46.54$$
$$= 721.83 \ 元/100m^2$$

材料用量（每100m²）：

42. 5 级水泥：$2.07 \times 635 = 1314.45kg$

中砂：$2.07 \times 1.04 = 2.153m^3$

防水粉：$2.07 \times 635 \times 8\% = 105.16kg$

2.2.4 安装工程预算定额换算

安装工程预算定额中，一般不包括主要材料的材料费，定额中称之为未计价材料费。因而，安装工程定额基价是不完全工程单价。若要构成完全定额基价，就要通过换算的形式来计算。

（一）完全定额基价的计算

【例10】 某地区安装工程估价表中，室内 $DN50$ 镀锌钢管丝接的安装基价为 65. 16 元/10m，未计价材料 $DN50$ 镀锌钢管用量 10. 20m，单价 23. 71 元/m，试计算该项目的完全定额基价。

【解】 完全定额基价 $= 65.16 + 10.2 \times 23.71$
$$= 307.00 \ 元/10m$$

（二）乘系数换算

安装工程预算定额中，有许多项目的人工费、机械费，定额规定需乘系数换算。例如，设置于管道间、管廊内的管道、阀门、法兰、支架的定额项目，人工费乘以系数 1.30。

【例 11】 计算安装某宾馆管道间 $DN25$ 镀锌给水钢管的完全定额基价和定额人工费（$DN25$ 镀锌给水钢管基价为 45.79 元/10m，其中人工费为 27.06 元/10m，未计价材料镀锌钢管用量 10.20m，单价 11.43 元/m）。

【解】完全定额基价 $= 45.79 + 27.06 \times (1.30 - 1) + 10.20 \times 11.43$

$$= 45.79 + 27.06 \times 0.30 + 116.59$$

$$= 45.79 + 8.12 + 116.59$$

$$= 170.50 \text{ 元}/10m$$

其中，定额人工费 $= 27.06 \times 1.30 = 35.18$ 元/10m

2.2.5 定额基价换算公式小结

（一）定额基价换算总公式

$$\text{换算后定额基价} = \text{原定额基价} + \text{换入费用} - \text{换出费用}$$

（二）定额基价换算通用公式

$$\begin{aligned} \text{换算后定额基价} &= \text{原定额基价} + \left(\text{定额人工费} + \text{定额机械费} \right) \times (K-1) + \\ &\sum \left(\text{换入半成品用量} \times \text{换入半成品基价} - \text{换出半成品用量} \times \text{换出半成品基价} \right) \end{aligned} \quad (2\text{-}6)$$

（三）定额基价换算通用公式的变换

在定额基价换算通用公式中：

（1）当半成品为砌筑砂浆时，公式变为：

$$\text{换算后定额基价} = \text{原定额基价} + \text{砌筑砂浆定额用量} \times \left(\text{换入砂浆基价} - \text{换出砂浆基价} \right)$$

说明：砂浆用量不变，工、机费不变，$K=1$；换入半成品用量与换出半成品用量同是定额砂浆用量，提相同的公因式；半成品基价定为砌筑砂浆基价。经过此变换就由公式（2-6）变化为上述换算公式。

（2）当半成品为抹灰砂浆，砂浆厚度不变，且只有一种砂浆时的换算公式为：

$$\text{换算后定额基价} = \text{原定额基价} + \text{抹灰砂浆定额用量} \times \left(\text{换入砂浆基价} - \text{换出砂浆基价} \right)$$

当抹灰砂浆厚度发生变化，且各层砂浆配合比不同时，用以下公式：

$$\begin{aligned} \text{换算后定额基价} &= \text{原定额基价} + \left(\text{定额人工费} + \text{定额机械费} \right) \times (K-1) + \\ &\sum \left(\text{换入砂浆用量} \times \text{换入砂浆基价} - \text{换出砂浆用量} \times \text{换出砂浆基价} \right) \end{aligned}$$

（3）当半成品为混凝土构件时，公式变为：

$$\text{换算后定} \atop \text{额基价} = \text{原定额} \atop \text{基价} + \text{定额混凝} \atop \text{土用量} \times \left(\text{换入混凝} \atop \text{土基价} - \text{换出混凝} \atop \text{土基价} \right)$$

（4）当半成品为楼地面混凝土时，公式变为：

$$\text{换算后定} \atop \text{额基价} = \text{原定额} \atop \text{基价} + \left(\text{定额} \atop \text{人工费} + \text{定额} \atop \text{机械费} \right) \times (K-1) +$$

$$\text{换入混凝} \atop \text{土用量} \times \text{换入混凝} \atop \text{土基价} - \text{换出混凝} \atop \text{土用量} \times \text{换出混凝} \atop \text{土基价}$$

综上所述，只要掌握了定额基价换算的通用公式，就掌握了四种类型的换算方法。

2.3 运用统筹法计算工程量

2.3.1 统筹法计算工程量的要点

施工图预算中工程量计算的特点是，项目多、数据量大、费时间，这与编制预算既快又准的基本要求相悖。如何简化工程量计算，提高计算速度和准确性是人们一直关注的问题。

统筹法是一种用来研究、分析事物内在规律及相互依赖关系，从全局角度出发，明确工作重点，合理安排工作顺序，提高工作质量和效率的科学管理方法。

运用统筹思想对工程量计算过程进行分析后，可以看出，虽然各项工程量计算各有特点，但有些数据存在着内在的联系。例如，外墙地槽、外墙基础垫层、外墙基础可以用同一个长度计算工程量。如果我们抓住这些基本数据，利用它来计算较多工程量的这个主要矛盾，就能达到简化工程量计算的目的。

（一）统筹程序、合理安排

统筹程序、合理安排的统筹法计算工程量要点的思想是，不按施工顺序或者不按传统的顺序计算工程量，只按计算简便的原则安排工程量计算顺序。如，有关地面项目工程量计算顺序，按施工顺序完成是：

$$\frac{\text{室内回填土}}{\text{长} \times \text{宽} \times \text{厚}} \textcircled{1} \to \frac{\text{地面垫层}}{\text{长} \times \text{宽} \times \text{厚}} \textcircled{2} \to \frac{\text{地面面层}}{\text{长} \times \text{宽}} \textcircled{3}$$

这一顺序，计算了三次"长×宽"。如果按计算简便的原则安排，上述顺序变为：

$$\frac{\text{地面面层}}{\text{长} \times \text{宽}} \textcircled{1} \to \frac{\text{地面垫层}}{\text{地面面层} \times \text{厚}} \textcircled{2} \to \frac{\text{室内回填土}}{\text{地面面层} \times \text{厚}} \textcircled{3}$$

显然，第二种顺序只需计算一次"长×宽"，节省了时间，简化了计算，也提高了结果的准确度。

（二）利用基数、连续计算

基数是指计算工程量时重复使用的数据。包括 $L_{中}$、$L_{内}$、$L_{外}$、$S_{底}$，简称"三线一面"。

通过分析，工程量计算中，总有一些数据贯穿在计算全过程中，只要事先计算好这些数据，提供给后面计算工程量重复使用，就可以提高工程量的计算效率。

运用基数计算工程量是统筹法的重要思想。

2.3.2 统筹法计算工程量的方法

（一）外墙中线长

外墙中线长用 $L_{中}$ 表示，是指围绕建筑物的外墙中心线长度之和。利用 $L_{中}$，可以计算下列工程量（见表2-7）。

利用外墙中线长计算工程量　　　　　表2-7

基 数 名 称	项 目 名 称	计 算 方 法
$L_{中}$	外墙基槽 外墙基础垫层 外墙基础 外墙体积 外墙圈梁 外墙基防潮层	$V = L_{中} \times$ 基槽断面积 $V = L_{中} \times$ 垫层断面积 $V = L_{中} \times$ 基础断面积 $V = (L_{中} \times$ 墙高 $-$ 门窗面积$) \times$ 墙厚 $V = L_{中} \times$ 圈梁断面积 $S = L_{中} \times$ 墙厚

（二）内墙净长

内墙净长用 $L_{内}$ 表示，是指建筑物内隔墙的长度之和。利用 $L_{内}$ 可以计算以下工程量（见表2-8）。

利用内墙净长计算工程量　　　　　表2-8

基 数 名 称	项 目 名 称	计 算 方 法
$L_{内}$	内墙基槽 内墙基础垫层 内墙基础 内墙体积 内墙圈梁 内墙基防潮层	$V = (L_{内} -$ 调整值$) \times$ 基槽断面积 $V = (L_{内} -$ 调整值$) \times$ 垫层断面积 $V = L_{内} \times$ 基础断面积 $V = (L_{内} \times$ 墙高 $-$ 门窗面积$) \times$ 墙厚 $V = L_{内} \times$ 圈梁断面积 $S = L_{内} \times$ 墙厚

（三）外墙外边长

外墙外边长用 $L_{外}$ 表示，是指围绕建筑物外墙边的长度之和。利用 $L_{外}$ 可以计算下列工程量（见表2-9）。

利用外墙外边长计算工程量　　　　　表2-9

基 数 名 称	项 目 名 称	计 算 方 法
$L_{外}$	人工平整场地 墙脚排水坡 墙脚明沟(暗沟) 外墙脚手架 挑檐	$S = L_{外} \times 2 + 16 + S_{底}$ $S = (L_{外} + 4 \times$ 散水宽$) \times$ 散水宽 $L = L_{外} + 8 \times$ 散水宽 $+ 4 \times$ 明沟(暗沟)宽 $S = L_{外} \times$ 墙高 $V = (L_{外} + 4 \times$ 挑檐宽$) \times$ 挑檐断面积

（四）底层建筑面积

底层建筑面积用 $S_底$ 表示。利用 $S_底$ 可以计算以下工程量（见表2-10）。

利用底层建筑面积计算工程量　　　　　　表2-10

基 数 名 称	项 目 名 称	计 算 方 法
$S_底$	人工平整场地 室内回填土 地面垫层 地面面层 顶棚面抹灰 屋面防水卷材 屋面找坡层	$S = S_底 + L_外 \times 2 + 16$ $V = (S_底 - 墙结构面积) \times 厚度$ 同上 $S = S_底 - 墙结构面积$ 同上 $S = S_底 - 女儿墙结构面积 + 四周卷起面积$ $S = (S_底 \pm 女儿墙结构面积) \times 平均厚$

2.4　编制建筑工程预算准备

2.4.1　图纸及资料准备

编制建筑工程预算，必须准备好以下图纸及资料：

1. 全套建筑施工图：包括建筑设计说明、建筑平面图（各层）、建筑立面图（正、背、侧面）、建筑剖面图（通过楼梯的剖面）、地沟平面及详图、屋顶平面图、建筑节点详图等。

2. 全套结构施工图：包括结构设计说明、结构平面布置图（各层）、钢筋混凝土结构配筋图、钢结构图、木结构图、结构节点详图等。

3. 所索引的建筑构配件标准图。

4. 所索引的结构构件标准图。

5. 工程地质勘察报告。

6. 建筑工程施工组织设计或施工方案。

7. 建筑工程施工协议或施工合同。

8. 施工企业资质证书及营业执照。

9. 建筑工程施工许可证。

10. 有关建筑工程量计算手册。

2.4.2　定 额 准 备

编制建筑工程预算需应用下列定额本：

1. 中华人民共和国建设部《全国统一建筑工程基础定额》土建·上、下册（GJD—101—95）。

2. 中华人民共和国建设部《全国统一机械台班费用定额》。

3. 中华人民共和国建设部《全国统一建筑工程预算工程量计算规则》土建工程（GJDG2—101—95）。

4. 各省、市、自治区建设厅《建筑工程预算定额》。

5. 各省、市、自治区建设厅《建筑材料预算价格表》。

6. 各省、市、自治区建设厅《建筑工程费用定额》、《装饰工程费用定额》。

2.4.3 《全国统一建筑工程基础定额》简介

《全国统一建筑工程基础定额》（土建·上、下册GJD—101—95），由中华人民共和国原建设部发布，自1995年12月15日起在全国执行。

《全国统一建筑工程基础定额》（以下简称基础定额本）内容包括：总说明、14个分部工程（土石方、桩基础、脚手架、砌筑、混凝土及钢筋混凝土、构件运输及安装、门窗及木结构、楼地面、屋面及防水、防腐保温隔热、装饰、金属结构制作、建筑工程垂直运输、建筑物超高降效）的基础定额（综合工日、材料耗用、机械台班定额）表以及附表。

总说明中阐明以下内容：

1. 基础定额的功能；

2. 基础定额的适用范围；

3. 基础定额编制按照的施工条件及工艺；

4. 基础定额编制依据标准及资料；

5. 人工工日消耗量确定原则；

6. 材料消耗量确定原则；

7. 施工机械台班消耗量确定原则；

8. 建筑物超高时人工、机械降效计算；

9. 基础定额适用的地区海拔高度及地震烈度规定；

10. 各种材料、构配件检验试验开支；

11. 工程内容的包括范围；

12. 定额中注有"××以内"或"××以上"的说明。

各分部工程基础定额表前面都有说明，该说明主要是阐明该分部工程所属各分项子目基础定额使用方法、定额换算以及计算有关规定。

各分部工程划分为若干分项工程，每个分项工程又根据构造做法、材料品种及规格、施工机械类型等条件，又分为若干子目，每一个子目有一个定额编号。列出完成规定计量单位所需的综合工日数、各种材料耗用量、施工机械名称及其台班数。

例如：基础定额举例如下：

砌 砖

砖基础、砖墙

工作内容：砖基础：调运砂浆、铺砂浆、运砖、清理基槽坑、砌砖等。砖墙：调、运、铺砂浆，运砖；砌砖包括窗台虎头砖、腰线、门窗套；安放木砖、铁件等。

从下表中可以查出，每10m³砖基础（定额编号为4—1）需用人工综合工日12.18工日；M5水泥砂浆2.36m³；烧结普通砖5.236千块；水1.05m³；灰浆搅拌机（200L）0.39台班。

定　额　编　号		4—1	4—2	4—3	4—4
项　　　目	单　位	砖基础	单面清水砖墙		
			1/2 砖	3/4 砖	1 砖
人　工　综合工日	工日	12.18	21.97	21.63	18.87
材　料　水泥砂浆 M5	m^3	2.36	—	—	—
水泥砂浆 M10	m^3	—	1.95	2.13	—
水泥混合砂浆 M2.5	m^3	—	—	—	2.25
烧结普通砖	千块	5.236	5.641	5.510	5.314
水	m^3	1.05	1.13	1.10	1.06
机　械　灰浆搅拌机 200L	台班	0.39	0.33	0.35	0.38

从上表中还可以查出，每 $10m^3$ 1 砖厚单面清水砖墙，需用人工综合工日 18.87 工日；M2.5 水泥混合砂浆 $2.25m^3$；烧结普通砖 5.314 千块；水 $1.06m^3$；灰浆搅拌机（200L）0.38 台班。

2.4.4　《全国统一施工机械台班费用定额》简介

《全国统一施工机械台班费用定额》由中华人民共和国建设部发布。

《全国统一施工机械台班费用定额》内容包括：说明；12 类施工机械（土石方及筑路机械、打桩机械、水平运输机械、垂直运输机械混凝土及砂浆机械、加工机械、泵类机械、焊接机械、地下工程机械、其他机械）费用定额表；附表及其说明；费用定额编制说明等。

说明主要阐明以下内容：

1. 本费用定额编制依据；
2. 本定额包括范围；
3. 每台班工作小时数；
4. 本定额七项费用的组成；
5. 各种费用调整原则；
6. 本定额附表所列各种机械费用调整原则；
7. 盾构掘进台班费未包括的费用处理；
8. 顶管设备台班费未包括的费用处理；
9. 养路费、车船使用税的补充；
10. 油料、电力损耗已包括在定额内；
11. 注有"××以内"或"××以外"的说明；
12. 定额中机型的划分；
13. 定额中的计量单位；
14. 未列机械费用定额的补充；
15. 本定额的基础数据、动力消耗量及人工工日数的确定原则及调整方法；

16. 本定额的燃料动力、材料、机械等采用北京地区××年底预算价格。

各类施工机械费用定额表中列出定额编号、机械名称、机械类型、规格型号、台班基价等。其中，台班基价包括：折旧费、大修理费、经常修理费、安拆费及场外运费、燃料动力费、人工费、养路费及车辆使用税等（安拆费及场外运费、养路费及车辆使用税由各省、自治区、直辖市另行补充或调整）。

附表有塔式起重机基础及轨道铺拆费用表；特、大型机械每安装、拆卸一次费用表；特、大型机械场外运输费用表。附表说明主要阐明费用包括内容及其调整方法。

费用定额编制说明主要阐述本定额的修订原则、机械分类、费用项目的组成、关于定额附表的说明等。还附有各种施工机械基础数据汇总表。基础数据包括：预算价格、残值率、年工作班。折旧年限、大修间隔台班、使用周期、耐用总台班、一次大修费、K 值（机械台班经常修理费与机械台班大修理费之比）。

2.4.5 《建筑工程材料预算价格》简介

《建筑工程材料预算价格》由各省、自治区、直辖市建设厅发布，由发布日起执行。一般每隔 3～4 年修改一次。在执行期间如主要材料价格变动较大，应根据当时颁发的材料价格调整动态文件进行调价。

《建筑工程材料预算价格》内容包括：说明；12 类材料（黑色金属、有色金属、木材及制品、硅酸盐及水泥制品、地方材料、装饰材料、保温防腐防火材料、油漆化工材料、金属制品、其他材料、电工器材、水暖卫生器材）预算价格表；附录等。

说明部分主要阐述以下几方面：
（1）预算价格编制原因；
（2）预算价格所包括材料种类；
（3）预算价格的组成和编制依据；
（4）预算价格的适用范围；
（5）钢材镀锌费计算；
（6）有关材料价格的说明。

各类材料预算价格表中包括材料名称、规格型号、各地区价格等。各地区是指省内各行署专区。

附录包括材料重量表、材料截面面积表、材料型号对照表等。

2.4.6 地区《建筑工程预算定额》简介

鉴于《全国统一建筑工程基础定额》上未列出人工综合工日单价、材料单价、机械台班单价，在编制建筑工程预算时，还要去找人工综合工日单价表、材料价格表、机械台班费用定额等，比较麻烦，而且有些资料一时上也难以找到。为此，各省、市、自治区建设厅根据当地工日单价，各种材料单价、各种机械台班价格，结合基础定额本上所列的分项子目，列出各子目的人工费单价、材料费单价、机械费单价及其基价，基价是指这三项费用单价之和。这样，各分项子目所需人工费、材料费、机械费很方便即可求出。

$$人工费 = 工程量 \times 人工费单价$$
$$材料费 = 工程量 \times 材料费单价$$

机械费 = 工程量 × 机械费单价

基础定额第 141 页上的砖基础、单面清水墙的 4 个子目改编示例如下。其中，综合工日定额、材料耗用量、机械台班数都不变，只是根据当地人工综合工日单价、各材料单价及机械台班费用算出相应的人工费单价、材料费单价及机械费单价。

地区《建筑工程预算定额》的总说明、各分部分项子目以及附表，应与《全国统一建筑工程基础定额》相一致，根据地方特点，还可以增设一些分部分项子目，作为补充定额。

改 编 示 例   计量单位：10m³

定　额　编　号			4—1	4—2	4—3	4—4
项　　　目		单　位	砖基础	单面清水砖墙		
				1/2 砖	3/4 砖	1 砖
基　价		元	657.42	950.87	880.91	814.41
其中	人工费	元	243.60	439.40	432.60	377.40
	材料费	元	400.06	499.83	435.96	423.60
	机械费	元	13.76	11.64	12.35	13.41
人工	综合工日	工日	12.18	21.97	21.63	18.87
材料	水泥砂浆 M5	m³	2.36	—	—	—
	水泥砂浆 M10	m³	—	1.95	2.13	—
	水泥混合砂浆 M2.5	m³	—	—	—	2.25
	烧结普通砖	千块	5.236	5.641	5.510	5.314
	水	m³	1.05	1.13	1.10	1.05
机械	灰浆搅拌机 200L	台班	0.39	0.33	0.35	0.38

注：本表未列工日及材料单价。

2.4.7　编制建筑工程预算表式

编制建筑工程预算需用以下表格：

（1）建筑工程预算书封面；

（2）工程量计算表；

（3）定额直接费、工料分析表；

（4）材料汇总表；

（5）工程造价计算表。

建设工程造价预（结）算书

（建筑工程）

建设单位：　　　　　　　　　　　　　　建设地点：

施工单位：　　　　　　　　　　　　　　工程类别：

工程规模：　　　　平方米　　工程造价：　　　元　　单位造价：　　　元/平方米

建设（监理）单位：　　　　　　　　　　施工（编制）单位：

技术负责人：　　　　　　　　　　　　　技术负责人：

审核人：　　　　　　　　　　　　　　　编制人：

资格证章：　　　　　　　　　　　　　　资格证章：

　　　年　　月　　日　　　　　　　　　　　　年　　月　　日

84

工程量计算表

工程名称：

序 号	定额编号	分项工程名称	单 位	工 程 量	计 算 式

定额直接费、工料分析表（传统）

工程名称：

序号	定额编号	项目名称	单位	工程量	定额直接费（元）		人工费		机械费		主要材料用量				
					单价	合计	单价	小计	单价	小计					

材料汇总表

工程名称：

序号	材料名称及规格	单　位	数量	备　注

序号	材料名称及规格	单位	数量	备　注

建筑安装工程造价计算表（传统）

序号	费用名称		计算式	金额（元）
（一）	直接工程费			
（二）	单项材料价差调整		采用实物金额法不计算此费用	
（三）	综合系数调整材料价差		采用实物金额法不计算此费用	
（四）	措施费	环境保护费		
		文明施工费		
		安全施工费		
		临时设施费		
		夜间施工增加费		
		二次搬运费		
		大型机械进出场及安拆费		
		脚手架费		
		已完工程及设备保护费		
		混凝土及钢筋混凝土模板及支架费		
		施工排水、降水费		
（五）	规费	工程排污费		
		工程定额测定费		
		社会保障费		
		住房公积金		
		危险作业意外伤害保险		
（六）	企业管理费			
（七）	利润			
（八）	营业税			
（九）	城市维护建设税			
（十）	教育费附加			
	工程预算造价		（一）~（十）之和	

工程名称：

分部分项工程（单价措施项目）费计算、工料分析表（44号文划分）（建筑）

序号	定额编号	项目名称	单位	工程量	基价	合价	人工费		材料费		机械费		管理费、利润		主要材料用量		
							单价	小计	单价	小计	单价	小计	费率	小计			

说明：管理费、利润 =（人工费 + 机械费）× 费率

分部分项工程（单价措施项目）费计算、工料分析表（44号文划分）（装饰、安装）

工程名称：

序号	定额编号	项目名称	单位	工程量	基价	合价	人工费		材料费		机械费		管理费、利润		未计价材料费				
							单价	小计	单价	小计	单价	小计	费率	小计	材料名称	单位	单价	数量	合价

说明：管理费、利润 =（人工费＋机械费）×费率

建筑安装造价计算表（44号文费用划分）

工程名称：   第 页 共 页

序号	费用名称			计算式（基础）	费率（%）	金额（元）	合计（元）
1	分部分项工程费	人工费		∑工程量×定额基价（见计算表）	（其中：定额人工费）		
		材料费					
		机械费					
		管理费		∑分部分项工程定额人工费			
		利润		∑分部分项工程定额人工费			
2	措施项目费	单价措施费		∑工程量×定额基价	定额人工费		
				管理费、利润			
		总价措施费	安全文明施工费	分部分项定额人工费			
			夜间施工增加费				
			二次搬运费				
			冬雨季施工增加费				
3	其他项目费	总承包服务费		招标人分包工程造价			
4	规费	社会保险费		分部分项定额人工费＋单价措施项目定额人工费			
		住房公积金					
		工程排污费		按工程所在地规定计算			
5	人工价差调整			定额人工费×调整系数			
6	材料价差调整			见计算表			
7	税金			（序1＋序2＋序3＋序4＋序5＋序6）			
	工程预算造价			（序1＋序2＋序3＋序4＋序5＋序6＋序7）			

2.4.8 建筑工程预算编制步骤

编制建筑工程预算一般需要经过以下步骤：

（一）图纸、资料准备

备齐全套施工图及其所索引的标准图集；

备齐所应用的定额本、工程量计算规则以及建筑工程量速算手册等；

备齐预算用各种表格及有关建设厅文件；

（二）识读施工图

一定要仔细识读全套施工图。

识读施工图，应先看建筑施工图，再看结构施工图，后看设备施工图。

每一类施工图，必须看懂其构造做法、用料说明、具体尺寸。

每个部位的分尺寸及总尺寸应仔细审核。

图纸上长度、宽度、高度尺寸计量单位为毫米。高程计量单位为米，以底层室内地面为零，以上者为正标高，以下者为负标高。

所索引的标准图要找到，并应审核其是否正对。

（三）学习定额

认真学习《全国统一建筑工程基础定额》、《全国统一施工机械台班费用定额》、《材料预算价格》。如有地区《建筑工程预算定额》，可不学习上述三种定额，只学习地方《建筑工程预算定额》。

每一种定额本，必须从首页到末页看一遍，特别是总说明、每个分部工程的说明、定额换算方法以及各子目工作内容，一定要看懂看清。

（四）计算建筑面积

按建筑面积计算规范的规定，计算拟建的建筑物的建筑面积。计量单位为平方米。

（五）列分部分项子目名称

参照定额本上的分部、分项子目，对应施工图，列出该建筑物的分部、分项子目名称及其定额编号。

（六）计算工程质量

先学习《全国统一建筑工程预算工程量计算规划》或地区《建筑工程预算定额》中工程量计算规则，再按规则逐个计算各分部分项子目的工程量。

工程量的计算结果，其计算单位必须与定额表上的计量单位相一致。

工程量计算结果应按定额编号顺序逐个登录到工程量计算表上。

（七）查取定额

当应用《全国统一建筑工程基础定额》编制预算时，按各分部分项子目所用材料、施工条件等，在基础定额本查取该子目的综合工日定额、材料耗用定额及机械台班定额。

当应用地区《建筑工程预算定额》编制预算时，按各分部分项子目所用材料、施工条件等；在预算定额本上查取该子目的人工费单价、材料费单价及机械费单价。

当子目的材料、施工条件等与定额本上所规定不同时，应按有关规定进行定额换算，按换算后的定额查取。

（八）传统费用划分计算工程造价的顺序

先计算直接工程费。直接工程费是人工费、材料费、机械费之和。

当用基础定额时：

$$人工费 = 工程量 \times 综合工日定额 \times 工日单价$$
$$材料费 = 工程量 \times 材料耗用定额 \times 材料单价$$
$$机械费 = 工程量 \times 机械台班定额 \times 机械台班单价$$

当用预算定额时：

$$人工费 = 工程量 \times 人工费单价$$
$$材料费 = 工程量 \times 材料费单价$$
$$机械费 = 工程量 \times 机械费单价$$

把各个子目的人工费、材料费、机械费总加起来就成为直接工程费。

根据各项措施费费率计算措施费；

根据各项规费费率计算规费；

根据企业管理费费率计算企业管理费；

根据利润率计算利润；

根据税率计算税金。

将直接工程费、措施费、规费、企业管理费、利润、税金相加，即成为工程造价。

工程造价除以建筑面积得出每平方米建筑面积的工程造价。

（九）按 44 号文费用划分计算工程造价的顺序

按 44 号文费用划分计算工程造价的顺序见 2.1.7。

2.5 建筑面积计算

2.5.1 建筑面积的概念

建筑面积亦称建筑展开面积，是建筑物各层面积的总和。

建筑面积包括使用面积、辅助面积和结构面积三部分。

（一）使用面积

使用面积是指建筑物各层平面中直接为生产或生活使用的净面积之和。例如，住宅建筑中的居室、客厅、书房、卫生间、厨房等。

（二）辅助面积

辅助面积是指建筑物各层平面中为辅助生产或辅助生活所占净面积之和。例如，住宅建筑中的楼梯、走道等。使用面积与辅助面积之和称有效面积。

（三）结构面积

结构面积是指建筑各层平面中的墙、柱等结构所占面积之和。

2.5.2 建筑面积的作用

（一）重要管理指标

建筑面积是建设投资、建设项目可行性研究、建设项目勘察设计、建设项目评估、建设项目招标投标、建筑工程施工和竣工验收、建设工程造价管理、建筑工程造价控制等一系列工作的重要计算指标。

（二）重要技术指标

建筑面积是计算开工面积、竣工面积、合格工程率、建筑装饰规模等重要的技术指标。

（三）重要经济指标

建筑面积是计算建筑、装饰等单位工程或单项工程的单位面积工程造价、人工消耗指标、机械台班消耗指标、工程量消耗指标的重要经济指标。

各经济指标的计算公式如下：

$$每平方米工程造价 = \frac{工程造价}{建筑面积}（元/m^2）$$

$$每平方米人工消耗 = \frac{单位工程用工量}{建筑面积}（工日/m^2）$$

$$每平方米材料消耗 = \frac{单位工程某材料用量}{建筑面积}（kg/m^2、m^3/m^2 等）$$

$$每平方米机械台班消耗 = \frac{单位工程某机械台班用量}{建筑面积}（台班/m^2 等）$$

$$每平方米工程量 = \frac{单位工程某工程量}{建筑面积}（m^2/m^2、m/m^2 等）$$

（四）重要计算依据

建筑面积是计算有关工程量的重要依据。例如，装饰用满堂脚手架工程量等。

综上所述，建筑面积是重要的技术经济指标，在全面控制建筑安装工程造价和建设过程中起着重要作用。

2.5.3　建筑面积计算规则

由于建筑面积是计算各种技术经济指标的重要依据，这些指标又起着衡量和评价建设规模、投资效益、工程成本等方面重要尺度的作用。因此，中华人民共和国住房和城乡建设部颁发了《建筑工程建筑面积计算规范》GB/T 50353—2013，规定了建筑面积的计算方法。

《建筑工程建筑面积计算规范》主要规定了三个方面的内容：

（1）计算全部建筑面积的范围和规定；

（2）计算部分建筑面积的范围和规定；

（3）不计算建筑面积的范围和规定。

这些规定主要基于以下几个方面的考虑：

①尽可能准确地反映建筑物各组成部分的价值量。例如，有柱雨篷应按其结构板水平投影面积的1/2计算建筑面积；建筑物间有围护结构的走廊（增加了围护结构的工料消耗）应按其围护结构外围水平面积计算全面积。又如，多层建筑坡屋顶内和场馆看台下的建筑空间，结构净高在2.10m及以上的部位应计算全面积；结构净高在1.20m及以上至2.10m以下的部位应计算1/2面积；结构净高在1.20m以下的部位不应计算建筑

面积。

②通过建筑面积计算规范的规定，简化建筑面积的计算过程。例如，附墙柱、垛等不计算建筑面积。

2.5.4 应计算建筑面积的范围

（一）建筑物建筑面积计算

1. 计算规定

建筑物的建筑面积应按自然层外墙结构外围水平面积之和计算。结构层高在2.20m及以上的，应计算全面积；结构层高在2.20m以下的，应计算1/2面积。

2. 计算规定解读

（1）建筑物可以是民用建筑、公共建筑，也可以是工业厂房。

（2）建筑面积只包括外墙的结构面积，不包括外墙抹灰厚度、装饰材料厚度所占的面积。如图2-3所示，其建筑面积为$S = a \times b$（外墙外边尺寸，不含勒脚厚度）。

（3）当外墙结构本身在一个层高范围内不等厚时，以楼地面结构标高处的外围水平面积计算。

（二）局部楼层建筑面积计算

1. 计算规定

建筑物内设有局部楼层时，对于局部楼层的二层及以上楼层，有围护结构的应按其围护结构外围水平面积计算，无围护结构的应按其结构底板水平面积计算，且结构层高在2.20m及以上的，应计算全面积，结构层高在2.20m以下的，应计算1/2面积。

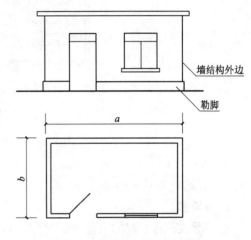

图2-3 建筑面积计算示意图

2. 计算规定解读

（1）单层建筑物内设有部分楼层的例子见图2-4。这时，局部楼层的围护结构墙厚应包括在楼层面积内。

（2）本规定没有说不算建筑面积的部位，我们可以理解为局部楼层层高一般不会低于1.20m。

【例12】根据图2-7计算该建筑物的建筑面积（墙后均为240mm）。

【解】

$$底层建筑面积 = (6.0 + 4.0 + 0.24) \times (3.30 + 2.70 + 0.24)$$
$$= 10.24 \times 6.24$$
$$= 63.90 \text{m}^2$$

$$楼隔层建筑面积 = (4.0 + 0.24) \times (3.30 + 0.24)$$
$$= 4.24 \times 3.54$$
$$= 15.01 \text{m}^2$$

$$全部建筑面积 = 69.30 + 15.01 = 78.91 \text{m}^2$$

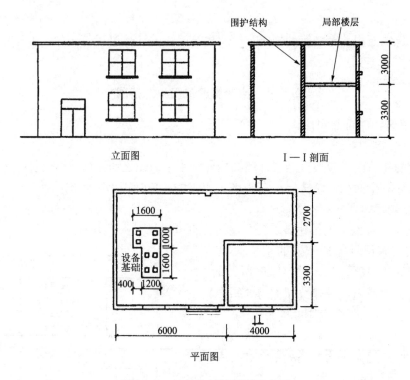

图 2-4　建筑物局部楼层示意图

（三）坡屋顶建筑面积计算

1. 计算规定

对于形成建筑空间的坡屋顶，结构净高在 2.10m 及以上的部位应计算全面积；结构净高在 1.20m 及以上至 2.10m 以下的部位应计算 1/2 面积；结构净高在 1.20m 以下的部位不应计算建筑面积。

2. 计算规定解读

多层建筑坡屋顶内和场馆看台下的空间应视为坡屋顶内的空间，设计加以利用时，应按其结构净高确定其建筑面积的计算；设计不利用的空间，不应计算建筑面积，其示意图见图 2-5。

【例 13】根据图 2-5 中所示尺寸，计算坡屋顶内的建筑面积。

【解】

·应计算 1/2 面积：（$A_轴$—$B_轴$）

$$S_1 = (\underset{\text{符合1.2m高的宽}}{2.70 - 0.40}) \times \underset{\text{坡屋面长}}{5.34} \times 0.50 = 6.15\text{m}^2$$

·应计算全部面积：（$B_轴$—$C_轴$）

$$S_2 = 3.60 \times 5.34 = 19.22\text{m}^2$$

小计：$S_1 + S_2 = 6.15 + 19.22 = 25.37\text{m}^2$

（四）看台下的建筑空间悬挑看台建筑面积计算

1. 计算规定

对于场馆看台下的建筑空间,结构净高在 2.10m 及以上的部位应计算全面积;结构净高在 1.20m 及以上至 2.10m 以下的部位应计算 1/2 面积;结构净高在 1.20m 以下的部位不应计算建筑面积。室内单独设置的有围护设施的悬挑看台,应按看台结构底板水平投影面积计算建筑面积。有顶盖无围护结构的场馆看台应按其顶盖水平投影面积的1/2 计算面积。

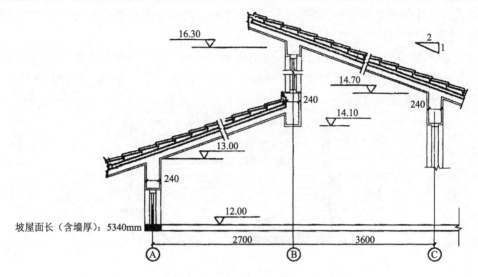

图 2-5　利用坡屋顶空间应计算建筑面积示意图

2. 计算规定解读

场馆看台下的建筑空间因其上部结构多为斜（或曲线）板，所以采用净高的尺寸划定建筑面积的计算范围和对应规则，其示意图见图 2-6。

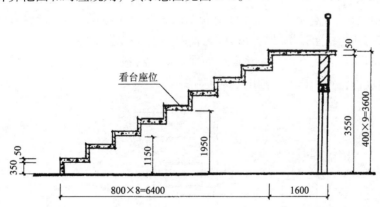

图 2-6　看台下空间（场馆看台剖面图）计算建筑面积示意图

室内单独设置的有围护设施的悬挑看台，因其看台上部设有顶盖且可供人使用，所以按看台板的结构底板水平投影计算建筑面积。这一规定与建筑物内阳台的建筑面积计算规定是一致的。

室内单独设置的有围护设施的悬挑看台，应按看台结构底板水平投影面积计算建筑面积。

（五）地下室、半地下室及出入口

1. 计算规定

地下室、半地下室应按其结构外围水平面积计算。结构层高在 2.20m 及以上的，应计算全面积；结构层高在 2.20m 以下的，应计算 1/2 面积。

出入口外墙外侧坡道有顶盖的部位，应按其外墙结构外围水平面积的 1/2 计算面积。

2. 计算规定解读

（1）地下室采光井是为了满足地下室的采光和通风要求设置的。一般在地下室围护墙上口开设一个矩形或其他形状的竖井，井的上口一般设有铁栅，井的一个侧面安装采光和通风用的窗子。见图 2-7。

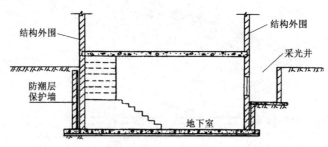

图 2-7　地下室建筑面积计算示意图

（2）以前的计算规则规定：按地下室、半地室上口外墙外围水平面积计算，文字上不甚严密，"上口外墙"容易被理解成为地下室、半地下室的上一层建筑的外墙。因为通常情况下，上一层建筑外墙与地下室墙的中心线不一定完全重叠，多数情况是凹进或凸出地下室外墙中心线。所以要明确规定地下室、半地下室应以其结构外围水平面积计算建筑面积。

（3）出入口坡道分有顶盖出入口坡道和无顶盖出入口坡道，出入口坡道顶盖的挑出长度，为顶盖结构外边线至外墙结构外边线的长度；顶盖以设计图纸为准，对后增加及建设单位自行增加的顶盖等，不计算建筑面积。顶盖不分材料种类（如钢筋混凝土顶盖、彩钢板顶盖、阳光板顶盖等）。地下室出入口见图 2-8。

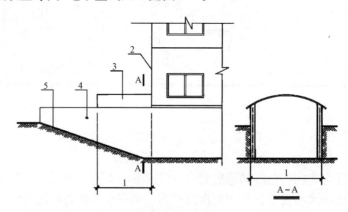

图 2-8　地下室出入口
1—计算 1/2 投影面积部位；2—主体建筑；3—出入口顶盖；
4—封闭出入口侧墙；5—出入口坡道

（六）建筑物架空层及坡地建筑物吊脚架空层建筑面积计算

1. 计算规定

建筑物架空层及坡地建筑物吊脚架空层，应按其顶板水平投影计算建筑面积。结构层高在 2.20m 及以上的，应计算全面积；结构层高在 2.20m 以下的，应计算 1/2 面积。

2. 计算规定解读

（1）建于坡地的建筑物吊脚架空层示意见图 2-9。

（2）本规定既适用于建筑物吊脚架空层、深基础架空层建筑面积的计算，也适用于目前部分住宅、学校教学楼等工程在底层架空或在二楼或以上某个甚至多个楼层架空，作为公共活动、停车、绿化等空间的建筑面积的计算。架空层中有围护结构的建筑空间按相关规定计算。

（七）门厅、大厅及设置的走廊建筑面积计算

1. 计算规定

建筑物的门厅、大厅应按一层计算建筑面积，门厅、大厅内设置的走廊应按走廊结构底板水平投影面积计算建筑面积。结构层高在 2.20m 及以上的，应计算全面积；结构层高在 2.20m 以下的，应计算 1/2 面积。

2. 计算规定解读

（1）"门厅、大厅内设置的走廊"，是指建筑物大厅、门厅的上部（一般该大厅、门厅占两个或两个以上建筑物层高）四周向大厅、门厅、中间挑出的走廊。如图 2-10 所示。

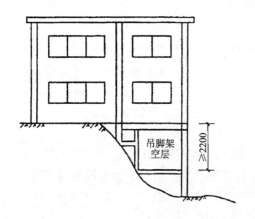

图 2-9　坡地建筑物吊脚架空层示意

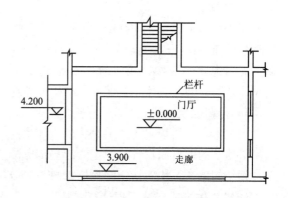

图 2-10　大厅、门厅内设置走廊示意图

（2）宾馆、大会堂、教学楼等大楼内的门厅或大厅，往往要占建筑物的二层或二层以上的层高，这时也只能计算一层面积。

（3）"结构层高在 2.20m 以下的，应计算 1/2 面积"应该指门厅、大厅内设置的走廊结构层高可能出现的情况。

（八）建筑物间的架空走廊建筑面积计算

1. 计算规定

对于建筑物间的架空走廊，有顶盖和围护设施的，应按其围护结构外围水平面积计算

全面积；无围护结构、有围护设施的，应按其结构底板水平投影面积计算1/2面积。

2. 计算规定解读

架空走廊是指建筑物与建筑物之间，在二层或二层以上专门为水平交通设置的走廊。无围护结构架空走廊示意见图2-11（a），有围护结构架空走廊示意见图2-11（b）。

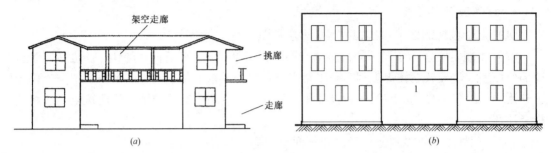

图2-11

（a）有永久性顶盖架空走廊示意图；（b）有围护结构的架空走廊；1—架空走廊

（九）建筑物内门厅、大厅

计算规定如下：

建筑物的门厅、大厅按一层计算建筑面积。门厅、大厅内设有回廊时，应按其结构底板水平面积计算。层高在2.20m及以上者应计算全面积；层高不足2.20m者应计算1/2面积。

（十）立体书库、立体仓库、立体车库建筑面积计算

1. 计算规定

对于立体书库、立体仓库、立体车库，有围护结构的，应按其围护结构外围水平面积计算建筑面积；无围护结构、有围护设施的，应按其结构底板水平投影面积计算建筑面积。无结构层的应按一层计算，有结构层的应按其结构层面积分别计算。结构层高在2.20m及以上的，应计算全面积；结构层高在2.20m以下的，应计算1/2面积。

2. 计算规定解读

（1）本条主要规定了图书馆中的立体书库、仓储中心的立体仓库、大型停车场的立体车库等建筑的建筑面积计算规定。起局部分隔、存储等作用的书架层、货架层或可升降的立体钢结构停车层均不属于结构层，故该部分隔层不计算建筑面积。

（2）立体书库建筑面积计算（按图2-12计算）如下：

$$底层建筑面积 = （2.82 + 4.62）×（2.82 + 9.12）+ \overset{\overline{\hspace{0.5em}楼梯\hspace{0.5em}}}{3.0 × 1.20}$$
$$= 7.44 × 11.94 + 3.60$$
$$= 92.43m^2$$

$$结构层建筑面积 = （4.62 + 2.82 + 9.12）× 2.82 × 0.50（层高2m）$$
$$= 16.56 × 2.82 × 0.50$$
$$= 23.35m^2$$

（十一）舞台灯光控制室

1. 计算规定

100

有围护结构的舞台灯光控制室，应按其围护结构外围水平面积计算。结构层高在2.20m及以上的，应计算全面积；结构层高在2.20m以下的，应计算1/2面积。

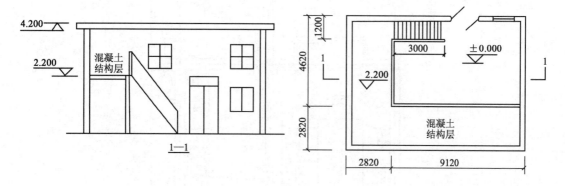

图2-12　立体书库建筑面积计算示意图

2．计算规定解读

如果舞台灯光控制室有围护结构且只有一层，那么就不能另外计算面积。因为整个舞台的面积计算已经包含了该灯光控制室的面积。

（十二）落地橱窗建筑面积计算

1．计算规定

附属在建筑物外墙的落地橱窗，应按其围护结构外围水平面积计算。结构层高在2.20m及以上的，应计算全面积；结构层高在2.20m以下的，应计算1/2面积。

2．计算规定解读

落地橱窗是指突出外墙面，根基落地的橱窗。

（十三）飘窗建筑面积计算

1．计算规定

窗台与室内楼地面高差在0.45m以下且结构净高在2.10m及以上的凸（飘）窗，应按其围护结构外围水平面积计算1/2面积。

2．计算规定解读

飘窗是突出建筑物外墙四周有围护结构的采光窗（图2-13）。2005年版建筑面积计算规范是不计算建筑面积的。由于实际飘窗的结构净高可能要超过2.1m，体现了建筑物的价值量。所以，规定了"窗台与室内楼地面高差在0.45m以下且结构净高在2.10m及以上的凸（飘）窗"应按其围护结构外围水平面积计算1/2面积。

（十四）走廊（挑廊）建筑面积计算

1．计算规定

有围护设施的室外走廊（挑廊），应按其结构底板水平投影面积计算1/2面积；有围护设施（或柱）的檐廊，应按其围护设施（或柱）外围水平面积计算1/2面积。

2．计算规定解读

（1）走廊指建筑物底层的水平交通空间，见图2-14（a）。

（2）挑廊是指挑出建筑物外墙的水平交通空间，见图2-14（a）。

（3）檐廊是指设置在建筑物底层檐下的水平交通空间，见图2-14（b）。

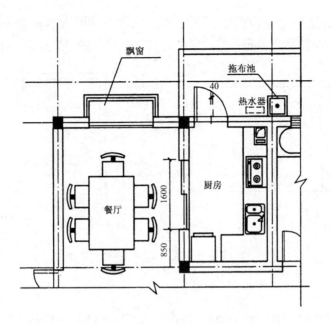

图 2-13　飘窗示意图

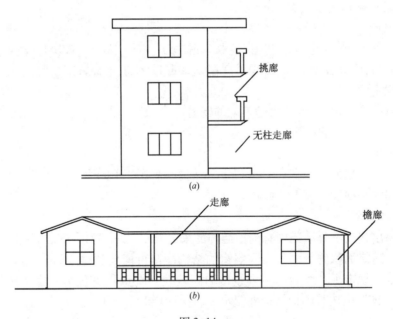

图 2-14
（a）挑廊、无柱走廊示意图；（b）走廊、檐廊示意图

（十五）门斗建筑面积计算

1. 计算规定

门斗应按其围护结构外围水平面积计算建筑面积，且结构层高在 2.20m 及以上的，应计算全面积；结构层高在 2.20m 以下的，应计算 1/2 面积。

2. 计算规定解读

门斗是指建筑物入口处两道门之间的空间，在建筑物出入口设置的起分隔、挡风、御寒等作用的建筑过渡空间。保温门斗一般有围护结构，见图2-15。

（十六）门廊、雨篷建筑面积计算

1. 计算规定

门廊应按其顶板的水平投影面积的1/2计算建筑面积；有柱雨篷应按其结构板水平投影面积的1/2计算建筑面积；无柱雨篷的结构外边线至外墙结构外边线的宽度在2.10m及以上的，应按雨篷结构板的水平投影面积的1/2计算建筑面积。

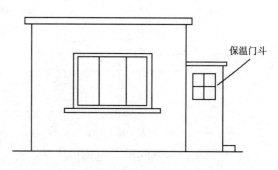

图2-15　有围护结构门斗示意图

2. 计算规定解读

（1）门廊是在建筑物出入口，三面或二面有墙，上部有板（或借用上部楼板）围护的部位。见图2-16。

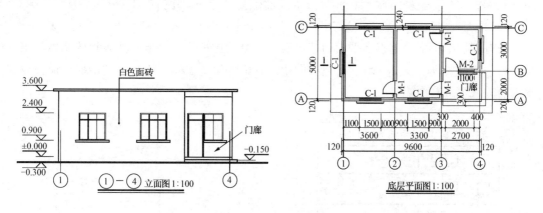

图2-16　门廊示意图

（2）雨篷分为有柱雨篷和无柱雨篷。有柱雨篷，没有出挑宽度的限制，也不受跨越层数的限制，均计算建筑面积。无柱雨篷，其结构板不能跨层，并受出挑宽度的限制，设计出挑宽度大于或等于2.10m时才计算建筑面积。出挑宽度，系指雨篷结构外边线至外墙结构外边线的宽度，弧形或异形时取最大宽度。

有柱雨篷、无柱雨篷分别见图2-17（a）、图2-17（b）。

（十七）楼梯间、水箱间、电梯机房建筑面积计算

1. 计算规定

设在建筑物顶部的、有围护结构的楼梯间、水箱间、电梯机房等，结构层高在2.20m及以上的应计算全面积；结构层高在2.20m以下的，应计算1/2面积。

2. 计算规定解读

（1）如遇建筑物屋顶的楼梯间是坡屋顶时，应按坡屋顶的相关规定计算面积。

（2）单独放在建筑物屋顶上的混凝土水箱或钢板水箱，不计算面积。

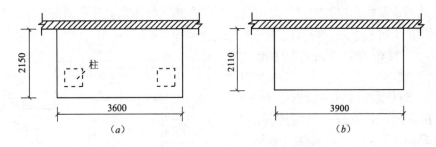

图 2-17 雨篷示意图（计算 1/2 面积）

（a）有柱雨篷示意图（计算 1/2 面积）；（b）无柱雨篷示意图（计算 1/2 面积）

（3）建筑物屋顶水箱间、电梯机房见示意图 2-18。

（十八）围护结构不垂直于水平面楼层建筑物建筑面积计算

1. 计算规定

围护结构不垂直于水平面的楼层，应按其底板面的外墙外围水平面积计算。结构净高在 2.10m 及以上的部位，应计算全面积；结构净高在 1.20m 及以上至 2.10m 以下的部位，应计算 1/2 面积；结构净高在 1.20m 以下的部位，不应计算建筑面积。

2. 计算规定解读

设有围护结构不垂直于水平面而超出底板外沿的建筑物，是指向外倾斜的墙体超出地板外沿的建筑物（见图 2-19）。若遇有向建筑物内倾斜的墙体，应视为坡屋面，应按坡屋顶的有关规定计算面积。

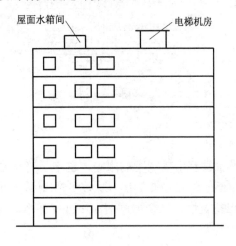

图 2-18　屋面水箱间、电梯机房示意图

图 2-19　不垂直于水平面

（十九）室内楼梯、电梯井、提物井、管道井等建筑面积计算

1. 计算规定

建筑物的室内楼梯、电梯井、提物井、管道井、通风排气竖井、烟道，应并入建筑物的自然层计算建筑面积。有顶盖的采光井应按一层计算面积，且结构净高在 2.10m 及以上的，应计算全面积；结构净高在 2.10m 以下的，应计算 1/2 面积。

2. 计算规定解读

（1）室内楼梯间的面积计算，应按楼梯依附的建筑物的自然层数计算，合并在建筑物面积内。若遇跃层建筑，其共用的室内楼梯应按自然层计算面积；上下两错层户室共用的室内楼梯，应选上一层的自然层计算面积，见图 2-20。

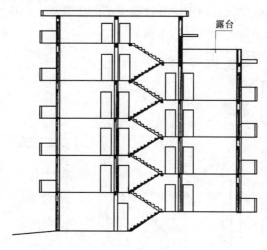

图 2-20　户室错层剖面示意图

（2）电梯井是指安装电梯用的垂直通道，见图 2-21。

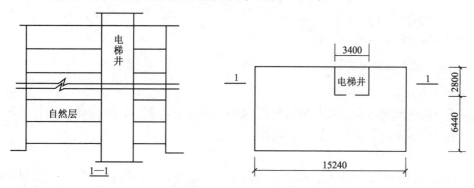

图 2-21　电梯井示意图

【例 14】某建筑物共 12 层，电梯井尺寸（含壁厚）如图 2-21 所示，求电梯井面积。

【解】$S = 2.80 \times 3.40 \times 12 \text{ 层} = 114.24 \text{m}^2$

（3）有顶盖的采光井包括建筑物中的采光井和地下室采光井（图 2-22）。

（4）提物井是指图书馆提升书籍、酒店提升食物的垂直通道。

（5）垃圾道是指写字楼等大楼内，每层设垃圾倾倒口的垂直通道。

（6）管道井是指宾馆或写字楼内集中安装给水排水、采暖、消防、电线管道用的垂直通道。

（二十）室外楼梯建筑面积计算

1. 计算规定

室外楼梯应并入所依附建筑物自然层，并应按其水平投影面积的 1/2 计算建筑面积。

2. 计算规定解读

（1）室外楼梯作为连接该建筑物层与层之间交通不可缺少的基本部件，无论从其功能还是工程计价的要求来说，均需计算建筑面积。层数为室外楼梯所依附的楼层数，即梯段部分投影到建筑物范围的层数。利用室外楼梯下部的建筑空间不得重复计算建筑面积；利用地势砌筑的为室外踏步，不计算建筑面积。

（2）室外楼梯示意见图2-23。

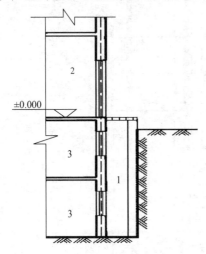

图2-22　地下室采光井

1—采光井；2—室内；3—地下室

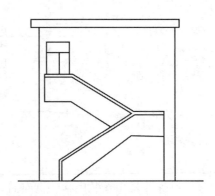

图2-23　室外楼梯示意图

（二十一）阳台建筑面积计算

1．计算规定

在主体结构内的阳台，应按其结构外围水平面积计算全面积；在主体结构外的阳台，应按其结构底板水平投影面积计算1/2面积。

2．计算规定解读

（1）建筑物的阳台，不论是凹阳台、挑阳台、封闭阳台，均按其是否在主体结构内来外划分，在主体结构外的阳台才能按其结构底板水平投影面积计算1/2建筑面积。

（2）主体结构外阳台、主体结构内阳台示意图见图2-24、图2-25。

（二十二）车棚、货棚、站台、加油站等建筑面积计算

1．计算规定

有顶盖无围护结构的车棚、货棚、站台、加油站、收费站等，应按其顶盖水平投影面积的1/2计算建筑面积。

2．计算规定解读

（1）车棚、货棚、站台、加油站、收费站等的面积计算，由于建筑技术的发展，出现许多新型结构，如柱不再是单纯的直立柱，而出现正V形、倒∧形等不同类型的柱，给面积计算带来许多争议。为此，我们不以柱来确定面积，而依据顶盖的水平投影面积计算面积。

（2）在车棚、货棚、站台、加油站、收费站内设有带围护结构的管理房间、休息室等，应另按有关规定计算面积。

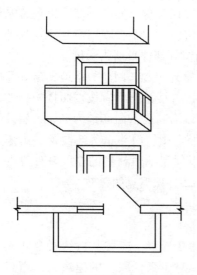

图 2-24　主体结构外阳台示意图

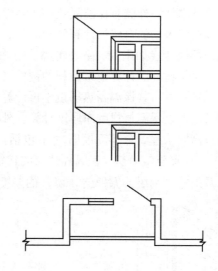

图 2-25　主体结构内阳台示意图

（3）站台示意图见图 2-26，其面积为：

$$S = 2.0 \times 5.50 \times 0.5 = 5.50 m^2$$

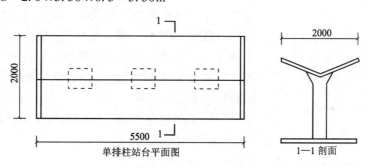

图 2-26　单排柱站台示意图

（二十三）幕墙作为围护结构的面积计算

1. 计算规定

以幕墙作为围护结构的建筑物，应按幕墙外边线计算建筑面积。

2. 计算规定解读

（1）幕墙以其在建筑物中所起的作用和功能来区分，直接作为外墙起围护作用的幕墙，按其外边线计算建筑面积。

（2）设置在建筑物墙体外起装饰作用的幕墙，不计算建筑面积。

（二十四）建筑物的外墙外保温层建筑面积计算

1. 计算规定

建筑物的外墙外保温层，应按其保温材料的水平截面积计算，并计入自然层建筑面积。

2. 计算规定解读

建筑物外墙外侧有保温隔热层的，保温隔热层以保温材料的净厚度乘以外墙结构外边线长度按建筑物的自然层计算建筑面积，其外墙外边线长度不扣除门窗和建筑物外已计算建筑面积构件（如阳台、室外走廊、门斗、落地橱窗等部件）所占长度。

当建筑物外已计算建筑面积的构件（如阳台、室外走廊、门斗、落地橱窗等部件）有保温隔热层时，其保温隔热层也不再计算建筑面积。外墙是斜面者按楼面楼板处的外墙外边线长度乘以保温材料的净厚度计算。外墙外保温以沿高度方向满铺为准，某层外墙外保温铺设高度未达到全部高度时（不包括阳台、室外走廊、门斗、落地橱窗、雨篷、飘窗等），不计算建筑面积。保温隔热层的建筑面积是以保温隔热材料的厚度来计算的，不包含抹灰层、防潮层、保护层（墙）的厚度。建筑外墙外保温见图2-27。

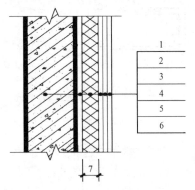

图2-27　建筑外墙外保温
1—墙体；2—粘结胶浆；
3—保温材料；4—标准网；
5—加强网；6—抹面胶浆；
7—计算建筑面积部位

（二十五）变形缝建筑面积计算

1. 计算规定

与室内相通的变形缝，应按其自然层合并在建筑物建筑面积内计算。对于高低联跨的建筑物，当高低跨内部连通时，其变形缝应计算在低跨面积内。

2. 计算规定解读

（1）变形缝是指在建筑物因温差、不均匀沉降以及地震而可能引起结构破坏变形的敏感部位或其他必要的部位，预先设缝将建筑物断开，令断开后建筑物的各部分成为独立的单元，或者是划分为简单、规则的段，并令各段之间的缝达到一定的宽度，以能够适应变形的需要。根据外界破坏因素的不同，变形缝一般分为伸缩缝、沉降缝和防震缝三种。

（2）本条规定所指建筑物内的变形缝是与建筑物相联通的变形缝，即暴露在建筑物内，可以看得见的变形缝。

（3）室内看得见的变形缝示意如图2-28　所示。

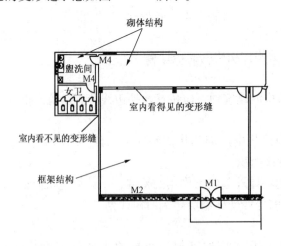

图2-28　室内看得见的变形缝示意图

108

（4）高低联跨建筑物示意图见图 2-29。

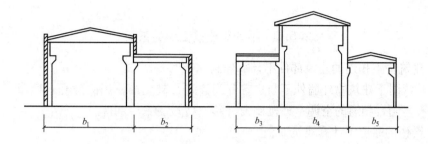

图 2-29　高低跨单层建筑物建筑面积计算示意图

（5）建筑面积计算示例。

【例 15】当图 2-29 的建筑物长为 L 时，其建筑面积分别为多少？

【解】

$$S_{高1} = b_1 \times L$$
$$S_{高2} = b_4 \times L$$
$$S_{低1} = b_2 \times L$$
$$S_{低2} = （b_3 + b_5）\times L$$

（二十六）建筑物内的设备层、管道层、避难层等建筑面积计算

1. 计算规定

对于建筑物内的设备层、管道层、避难层等有结构层的楼层，结构层高在 2.20m 及以上的，应计算全面积；结构层高在 2.20m 以下的，应计算 1/2 面积。

2. 计算规定解读

（1）高层建筑的宾馆、写字楼等，通常在建筑物高度的中间部位分设置管道、设备层等，主要用于集中放置水、暖、电、通风管道及设备。这一设备管道层应计算建筑面积，如图 2-30 所示。

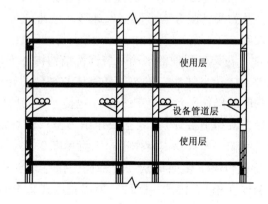

图 2-30　设备管道层示意图

（2）设备层、管道层虽然其具体功能与普通楼层不同，但在结构上及施工消耗上并无本质区别，且本规范定义自然层为"按楼地面结构分层的楼层"，因此设备、管道楼层归

为自然层，其计算规则与普通楼层相同。在吊顶空间内设置管道的，则吊顶空间部分不能被视为设备层、管道层。

2.5.5 不计算建筑面积的范围

1. 与建筑物不相连的建筑部件不计算建筑面积

指的是依附于建筑物外墙外不与户室开门连通，起装饰作用的敞开式挑台（廊）、平台，以及不与阳台相通的空调室外机搁板（箱）等设备平台部件。

2. 建筑物的通道不计算建筑面积

（1）计算规定

骑楼、过街楼底层的开放公共空间和建筑物通道，不应计算建筑面积。

（2）计算规定解读

1）骑楼是指楼层部分跨在人行道上的临街楼房，见图2-31。

2）过街楼是指有道路穿过建筑空间的楼房。见图2-32。

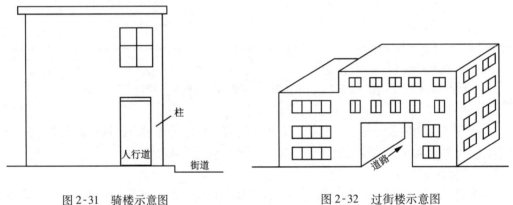

图2-31 骑楼示意图　　　　　　　　图2-32 过街楼示意图

3. 舞台及后台悬挂幕布和布景的天桥、挑台等不计算建筑面积

指的是影剧院的舞台及为舞台服务的可供上人维修、悬挂幕布、布置灯光及布景等搭设的天桥和挑台等构件设施。

4. 露台、露天游泳池、花架、屋顶的水箱及装饰性结构构件不计算建筑面积

5. 建筑物内的操作平台、上料平台、安装箱和罐体的平台不计算建筑面积

建筑物内不构成结构层的操作平台、上料平台（包括：工业厂房、搅拌站和料仓等建筑中的设备操作控制平台、上料平台等），其主要作用为室内构筑物或设备服务的独立上人设施，因此不计算建筑面积。建筑物内操作平台示意见图2-33。

6. 勒脚、附墙柱、垛、台阶、墙面抹灰、装饰面、镶贴块料面层、装饰性幕墙，主体结构外的空调室外机搁板（箱）、构件、配件，挑出宽度在2.10m以下的无柱雨篷和顶盖高度达到或超过两个楼层的无柱雨篷不计算建筑面积附墙柱、垛示意见图2-34。

7. 窗台与室内地面高差在0.45m以下且结构净高在2.10m以下的凸（飘）窗，窗台与室内地面高差在0.45m及以上的凸（飘）窗不计算建筑面积

8. 室外爬梯、室外专用消防钢楼梯不计算建筑面积

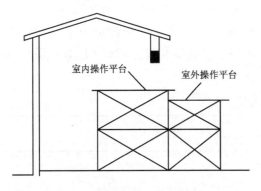

图 2-33　建筑物内操作平台示意图

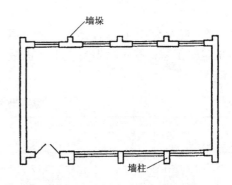

图 2-34　附墙柱、垛示意图

室外钢楼梯需要区分具体用途，如专用于消防楼梯，则不计算建筑面积；如果是建筑物唯一通道且兼用于消防，则需要按建筑面积计算规范的规定计算建筑面积。室外消防钢梯示意见图 2-35。

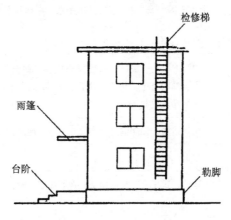

图 2-35　室外消防钢梯示意图

9. 无围护结构的观光电梯不计算建筑面积

10. 建筑物以外的地下人防通道，独立的烟囱、烟道、地沟、油（水）罐、气柜、水塔、贮油（水）池、贮仓、栈桥等构筑物不计算建筑面积。

2.6　分部分项工程项目确定

2.6.1　分部分项工程项目划分

根据《全国统一建筑工程基础定额（土建）》的规定，建筑工程划分为 14 个分部工程，计有：土石方工程、桩基础工程、脚手架工程、砌筑工程、混凝土及钢筋混凝土工程、构件运输及安装工程、门窗及木结构工程、楼地面工程、屋面及防水工程、防腐保温隔热工程、装饰工程、金属结构制作工程、建筑工程垂直运输、建筑物超高降效。

每个分部工程中分为若干分项工程，例如，砌筑分部工程分为砌砖、砌石两个分项工程。

分部工程及分项工程名称见下表。其中，建筑工程垂直运输分部适用于檐高大于
3.6m的建筑工程；建筑物超高人工、机械降效适用于建筑高度超过20m（层数6层）以
上的工程。

建筑工程分部分项划分

序	分部工程名称	分 项 工 程 名 称
1	土石方工程	人工土石方；机械土石方
2	桩基础工程	柴油打桩机打预制钢筋混凝土桩；预制钢筋混凝土桩接桩；液压静力压桩机压预制钢筋混凝土方桩；打拔钢板桩；打孔灌注混凝土桩；长螺旋钻孔灌注混凝土桩；潜水钻机钻孔灌注混凝土桩；泥浆运输；打孔灌注砂、碎石或砂石桩；灰土挤密桩；桩架90°调面、超运距移动
3	脚手架工程	外脚手架；里脚手架；满堂脚手架；悬空脚手架挑脚手架；防护架；依附斜道；安全网；烟囱（水塔）脚手架、电梯井字架、架空运输道
4	砌筑工程	砌砖、砌石
5	混凝土及钢筋混凝土工程	现浇混凝土模板；预制混凝土模板；构筑物混凝土模板；钢筋；现浇混凝土；预制混凝土；构筑物混凝土；钢筋混凝土构件接头灌缝；集中搅拌；运输、泵输送混凝土
6	构件运输及安装工程	构件运输；预制混凝土构件安装；金属结构件安装
7	门窗及木结构工程	门窗；木结构
8	楼地面工程	垫层；找平层；整体面层；块料面层；栏杆、扶手
9	屋面及防水工程	屋面；防水；变形缝
10	防腐、保温、隔热工程	防腐；保温隔热
11	装饰工程	墙柱面装饰；顶棚装饰；油漆、涂饰、裱糊
12	金属结构制作工程	钢柱制作；钢屋架、钢托架制作；钢吊车梁、钢制动梁制作；钢吊车轨道制作；钢支撑、钢檩条、钢墙架制作；钢平台、钢梯子、钢栏杆制作；钢漏斗、H型钢制作；球节点钢网架制作；钢屋架、钢托架制作平台摊销
13	建筑工程垂直运输	建筑物垂直运输；构筑物垂直运输
14	建筑物超高降效	建筑物超高人工、机械降效率；建筑物超高加压水泵台班

每个分项工程中，根据所使用材料、施工对象及构造特征，又分有若干子目。例如：
砌砖分项工程中分有65个子目，计有砖基础、单面清水砖墙、混水砖墙、弧形砖墙、多
孔砖墙、空心砖墙等。

每个子目都有一个定额编号，编号的前面数字表示分部工程序号，后面数字表示该分
部工程中子目序号。例如：定额编号4—10，表示砌筑工程分部，1砖厚混水砖墙。

2.6.2 列出分部分项工程项目名称

列出分部分项工程项目名称，一般按下述方法进行。

先按建筑工程的施工图内容、施工方案及施工条件等，参照《全国统一建筑工程基础定额》中的建筑工程分部、分项工程划分表，确定该建筑工程的分部工程名称，从土石方工程开始，顺序参照施工图内容，逐个确定分部工程名称。例如：多层砖混结构的住宅楼可列有土石方工程、脚手架工程、砌筑工程、混凝土及钢筋混凝土工程、构件运输及安装工程、门窗及木结构工程、楼地面工程、屋面及防水工程、防腐保温隔热工程、装饰工程、垂直运输。

再从每一个分部工程中，顺序参照施工图内容，逐个确定分项工程名称。例如：多层砖混结构的住宅楼混凝土及钢筋混凝土分部工程中，可列有现浇混凝土模板、预制混凝土模板、钢筋、现浇混凝土、预制混凝土5个分项工程。

在每一个分项工程中，按定额编号顺序、参照施工图内容，列出相应的子目名称。凡定额本上列的子目名称，施工图上也有此项内容，则按照定额本上子目名称列出；凡定额上列的子目名称，施工图上无此内容则不列出这个子目名称；凡定额本没有的子目，而施工图上却有工程任务，则按当地颁发的补充定额列出该子目的名称。例如：多层砖混结构住宅楼砌筑分项工程中应列出砖基础、1砖混水砖墙、砖平碹、钢筋砖过梁等子目。

列子目名称时，一定要看清定额本上所说明该子目所用材料及其规格、构造做法等施工条件。如果与施工图上内容完全相同，则列出该子目名称就够了。若有某一条件不符合，则应再列一个调整的子目名称。例如：某住宅钢门窗刷调合漆三遍，则先列出11-574单层钢门窗刷调合漆两遍子目，再补充列出11-576单层钢门窗每增加一遍调合漆子目。

一个钢筋混凝土构件要列三个子目，例如：预制钢筋混凝土空心板（板厚120mm），要列5-164空心板模板、5-323ϕ6钢筋（点焊）、5-435空心板混凝土三个子目。

分部分项子目列出后，应按定额编号顺序，逐个登在工程量计算表上，以便逐个计算其工程量。

2.6.3 分部分项工程项目列项示例

试列出P23图1-11至P37图1-20所示三层住宅楼的分部分项子目名称。

施工条件：地基土为二类土，人工开挖；钢筋混凝土多孔板运距为5km；垂直运输机械用卷扬机。外脚手用钢管架，里脚手用木架。

根据该工程构造情况及施工条件，涉及土石方工程、脚手架工程、砌筑工程、混凝土及钢筋混凝土工程、构件运输及安装工程、门窗及木结构工程、楼地面工程、屋面及防水工程、防腐保温隔热工程、装饰工程、建筑工程垂直运输等11个分部工程。

分部分项子目列于表2-11。

分　部	定额编号	分项子目名称	备　注
土石方工程	1—5 1—46 1—48	人工挖沟槽 回填土 平整场地	槽深 2m 以内夯填
脚手架工程	3—6 3—15	双排外钢管架 木里脚手架	15m 以内
砌筑工程	4—1 4—10 4—61 4—62	砖基础 1 砖混水砖墙 砖地沟 砖平礅	
混凝土及钢筋混凝土工程	5—73 5—82 5—108 5—119 5—121 5—124 5—129 5—150 5—165 5—182 5—294 5—295 5—296 5—297 5—298 5—321 5—323 5—325 5—355 5—406 5—408 5—419 5—421 5—423 5—425 5—430 5—441 5—453 5—469 5—529	现浇单梁模板 现浇圈梁模板 现浇平板模板 现浇楼梯模板 现浇阳台、雨篷模板 现浇栏板模板 现浇挑檐模板 预制过梁模板 预制空心板模板 预地沟盖板模板 现浇构件 $\phi 6.5$ 钢筋 现浇构件 $\phi 8$ 钢筋 现浇构件 $\phi 10$ 钢筋 现浇构件 $\phi 12$ 钢筋 现浇构件 $\phi 14$ 钢筋 预制构件冷拔钢丝 预制构件 $\phi 6$ 钢筋 预制构件 $\phi 8$ 钢筋 $\phi 6$ 箍筋 现浇单梁混凝土 现浇圈梁混凝土 现浇平板混凝土 现浇楼梯混凝土 现浇悬挑板混凝土 现浇栏板混凝土 现浇挑檐混凝土 预制过梁混凝土 预制空心板混凝土 预制地沟盖板混凝土 预制空心板接头灌缝	组合钢模板、钢支撑 组合钢模板、木支撑 组合钢模板、钢支撑 木模板木支撑 木模板木支撑 木模板木支撑 木模板木支撑 木模板 板厚 180mm 以内 木模板 点焊 点焊 点焊 阳台、雨篷
构件运输及安装工程	6—3 6—333	空心板运输 空心板安装	1 类构件、运距 5km 卷扬机安装，0.3m³ 以内

114

分　部	定额编号	分项子目名称	备　注
门窗及木结构工程	7—25	单扇镶板门门框制作	无纱、无亮
	7—26	单扇镶板门门框安装	无纱、无亮
	7—27	单扇镶板门门扇制作	无纱、无亮
	7—28	单扇镶板门门扇安装	无纱、无亮
	7—57	单扇胶合板门门框制作	无纱、有亮
	7—58	单扇胶合板门门框安装	无纱、有亮
	7—59	单扇胶合板门门扇制作	无纱、有亮
	7—60	单扇胶合板门门扇安装	无纱、有亮
	7—89	单扇半截玻璃门门框制作	无纱、有亮
	7—90	单扇半截玻璃门门框安装	无纱、有亮
	7—91	单扇半截玻璃门门扇制作	无纱、有亮
	7—92	单扇半截玻璃门门扇安装	无纱、有亮
	7—288	铝合金平开门安装	
	7—291	铝合金平开窗安装	
	7—325	执手锁安装	
	7—326	弹子锁安装	
	7—327	门窗贴脸	
楼地面工程	8—1	灰土垫层	基础及散水垫层
	8—16	混凝土垫层	地面垫层
	8—19	水泥砂浆找平层	
	8—23	水泥砂浆楼地面面层	
	8—24	水泥砂浆楼梯面层	
	8—27	水泥砂浆踢脚板	
	8—43	混凝土散水	面层一次抹光
	8—74	楼地面铺彩釉砖	每块周长 800mm 以上
	8—151	塑料扶手	
	8—153	塑料弯头	
屋面及防水工程	9—18	三元乙丙橡胶卷材屋面	
	9—66	玻璃钢排水管	单屋面排水系统，$\phi110$
	9—70	玻璃钢水斗	$\phi110$
	9—112	防水砂浆	平面
保温工程	10—200	屋面水泥蛭石块保温	
装饰工程	11—25	水泥砂浆外墙裙	砖墙
	11—30	水泥砂浆零星项目	
	11—36	混合砂浆墙面	砖墙面
	11—168	砂浆贴瓷板	墙面
	11—281	硬木窗帘盒	单轨
	11—290	混凝土顶棚抹混合砂浆	一次抹灰
	11—481	单层木门刷清漆二遍	
	11—483	窗帘盒刷清漆二遍	
	11—606	抹灰面刷乳胶漆二遍	
	11—611	阳台、雨篷刷乳胶漆二遍	
垂直运输	13—1	卷扬机垂直运输	住宅、混合结构

2.7 土石方工程量计算

土石方工程量包括平整场地，挖掘沟槽、基坑，挖土，回填土，运土和井点降水等内容。

2.7.1 土石方工程量计算的有关规定

计算土石方工程量前，应确定下列各项资料：

（1）土壤及岩石类别的确定

土石方工程土壤及岩石类别的划分，依工程勘测资料与《土壤及岩石分类表》对照后确定（该表在建筑工程预算定额中）。

（2）地下水位标高及排（降）水方法。

（3）土方、沟槽、基坑挖（填）土起止标高、施工方法及运距。

（4）岩石开凿、爆破方法、石碴清运方法及运距。

（5）其他有关资料。

土方体积，均以挖掘前的天然密实体积为准计算。如遇有必须以天然密实体积折算时，可按表2-12所列数值换算。

土方体积折算表 　　　　表2-12

虚方体积	天然密实度体积	夯实后体积	松填体积
1.00	0.77	0.67	0.83
1.30	1.00	0.87	1.08
1.50	1.15	1.00	1.25
1.20	0.92	0.80	1.00

注：查表方法实例：已知挖天然密实 $4m^3$ 土方，求虚方体积 V。

解　　　　　　　　　　　$V = 4.0 \times 1.30 = 5.20 m^3$

挖土一律以设计室外地坪标高为准计算。

2.7.2 平 整 场 地

人工平整场地，是指建筑场地挖、填土方厚度在 ±30cm 以内及找平（见图2-36）。挖、填土方厚度超过 ±30cm 以外时，按场地土方平衡竖向布置图另行计算。

图 2-36　平整场地示意图

说明：

（1）人工平整场地示意见图2-37，超过 ±30cm 的按挖、填土方计算工程量。

（2）场地土方平衡竖向布置，是将原有地形划分成 20m×20m 或 10m×10m 若干个方格网，将设计标高和自然地形标高分别标注在方格点的右上角和左下角。再根据这些标高数据计算出零线位置，然后确定挖方区和填方区的精度较高的土方工程量计算方法。

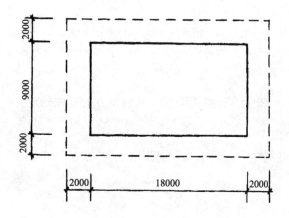

图2-37 人工平整场地

平整场地工程量按建筑物外墙外边线（用$L_外$表示）每边各加2m，以平方米计算。
方法：

【例16】根据图2-37计算人工平整场地工程量。

【解】$S_平 = (9.0 + 2.0 \times 2) \times (18.0 + 2.0 \times 2) = 286 m^2$

平整场地工程量计算公式

根据【例16】可以整理出平整场地工程量计算公式：

$$
\begin{aligned}
S_平 &= (9.0 + 2.0 \times 2) \times (18.0 + 2.0 \times 2) \\
&= 9.0 \times 18.0 + 9.0 \times 2.0 \times 2 + 2.0 \times 2 \times 18 + 2.0 \times 2 \times 2.0 \times 2 \\
&= 9.0 \times 18.0 + (9.0 \times 2 + 18.0 \times 2) \times 2.0 + 2.0 \times 2.0 \times 4 \text{个角} \\
&= 162 + 54 \times 2.0 + 16 \\
&= 286 m^2
\end{aligned}
$$

上式中，9.0×18.0为底面积，用$S_底$表示；54为外墙外边周长，用$L_外$表示；故可以归纳为：

$$
S_平 = S_底 + L_外 \times 2 + 16
$$

上述公式示意图见图2-38。

【例17】根据图2-39计算人工平整场地工程量。

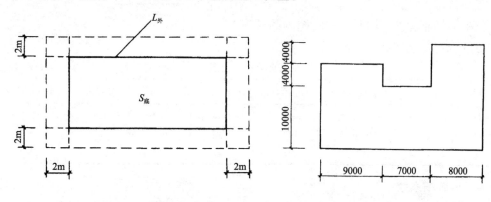

图2-38 平整场地计算公式示意图　　　　图2-39 人工平整场地实例图示

【解】$S_底 = (10.0 + 4.0) \times 9.0 + 10.0 \times 7.0 + 18.0 \times 8.0 = 340\text{m}^2$

$L_外 = (18 + 24 + 4) \times 2 = 92\text{m}$

$S_平 = 340 + 92 \times 2 + 16 = 540\text{m}^2$

注:上述平整场地工程量计算公式只适合于由矩形组成的建筑物平面布置的场地平整工程量计算,如遇其他形状,还需按有关方法计算。

2.7.3 挖掘沟槽、基坑土方的有关规定

（一）沟槽、基坑划分

（1）凡图示沟槽底宽在7m以内,且沟槽长大于槽宽3倍以上的,为沟槽,见图2-40。

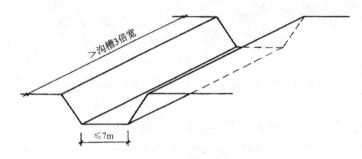

图2-40 沟槽示意图

（2）凡图示基坑底面积在150m²以内为基坑,见图2-41。

（3）凡图示沟槽底宽7m以外,坑底面积150m²以外,平整场地挖土方厚度在30cm以外,均按挖土方计算。

说明:

1）图示沟槽底宽和基坑底面积的长、宽均不含两边工作面的宽度。

2）根据施工图判断沟槽、基坑、挖土方的顺序是:先根据尺寸判断沟槽是否成立;若不成立再判断是否属于基坑;若还不成立,就一定是挖土方项目。

【例18】根据表2-13中各段挖方的长宽尺寸,分别确定挖土项目。

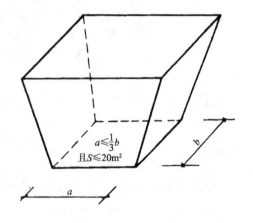

图2-41 基坑示意图

挖土项目一览表 表2-13

位 置	长（m）	宽（m）	挖土项目	位 置	长（m）	宽（m）	挖土项目
A 段	9.0	2.8	沟槽	D 段	20.0	8.50	挖土方
B 段	13.0	6.0	基坑	E 段	6.1	2.0	沟槽
C 段	26.0	7.0	沟槽	F 段	20.0	7.0	基坑

（二）放坡系数

计算挖沟槽、基坑、土方工程量需放坡时,放坡系数按表2-14规定计算。

<table>
<tr><td colspan="5" align="center">放坡系数表　　　　　　　　　　　　　　　　　　　表 2-14</td></tr>
</table>

土壤类别	放坡起点（m）	人工挖土	机 械 挖 土	
			在坑内作业	在坑上作业
一、二类土	1.20	1:0.5	1:0.33	1:0.75
三类土	1.50	1:0.33	1:0.25	1:0.67
四类土	2.00	1:0.25	1:0.10	1:0.33

注：1. 沟槽、基坑中土壤类别不同时，分别按其放坡起点、放坡系数，依不同土壤厚度加权平均计算。

2. 计算放坡时，在交接处的重复工程量不予扣除，原槽、坑作基础垫层时，放坡从垫层上表面开始计算。

说明：

（1）放坡起点深是指，挖土方时，各类土超过表中的放坡起点深时，才能按表中的系数计算放坡工程量。例如，图 2-42 中若是三类土时，$H > 1.50m$ 才能计算放坡。

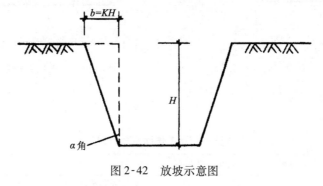

图 2-42　放坡示意图

（2）表 2-14 中，人工挖四类土超过 2m 深时，放坡系数为 1:0.25，含义是每挖深 1m，放坡宽度 b 就增加 0.25m。

（3）从图 2-42 中可以看出，放坡宽度 b 与深度 H 和放坡角度 α 之间的关系是正切函数关系，即 $\tan\alpha = \dfrac{b}{H}$，不同的土壤类别取不同的 α 角度值，所以不难看出，放坡系数就是根据 $\tan\alpha$ 来确定的。例如，三类土的 $\tan\alpha \dfrac{b}{H} = 0.33$。我们将 $\tan\alpha = K$ 来表示放坡系数，故放坡宽度 $b = KH$。

（4）沟槽放坡时，交接处重复工程量不予扣除，示意图见图 2-43。

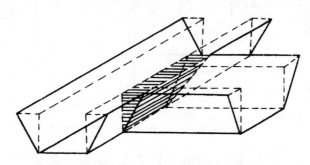

图 2-43　沟槽放坡时，交接处重复工程量示意图

（5）原槽、坑作基础垫层时，放坡自垫层上表面开始，示意图见图 2-44。

（三）支挡土板

挖沟槽、基坑需支挡土板时，其挖土宽度按图 2-45 所示沟槽、基坑底宽，单面加 10cm，双面加 20cm 计算。挡土板面积，按槽、坑垂直支撑面积计算。支挡土板后，不得再计算放坡。

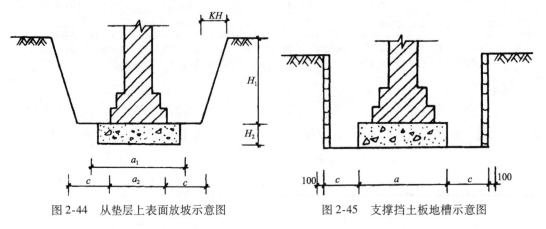

图 2-44　从垫层上表面放坡示意图　　　　图 2-45　支撑挡土板地槽示意图

（四）基础施工所需工作面

按表 2-15 规定计算。

基础施工所需工作面宽度计算表　　　　　表 2-15

基　础　材　料	每边各增加工作面宽度（mm）	基　础　材　料	每边各增加工作面宽度（mm）
砖基础	200	混凝土基础支模板	300
浆砌毛石、条石基础	150	基础垂直面做防水层	800
混凝土基础垫层支模板	300		

（五）沟槽长度

挖沟槽长度，外墙按图示中心线长度计算；内墙按图示基础底面之间净长线长度计算；内外突出部分（垛、附墙烟囱等）体积并入沟槽土方工程量内计算。

【例 19】根据图 2-46 计算地槽长度。

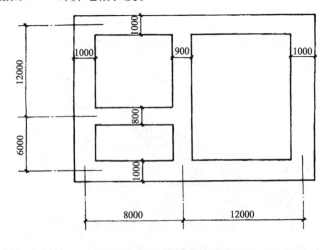

图 2-46　地槽及槽底宽平面图

120

【解】 外墙地槽长（宽1.0m）= $(12+6+8+12) \times 2 = 76$m

内墙地槽长（宽0.9m）= $6+12-\dfrac{1.0}{2} \times = 17$m

内墙地槽长（宽0.8m）= $8-\dfrac{1.0}{2}-\dfrac{0.9}{2} = 7.05$m

（六）人工挖土方深度超过1.5m时，按表2-16的规定增加工日

人工挖土方超深增加工日表　　　　　　　　单位：100m³　表2-16

深2m以内	深4m以内	深6m以内
5.55 工日	17.60 工日	26.16 工日

（七）挖管道沟槽土方

挖管道沟槽按图示中心线长度计算。沟底宽度，设计有规定的，按设计规定尺寸计算；设计无规定时，可按表2-17规定的宽度计算。

管道地沟沟底宽度计算表　　　　　　　　单位：m　表2-17

管径（mm）	铸铁管、钢管、石棉水泥管	混凝土、钢筋混凝土、预应力混凝土管	陶土管
50~70	0.60	0.80	0.70
100~200	0.70	0.90	0.80
250~350	0.80	1.00	0.90
400~450	1.00	1.30	1.10
500~600	1.30	1.50	1.40
700~800	1.60	1.80	
900~1000	1.80	2.00	
1100~1200	2.00	2.30	
1300~1400	2.20	2.60	

注：1. 按上表计算管道沟土方工程量时，各种井类及管道（不含铸铁给排水管）接口等处需加宽增加的土方量不另行计算；底面积大于20m²的井类，其增加工程量并入管沟土方内计算。

2. 铺设铸铁给排水管道时其接口等处土方增加量，可按铸铁给排水管道地沟土方总量的2.5%计算。

（八）沟槽、基坑深度，按图示槽、坑底面至室外地坪深度计算；管道地沟按图示沟底至室外地坪深度计算。

2.7.4　土方工程量计算

（一）地槽（沟）土方

（1）有放坡地槽（见图2-47）

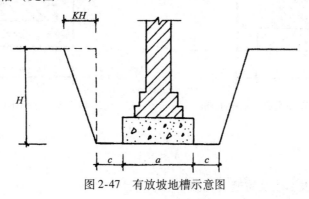

图2-47　有放坡地槽示意图

计算公式：$V = (a + 2c + KH) HL$

式中　a——基础垫层宽度；

　　　c——工作面宽度；

　　　H——地槽深度；

　　　K——放坡系数；

　　　L——地槽长度。

【例20】某地槽长15.50m，槽深1.60m，混凝土基础垫层宽0.90m，有工作面，三类土，计算人工挖地槽工程量。

【解】已知：$a = 0.90$m

　　　　　　$c = 0.30$m（查表2-15）

　　　　　　$H = 1.60$m

　　　　　　$L = 15.50$m

　　　　　　$K = 0.33$（查表2-14）

故：$V = (a + 2c + KH) HL$

$\quad = (0.90 + 2 \times 0.30 + 0.33 \times 1.60) \times 1.60 \times 15.50$

$\quad = 2.028 \times 1.60 \times 15.50 = 50.29 \text{m}^3$

（2）支撑挡土板地槽

计算公式：　　　　　$V = (a + 2c + 2 \times 0.10) HL$

式中，变量含义同上。

（3）有工作面不放坡地槽（见图2-48）

计算公式：

$$V = (a + 2c) HL$$

（4）无工作面不放坡地槽（见图2-49）

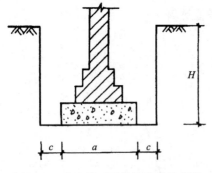
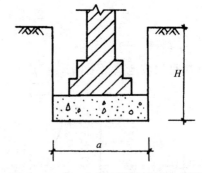

图2-48　有工作面不放坡地槽示意图　　图2-49　无工作面不放坡地槽示意图

计算公式：

$$V = aHL$$

（5）自垫层上表面放坡地槽（见图2-50）

计算公式：

$$V = \left[a_1 H_2 + \left(a_2 + 2c + KH_1 \right) H_1 \right] L$$

【例21】根据图中的数据计算12.8m长地槽的土方工程量（三类土）。

【解】已知：$a_1 = 0.90\text{m}$

$a_2 = 0.63\text{m}$

$c = 0.30\text{m}$

$H_1 = 1.55\text{m}$

$H_2 = 0.30\text{m}$

$K = 0.33$（查表2-14）

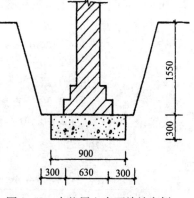

图2-50 自垫层上表面放坡实例

故：$V = \left[0.9 \times 0.30 + \left(0.63 + 2 \times 0.30 + 0.33 \times 1.55 \right) \times 1.55 \right] \times 12.8$

$= \left(0.27 + 2.70 \right) \times 12.80 = 2.97 \times 12.80 = 38.02\text{m}^3$

（二）地坑土方

（1）矩形不放坡地坑

计算公式：

$$V = abH$$

（2）矩形放坡地坑（见图2-51）

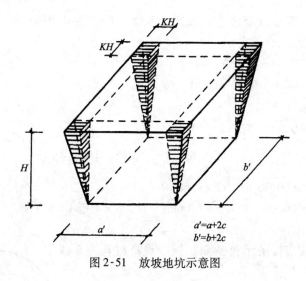

图2-51 放坡地坑示意图

计算公式：

$$V = \left(a + 2c + KH \right)\left(b + 2c + KH \right)H + \frac{1}{3}K^2 H^3$$

式中　a——基础垫层宽度；

b——基础垫层长度；

c——工作面宽度；

H——地坑深度；

K——放坡系数。

【例22】已知某基础土方为四类土，混凝土基础垫层长、宽为1.50m和1.20m，深度

123

2.20m，有工作面，计算该基础工程土方工程量。

【解】 已知：$a = 1.20\text{m}$

$\qquad b = 1.50\text{m}$

$\qquad H = 2.20\text{m}$

$\qquad K = 0.25（查表 2-14）$

$\qquad c = 0.30 （查表 2-15）$

故：$V = (1.20 + 2 \times 0.30 + 0.25 \times 2.20) \times (1.50 + 2 \times 0.30 + 0.25 \times 2.20) \times$

$\qquad 2.20 + \dfrac{1}{3} \times 0.25^2 \times 2.20^3$

$\qquad = 2.35 \times 2.65 \times 2.20 + 0.22 = 13.92\text{m}^3$

（3）圆形不放坡地坑

计算公式：

$$V = \pi r^2 H$$

（4）圆形放坡地坑（见图 2-52）

计算公式：$V = \dfrac{1}{3}\pi H [r^2 + (r + KH)^2 + r(r + KH)]$

式中　r——坑底半径（含工作面）；

$\qquad H$——坑深度；

$\qquad K$——放坡系数。

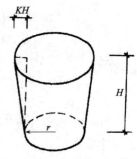

图 2-52　圆形放坡
地坑示意图

【例23】 已知一圆形放坡地坑，混凝土基础垫层半径 0.40m，坑深 1.65m，二类土，有工作面，计算其土方工程量。

【解】 已知：$c = 0.30\text{m}（查表 2-15）$

$\qquad r = 0.40 + 0.30 = 0.70\text{m}$

$\qquad H = 1.65$

$\qquad K = 0.50 （查表 2-14）$

故：$V = \dfrac{1}{3} \times 3.1416 \times 1.65 \times [0.70^2 + (0.70 + 0.50 \times 1.65)^2$

$\qquad + 0.70 \times (0.70 + 0.50 \times 1.65)]$

$\qquad = 1.728 \times (0.49 + 2.326 + 1.068) = 1.728 \times 3.884 = 6.71\text{m}^3$

（三）挖孔桩土方

人工挖孔桩土方应按图示桩断面积乘以设计桩孔中心线深度计算。

挖孔桩的底部一般是球冠体（见图 2-53）。

球冠体的体积计算公式为：

图 2-53　球冠体示意图

$$V = \pi h^2 \left(R - \dfrac{h}{3}\right)$$

由于施工图中一般只标注 r 的尺寸，无 R 尺寸，所以需变换一下求 R 的公式：

已知：$r^2 = R^2 - (R - h)^2$

故：$r^2 = 2Rh - h^2$

$\therefore R = \dfrac{r^2 + h^2}{2h}$

【例24】根据图 2-54 中的有关数据和上述计算公式，计算挖孔桩土方工程量。

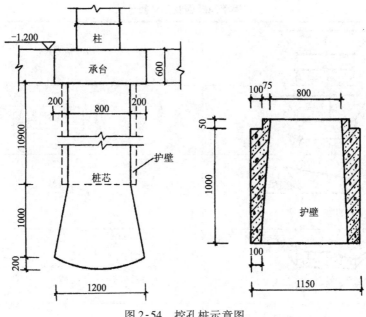

图 2-54 挖孔桩示意图

【解】（1）桩身部分

$$V = 3.1416 \times \left(\frac{1.15}{2}\right)^2 \times 10.90 = 11.32 m^3$$

（2）圆台部分

$$V = \frac{1}{3}\pi h(r^2 + R^2 + rR)\frac{1}{3} \times 3.1416 \times 1.0 \times$$

$$= \left[\left(\frac{0.80}{2}\right)^2 + \left(\frac{1.20}{2}\right)^2 + \frac{0.80}{2} \times \frac{1.20}{2}\right]$$

$$= 1.047 \times (0.16 + 0.36 + 0.24)$$

$$= 1.047 \times 0.76 = 0.80 m^3$$

（3）球冠部分

$$R = \frac{\left(\frac{1.20}{2}\right)^2 + 0.2^2}{2 \times 0.2} = \frac{0.40}{0.4} = 1.0 m$$

$$V = \pi h^2\left(R - \frac{h}{3}\right) = 3.1416 \times 0.20^2 \times \left(1.0 - \frac{0.20}{3}\right) = 0.12 m^3$$

∴ 挖孔桩体积 = 11.32 + 0.80 + 0.12 = 12.24 m³

（四）挖土方

挖土方是指不属于沟槽、基坑和平整场地厚度超过 ±300mm，按土方平衡竖向布置的挖方。

单位工程的挖方或填方工程分别在 2000m³ 以上的及无砌筑管道沟的挖土方时，常用的方法有横截面计算法和方格网计算法两种。

（1）横截面计算法

常用不同截面及其计算公式

	$F = h(b + nh)$
	$F = h\left[b + \dfrac{h\ (m+n)}{2}\right]$
	$F = b\dfrac{h_1 + h_2}{2}nh_1 h_2$
	$F = h_1\dfrac{a_1 + a_2}{2} + h_2\dfrac{a_2 + a_3}{2} + h_3\dfrac{a_3 + a_4}{2} + h_4\dfrac{a_4 + a_5}{2}$
	$F = \dfrac{a}{2}\ (h_0 + 2h + h_n)$ $h = h_1 + h_2 + h_3 + h_4 + h_5 \cdots\cdots + h_n$

计算土方量，按照计算的各截面积，根据相邻两截面间距离，计算出土方量，其计算公式如下：

$$V = \frac{F_1 + F_2}{2} \times L$$

式中　V——相邻两截面间土方量（m³）；

　F_1、F_2——相邻两截面的填、挖方截面（m²）；

　　　L——相邻两截面的距离（m）。

（2）方格网计算法

在一个方格网内同时有挖土和填土时（挖土地段冠以"＋"号，填土地段冠以"－"号），应求出零点（即不填不挖点），零点相连就是划分挖土和填土的零界线（见图2-55）。计算零点可采用以下公式：

$$x = \frac{h_1}{h_1 + h_4} \times a$$

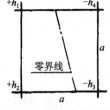

图2-55　零界线示意图

式中　x——施工标高至零界线的距离；

　h_1、h_4——挖土和填土的施工标高；

　　　a——方格网的每边长度。

方格网内的土方工程量计算，有下列几个公式：

① 四点均为填土或挖土（见图2-56-1）

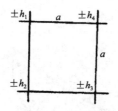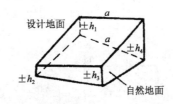

图 2-56-1　四角均为挖土或填土

公式为：

$$\pm V = \frac{h_1 + h_2 + h_3 + h_4}{4} \times a^2$$

式中　　　　　$\pm V$——为填土或挖土的工程量（m^3）；

h_1、h_2、h_3、h_4——施工标高（m）；

a——方格网的每边长度（m）。

②二点为挖土和二点为填土（见图 2-56-2）

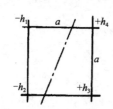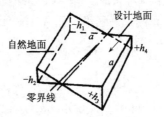

图 2-56-2　二点为挖土和二点为填土

公式为：

$$+ V = \frac{(h_1 + h_2)^2}{4(h_1 + h_2 + h_3 + h_4)} \times a^2$$

$$- V = \frac{(h_3 + h_4)^2}{4(h_1 + h_2 + h_3 + h_4)} \times a^2$$

③三点挖土和一点填土或三点填土一点挖土（见图 2-56-3）

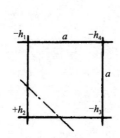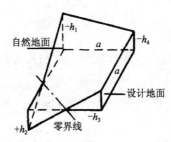

图 2-56-3　三点挖（填）土和一点填（挖）土

公式为：　$+ V = \dfrac{{h_2}^3}{6(h_1 + h_2)(h_2 + h_3)} \times a^2$

$$- V = + V + \frac{a^2}{b}(2h_1 + 2h_2 + h_4 - h_3)$$

④二点挖土和二点填土成对角形（见图 2-56-4）

中间一块即四周为零界线，就不挖不填，所以只要计算四个三角锥体，公式为：

127

$$\pm V = \frac{1}{6} \times 底面积 \times 施工标高$$

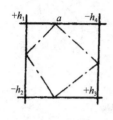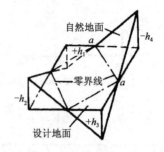

图 2-56-4　二点挖土和二点填土成对角形

以上土方工程量计算公式，是假设在自然地面和设计地面都是平面的条件，但自然地面很少符合实际情况的。因此，计算出来的土方工程量会有误差。为了提高计算的精确度，应检查一下计算的精确程度，用 K 值表示：

$$K = \frac{h_2 + h_4}{h_1 + h_3}$$

上式即方格网的二对角点的施工标高总和的比例。当 $K = 0.75 \sim 1.35$ 时，计算精确度为 5%；$K = 0.80 \sim 1.20$ 时，计算精确度为 3%；一般土方工程量计算的精确度为 5%。

【例 25】某建设工程场地大型土方方格网图（见图 2-56-5）。

	(43.24)		(43.44)		(43.64)		(43.84)		(44.04)
1	43.24	2	43.72	3	43.93	4	44.09	5	44.56
	I		II		III		IV		
	(43.14)		(43.34)		(43.54)		(43.74)		(43.94)
6	42.79	7	43.34	8	43.70	9	44.00	10	44.25
	V		VI		VII		VIII		
	(43.04)		(43.24)		(43.44)		(43.64)		(43.84)
11	42.35	12	42.36	13	43.18	14	43.43	15	43.89

图 2-56-5　土方方格网图

$a = 30m$，括号内为设计标高，无括号为地面实测标高，单位均为 m。

①求施工标高：

施工标高 = 地面实测标高 - 设计标高（见图 2-56-6）。

②求零线：

先求零点，图中已知 1 和 7 为零点，尚需求 8—13、9—14、14—15 线上的零点，如 8—13 线上的零点为：

$$x = \frac{ah_1}{h_1 + h_2} = \frac{30 \times 0.16}{0.26 + 0.16} = 11.4$$

另一段为 $a - x = 30 - 11.4 = 18.6$

求出零点后，连接各零点即为零线，图上

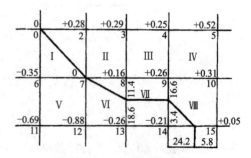

图 2-56-6　方格网零线图

折线为零线，以上为挖方区，以下为填方区。

③求土方量：计算见表2-18。

土方工程量计算表

表2-18

方格编号	挖方（＋）	填方（－）
I	$\frac{1}{2} \times 30 \times 30 \times \frac{0.28}{3} = 42$	$\frac{1}{2} \times 30 \times 30 \times \frac{0.35}{3} = 52.5$
II	$30 \times 30 \times \frac{0.29 + 0.16 + 0.28}{4} = 164.25$	
III	$30 \times 30 \times \frac{0.25 + 0.26 + 0.16 + 0.29}{4} = 216$	
IV	$30 \times 30 \times \frac{0.52 + 0.31 + 0.26 + 0.25}{4} = 301.5$	
V		$30 \times 30 \times \frac{0.88 + 0.69 + 0.35}{4} = 432$
VI	$\frac{1}{2} \times 30 \times 11.4 \times \frac{0.16}{3} = 9.12$	$\frac{1}{2}(30 + 18.6) \times 30 \times \frac{0.88 + 0.26}{4} = 207.77$
VII	$\frac{1}{2} \times (11.4 + 16.6) \times 30 \times \frac{0.16 + 0.26}{4} = 44.10$	$\frac{1}{2}(13.4 + 18.6) \times 30 \times \frac{0.21 + 0.26}{4} = 56.40$
VIII	$\left[30 \times 30 - \frac{(30 - 5.8) \times (30 - 16.6)}{2} \times \frac{0.26 + 0.31 + 0.05}{5}\right] = 91.49$	$\frac{1}{2} \times 13.4 \times 24.2 \times \frac{0.21}{3} = 11.35$
合计	868.46	760.02

（五）回填土

回填土分夯填和松填，按图示尺寸和下列规定计算：

（1）沟槽、基坑回填土

沟槽、基坑回填土体积以挖方体积减去设计室外地坪以下埋设砌筑物（包括：基础垫层、基础等）体积计算，见图2-57。

计算公式：V = 挖方体积 - 设计室外地坪以下埋设砌筑物

说明：如图2-57所示，在减去沟槽内砌筑的基础时，不能直接减去砖基础的工程量。因为砖基础与砖墙的分界线在设计室内地面，而回填土的分界线在设计室外地坪，所以要注意调整两个分界线之间相差的工程量。

即：回填土体积 = 挖方体积 - 基础垫

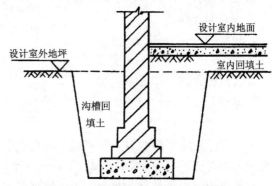

图2-57　沟槽及室内回填土示意图

层体积 – 砖基础体积 + 高出设计室外地坪砖基础体积

（2）房心回填土

房心回填土即室内回填土，按主墙之间的面积乘以回填土厚度计算，见图 2-57。

计算公式：V = 室内净面积 ×（设计室内地坪标高 – 设计室外地坪标高 – 地面面层厚 – 地面垫层厚）= 室内净面积 × 回填土厚

（3）管道沟槽回填土

管道沟槽回填土，以挖方体积减去管道所占体积计算。管径在 500mm 以下的不扣除管道所占体积；管径超过 500mm 以上时，按表 2-19 的规定扣除管道所占体积。

管道扣除土方体积表　　　　　　　　　　单位 m³　　表 2-19

管道名称	管 道 直 径（mm）					
	501~600	601~800	801~1000	1001~1200	1201~1400	1401~1600
钢管	0.21	0.44	0.71			
铸铁管	0.24	0.49	0.77			
混凝土管	0.33	0.60	0.92	1.15	1.35	1.55

（六）运土

运土包括余土外运和取土。当回填土方量小于挖方量时，需余土外运；反之，须取土。各地区的预算定额规定，土方的挖、填、运工程量均按自然密实体积计算，不换算为虚方体积。

计算公式：运土体积 = 总挖方量 – 总回填量

式中计算结果为正值时，为余土外运体积；为负值时，为取土体积。

土方运距按下列规定计算：

推土机运距：按挖方区重心至回填区重心之间的直线距离计算。

铲运机运土距离：按挖方区重心至卸土区重心加转向距离 45m 计算。

自卸汽车运距：按挖方区重心至填土区（或堆放地点）重心的最短距离计算。

2.7.5 井 点 降 水

井点降水分别以轻型井点、喷射井点、大口径井点、电渗井点、水平井点，按不同井管深度的安装、拆除，以根为单位计算，使用按套、天计算。

井点套组成：

轻型井点：50 根为一套；

喷射井点：30 根为一套；

大口径井点：45 根为一套；

电渗井点阳极：30 根为一套；

水平井点：10 根为一套。

井管间距应根据地质条件和施工降水要求，依施工组织设计确定。施工组织设计没有规定时，可按轻型井点管距 0.8~1.6m，喷射井点管距 2~3m 确定。

使用天应以每昼夜 24h 为一天，使用天数应按施工组织设计规定的天数计算。

2.8 桩基及脚手架工程量计算

2.8.1 预制钢筋混凝土桩

（一）打桩

打预制钢筋混凝土桩的体积，按设计桩长（包括桩尖，不扣除桩尖虚体积）乘以桩截面面积计算。管桩的空心体积应扣除。如管桩的空心部分按设计要求灌注混凝土或其他填充材料时，应另行计算。预制桩、桩靴示意图见图 2-58。

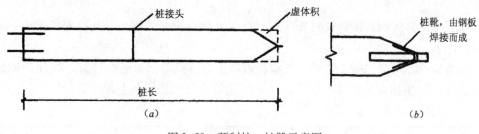

图 2-58 预制柱、桩靴示意图
（a）预制桩示意图；（b）桩靴示意图

（二）接桩

电焊接桩按设计接头，以个计算（见图 2-59）；硫磺胶泥接桩按桩断面积以平方米计算（见图 2-60）。

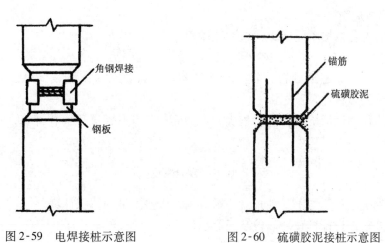

图 2-59 电焊接桩示意图　　　　图 2-60 硫磺胶泥接桩示意图

（三）送桩

送桩按桩截面面积乘以送桩长度（即打桩架底至桩顶面高度或自桩顶面至自然地坪面另加 0.5m）计算。

（四）液压静力压桩机压预制钢筋混凝土方桩

液压静力压桩机压预制钢筋混凝土方桩工程量按不同桩长、土壤级别，以预制钢筋混凝土方桩的体积计算。

2.8.2 钢 板 桩

打桩机打钢板桩工程量按不同桩长、土壤级别，以钢板桩的重量计算。

打桩机拔钢板桩工程量按不同桩长、土壤级别，以钢板桩的重量计算。

安拆导向夹具工程量按导向夹具的长度计算。

2.8.3 灌 注 桩

（一）打孔灌注混凝土桩

打孔灌注混凝土桩工程量按不同打桩机类型、桩长、土壤级别，以灌注混凝土桩的体积计算。

灌注混凝土桩体积，按设计桩长（包括桩尖）乘以钢管管箍外径断面面积计算，不扣除桩尖虚体积。

打孔后先埋入预制混凝土桩尖，再灌注混凝土者，桩尖部分另行计算。灌注桩体积按设计长度（自桩尖顶面至桩顶面的高度）乘以钢管管箍外径断面面积计算。

（二）长螺旋钻孔灌注混凝土桩

长螺旋钻孔灌注混凝土桩工程量按不同桩机形式、桩长、土壤级别，以钻孔灌注混凝土桩的体积计算。

钻孔灌注混凝土桩体积按设计桩长（包括桩尖）增加 0.25m 乘以桩断面面积计算。

（三）潜水钻机钻孔灌注混凝土桩

潜水钻机钻孔灌注混凝土桩工程量按不同桩直径、土壤级别，以灌注混凝土桩的体积计算。

（四）泥浆运输

泥浆运输工程量按不同运距，以钻孔体积计算。

（五）打孔灌注砂（碎石或砂石）桩

打孔灌注砂（碎石或砂石）桩工程量按不同打桩机形式、桩长、单桩体积、土壤级别，以灌注桩的体积计算。

灌注桩体积按设计桩长（包括桩尖）乘以钢管管箍外径断面面积计算，不扣除桩尖虚体积。

2.8.4 灰土挤密桩

灰土挤密桩工程量按不同桩长、土壤级别，以挤密桩的体积计算。

挤密桩体积按设计桩长乘以桩断面面积计算。

2.8.5 脚手架工程

建筑工程施工中所需搭设的脚手架，应计算工程量。

目前，脚手架工程量有两种计算方法，即综合脚手架和单项脚手架。具体采用哪种方法计算，应按本地区预算定额的规定执行。

（一）综合脚手架

为了简化脚手架工程量的计算，一些地区以建筑面积为综合脚手架的工程量。

综合脚手架不管搭设方式，一般综合了砌筑、浇筑、吊装、抹灰等所需脚手架材料的摊销量，综合了木制、竹制、钢管脚手架等，但不包括浇灌满堂基础等脚手架的项目。

综合脚手架一般按单层建筑物或多层建筑物分不同檐口高度来计算工程量，若是高层建筑，还须计算高层建筑超高增加费。

（二）单项脚手架

单项脚手架是根据工程具体情况按不同的搭设方式搭设的脚手架，一般包括：单排脚手架、双排脚手架、里脚手架、满堂脚手架、悬空脚手架、挑脚手架、防护架、烟囱（水塔）脚手架、电梯井字架、架空运输道等。

单项脚手架的项目应根据批准了的施工组织设计或施工方案确定；如施工方案无规定，应根据预算定额的规定确定。

（1）单项脚手架工程量计算一般规则

1）建筑物外墙脚手架：凡设计室外地坪至檐口（或女儿墙上表面）的砌筑高度在15m以下的按单排脚手架计算；砌筑高度在15m以上的或砌筑高度虽不足15m，但外墙门窗及装饰面积超过外墙表面积60%以上时，均按双排脚手架计算。

采用竹制脚手架时，按双排计算。

2）建筑物内墙脚手架：凡设计室内地坪至顶板下表面（或山墙高度的1/2处）的砌筑高度在3.6m以下的（含3.6m），按里脚手架计算；砌筑高度超过3.6m以上时，按单排脚手架计算。

3）石砌墙体，凡砌筑高度超过1.0m以上时，按外脚手架计算。

4）计算内、外墙脚手架时，均不扣除，门、窗洞口、空圈洞口等所占的面积。

5）同一建筑物高度不同时，应按不同高度分别计算。

【例26】根据图2-61图示尺寸，计算建筑物外墙脚手架工程量。

【解】单排脚手架（15m高）＝（26＋12×2＋8）×15＝870m²

双排脚手架（24m高）＝（18×2＋32）×24＝1632m²

双排脚手架（27m高）＝32×27＝864m²

双排脚手架（36m高）＝（26－8）×36＝648m²

双排脚手架（51m高）＝（18＋24×2＋4）×51＝3570m²

6）现浇钢筋混凝土框架柱、梁按双排脚手架计算。

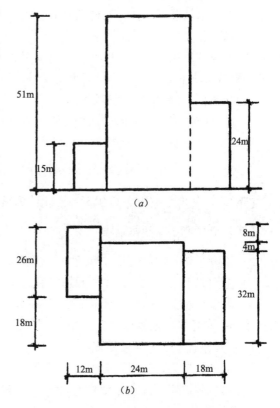

图2-61 计算外墙脚手架工程量示意图
（a）建筑物立面；（b）建筑物平面

7）围墙脚手架：凡室外自然地坪至围墙顶面的砌筑高度在 3.6m 以下的，按里脚手架计算；砌筑高度超过 3.6m 以上时，按单排脚手架计算。

8）室内顶棚装饰面距设计室内地坪在 3.6m 以上时，应计算满堂脚手架。计算满堂脚手架后，墙面装饰工程则不再计算脚手架。

9）滑升模板施工的钢筋混凝土烟囱、筒仓，不另计算脚手架。

10）砌筑贮仓，按双排外脚手架计算。

11）贮水（油）池，大型设备基础，凡距地坪高度超过 1.2m 以上时，均按双排脚手架计算。

12）整体满堂钢筋混凝土基础，凡其宽度超过 3m 以上时，按其底板面积计算满堂脚手架。

（2）砌筑脚手架工程量计算

1）外脚手架按外墙外边线长度，乘以外墙砌筑高度以平方米计算，突出墙面宽度在 24cm 以内的墙垛，附墙烟囱等不计算脚手架；宽度超过 24cm 以外时按图示尺寸展开计算，并入外脚手架工程量之内。

2）里脚手架按墙面垂直投影面积计算。

3）独立柱按图示柱结构外围周长另加 3.6m，乘以砌筑高度以平方米计算，套用相应外脚手架定额。

（3）现浇钢筋混凝土框架脚手架计算

1）现浇钢筋混凝土柱，按柱图示周长尺寸另加 3.6m，乘以柱高以平方米计算，套用外脚手架定额。

2）现浇钢筋混凝土梁、墙，按设计室外地坪或楼板上表面至楼板底之间的高度，乘以梁、墙净长以平方米计算，套用相应双排外脚手架定额。

（4）装饰工程脚手架工程量计算

1）满堂脚手架，按室内净面积计算，其高度在 3.6～5.2m 之间时，计算基本层；超过 5.2m 时，每增加 1.2m 按增加一层计算，不足 0.6m 的不计，算式表示如下：

$$满堂脚手架增加层 = \frac{室内净高 - 5.2m}{1.2m}$$

【例27】某大厅室内净高 9.50m，试计算满堂脚手架增加层数。

【解】满堂脚手架增加层 $= \dfrac{9.50 - 5.2}{1.2} = 3$ 层余 0.7m ≈ 4 层

2）挑脚手架、按搭设长度和层数，以延长米计算。

3）悬空脚手架，按搭设水平投影面积以平方米计算。

4）高度超过 3.6m 的墙面装饰不能利用原砌筑脚手架时，可以计算装饰脚手架。装饰脚手架按双排脚手架乘以 0.3 计算。

（5）其他脚手架工程量计算

1）水平防护架，按实际铺板的水平投影面积，以平方米计算。

2）垂直防护架，按自然地坪至最上一层横杆之间的搭设高度，乘以实际搭设长度，以平方米计算。

3）架空运输脚手架，按搭设长度以延长米计算。

4）烟囱、水塔脚手架，区别不同搭设高度以座计算。

5）电梯井脚手架，按单孔以座计算。

6）斜道，区别不同高度，以座计算。

7）砌筑贮仓脚手架，不分单筒或贮仓组，均按单筒外边线周长乘以设计室外地坪至贮仓上口之间高度，以平方米计算。

8）贮水（油）池脚手架，按外壁周长乘以室外地坪至池壁顶面之间高度，以平方米计算。

9）大型设备基础脚手架，按其外形周长乘以地坪至外形顶面边线之间高度，以平方米计算。

10）建筑物垂直封闭工程量，按封闭面的垂直投影面积计算。

（6）安全网工程量计算

1）立挂式安全网按网架部分的实挂长度乘以实挂高度计算。

2）挑出式安全网，按挑出的水平投影面积计算。

2.9 砌筑工程量计算

2.9.1 砖墙的一般规定

（一）计算墙体的规定

（1）计算墙体时，应扣除门窗洞口、过人洞、空圈、嵌入墙身的钢筋混凝土柱、梁（包括过梁、圈梁及埋入墙内的挑梁）、砖平碹（图 2-62）、平砌砖过梁和暖气包壁龛（图 2-63）及内墙板头（图 2-64）的体积，不扣除梁头、外墙板头（图 2-65）、檩头、垫木、木楞头、沿椽木、木砖、门窗框（图 2-66）走头、砖墙内的加固钢筋、木筋、铁件、钢管及每个面积在 $0.3m^2$ 以下的孔洞等所占的体积，突出墙面的窗台虎头砖（图 2-67）、压顶线（图 2-68）、山墙泛水（图 2-72）、烟囱根（图 2-69、图 2-70）、门窗套（图 2-73）及三皮砖（图 2-71）以内的腰线和挑檐等体积亦不增加。

图 2-62 砖平碹示意图

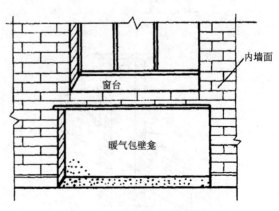

图 2-63 暖气包壁龛示意图

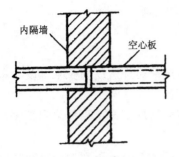

图 2-64　内墙板头示意图

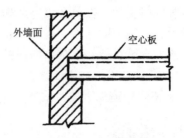

图 2-65　外墙板头示意图

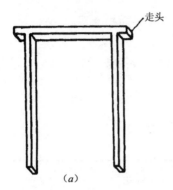

（a）

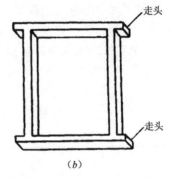

（b）

图 2-66　木门窗走头示意图

（a）木门框走头示意图；（b）木窗框走头示意图

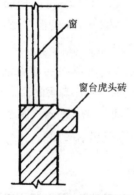

图 2-67　突出墙面的窗台虎头砖示意图

图 2-68　砖压顶线示意图

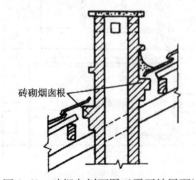

图 2-69　砖烟囱剖面图（平瓦坡屋面）

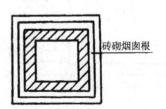

图 2-70　砖烟囱平面图

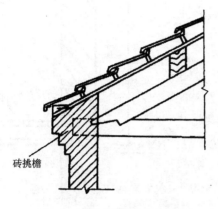

图 2-71　坡屋面砖挑檐示意图

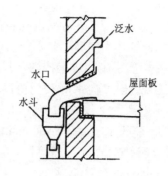

图 2-72　山墙泛水、排水示意图

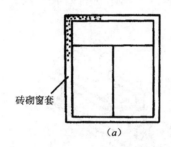

（a）

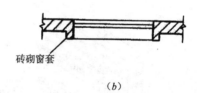

（b）

图 2-73　窗套示意图
（a）窗套立面图；（b）窗套剖面图

（2）砖垛、三皮砖以上的腰线和挑檐等体积，并入墙身体积内计算（图 2-74）。

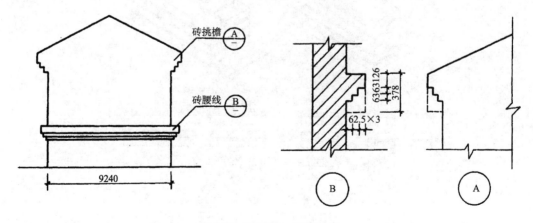

图 2-74　砖挑檐、腰线示意

（3）附墙烟囱（包括附墙通风道、垃圾道）按其外形体积计算，并入所依附的墙体内，不扣除每一个孔洞横截面在 $0.1m^2$ 以下的体积，但孔洞内的抹灰工程量亦不增加。

（4）女儿墙（图2-75）高度，自外墙顶面至图示女儿墙顶面高度，不同墙厚分别并入外墙计算。

（5）砖平碹、平砌砖过梁按图示尺寸以立方米计算。如设计无规定时，砖平碹按门窗洞口宽度两端共加100mm，乘以高度计算（门窗洞口宽小于1500mm时，高度为240mm；大于1500mm时，高度为365mm）；平砌砖过梁按门窗洞口宽度两端共加500mm，高按440mm计算。

（二）砌体厚度的规定

（1）标准砖尺寸以240mm×115mm×53mm为准，其砌体（图2-76）计算厚度按表2-20计算。

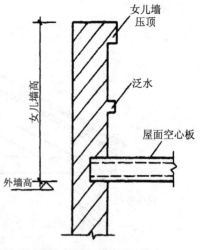

图2-75　女儿墙示意图

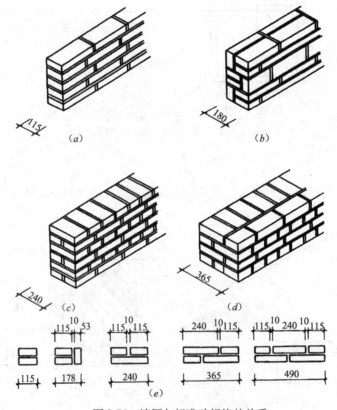

图2-76　墙厚与标准砖规格的关系
（a）1/2砖砖墙示意图；（b）3/4砖砖墙示意图；
（c）1砖砖墙示意图；（d）1½砖砖墙示意图；（e）墙厚示意图

138

砖数（厚度）	1/4	1/2	3/4	1	1.5	2	2.5	3
计算厚度（mm）	53	115	180	240	365	490	615	740

标准砖砌体计算厚度表　　　　表2-20

（2）使用非标准砖时，其砌体厚度应按砖实际规格和设计厚度计算。

2.9.2　砖　基　础

（一）基础与墙身（柱身）的划分

（1）基础与墙（柱）身（图2-77）使用同一种材料时，以设计室内地面为界；有地下室者，以地下室室内设计地面为界（图2-78），以下为基础，以上为墙（柱）身。

（2）基础与墙身使用不同材料时，位于设计室内地面±300mm以内时，以不同材料为分界线；超过±300mm时，以设计室内地面为分界线。

（3）砖、石围墙，以设计室外地坪为界线，以下为基础，以上为墙身。

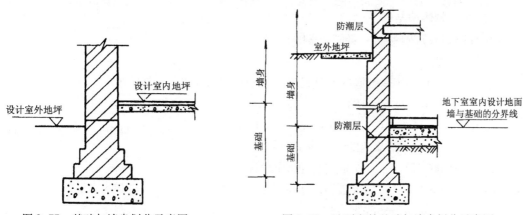

图2-77　基础与墙身划分示意图　　　　图2-78　地下室的基础与墙身划分示意图

（二）基础长度

外墙墙基按外墙中心线长度计算；内墙墙基按内墙基净长计算。基础大放脚T形接头处的重叠部分以及嵌入基础的钢筋、铁件、管道、基础防潮层及单个面积在0.3m² 以内孔洞所占体积不予扣除，但靠墙暖气沟的挑檐亦不增加。附墙垛基础宽出部分体积应并入基础工程量内。

砖砌挖孔桩护壁工程量按实砌体积计算。

【例28】根据图2-79基础施工图的尺寸，计算砖基础的长度（基础墙均为240厚）。

【解】（1）外墙砖基础长（$L_\text{中}$）
$$L_\text{中} = \left[(4.5 + 2.4 + 5.7) + (3.9 + 6.9 + 6.3) \right] \times 2$$
$$= (12.6 + 17.1) \times 2$$
$$= 59.40\text{m}$$

（2）内墙砖基础净长（$l_\text{内}$）
$$l_\text{内} = (5.7 - 0.24) + (8.1 - 0.24) + (4.5 + 2.4 - 0.24) + (6.0 + 4.8 - 0.24) + 6.3$$
$$= 5.46 + 7.86 + 6.66 + 10.56 + 6.30$$
$$= 36.84\text{m}$$

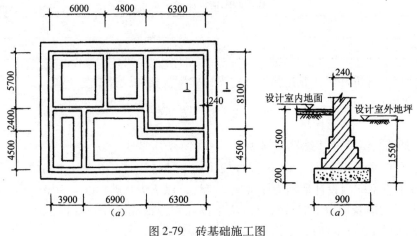

图 2-79　砖基础施工图

（a）基础平面图；（b）1—1 剖面图

（三）有放脚砖墙基础

（1）等高式放脚砖基础（见图 2-81a）

计算公式：

$$V_{基} = （基础墙厚 \times 基础墙高 + 放脚增加面积）\times 基础长$$

$$= （d \times h + \Delta S）\times l$$

$$= [dh + 0.126 \times 0.0625n(n+1)]l$$

$$= [dh + 0.007875n(n+1)]l$$

式中　　　　0.007875——一个放脚标准块面积；

　0.007875n（n+1）——全部放脚增加面积；

　　　　　　　　　n——放脚层数；

　　　　　　　　　d——基础墙厚；

　　　　　　　　　h——基础墙高；

　　　　　　　　　l——基础长。

【例29】某工程砌筑的等高式标准砖放脚基础如图 2-81（a），当基础墙高 $h = 1.4$m，基础长 $l = 25.65$m 时，计算砖基础工程量。

【解】已知：$d = 0.365$，$h = 1.4$m，$l = 25.65$m，$n = 3$

$$V_{砖基} = （0.365 \times 1.40 + 0.007875 \times 3 \times 4）\times 25.65$$

$$= 0.6055 \times 25.65$$

$$= 15.53m^3$$

（2）不等高式放脚砖基础（见图 2-81b）

计算公式：

$$V_{基} = \{dh + 0.007875[n(n+1) - \sum 半层放脚层数值]\} \times l$$

式中　半层放脚层数值——指半层放脚（0.063m 高）所在放脚层的值。如图 2-81（b）中为 1+3 = 4。

其余字母含义同上公式。

（3）基础放脚 T 形接头重复部分（见图 2-80）

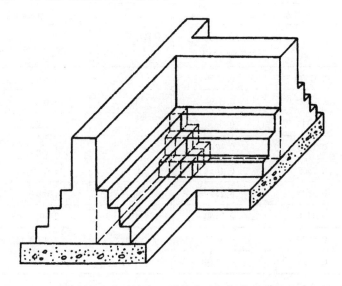

图 2-80　基础放脚 T 形接头重复部分示意图

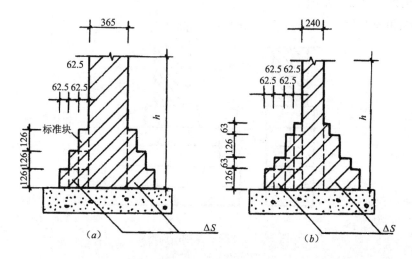

图 2-81　大放脚砖基础示意图
（a）等高式大放脚砖基；（b）不等高式大放脚砖基础

【例30】某工程大放脚砖基础的尺寸见图 2-81（b），当 $h = 1.56\text{m}$、基础长 $L = 18.5\text{m}$ 时，计算砖基础工程量。

【解】已知：$d = 0.24\text{m}$, $h = 1.56\text{m}$, $L = 18.5\text{m}$, $n = 4$

$$V_{砖基} = \{0.24 \times 1.56 + 0.007875 \times [4 \times 5 - (1 + 3)]\} \times 18.5$$
$$= (0.3744 + 0.007875 \times 16) \times 18.5$$
$$= 0.5004 \times 18.5$$
$$= 9.26\text{m}^3$$

标准砖大放脚基础，放脚面积 ΔS 见表 2-21。

放脚层数（n）	增加断面积 ΔS（m²）		放脚层数（n）	增加断面积 ΔS（m²）	
	等　高	不等高 （奇数层为半层）		等　高	不等高 （奇数层为半层）
一	0.01575	0.0079	十	0.8663	0.6694
二	0.04725	0.0394	十一	1.0395	0.7560
三	0.0945	0.0630	十二	1.2285	0.9450
四	0.1575	0.1260	十三	1.4333	1.0474
五	0.2363	0.1654	十四	1.6538	1.2679
六	0.3308	0.2599	十五	1.8900	1.3860
七	0.4410	0.3150	十六	2.1420	1.6380
八	0.5670	0.4410	十七	2.4098	1.7719
九	0.7088	0.5119	十八	2.6933	2.0554

注：1. 等高式 $\Delta S = 0.007875 n\,(n+1)$。

　　2. 不等高式 $\Delta S = 0.007875\,[\,n\,(n+1) - \sum 半层层数值\,]$。

（四）毛条石、条石基础

条石基础断面见图 2-82；毛条石基础断面见图 2-83。

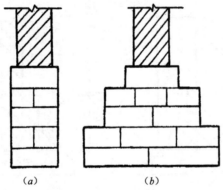

图 2-82　毛条石基础断面形状
（a）矩形；（b）阶梯形

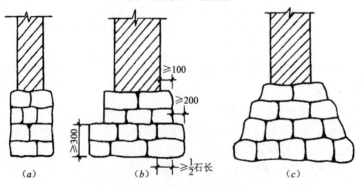

图 2-83　毛条石基础断面形状
（a）矩形；（b）阶梯形；（c）梯形

（五）有放脚砖柱基础

有放脚砖柱基础工程量计算分为两部分：一是将柱的体积算至基础底；二是将柱四周放脚体积算出（见图2-84、图2-85）。

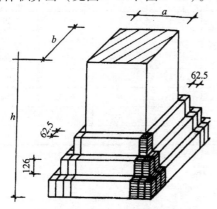

图2-84　砖柱四周放脚示意图

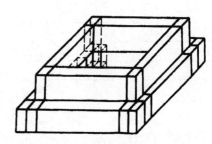

图2-85　砖柱基四周放脚体积 ΔV 示意图

计算公式：

$$V_{柱基} = abh + \Delta V$$
$$= abh + n(n+1)\left[0.007875(a+b) + 0.000328125(2n+1)\right]$$

式中　a——柱断面长；

　　　b——柱断面宽；

　　　h——柱基高；

　　　n——放脚层数；

　　　ΔV——砖柱四周放脚体积。

【例31】某工程有5个等高式放脚砖柱基础，根据下列条件计算砖基础工程量：

柱断面　$0.365\text{m} \times 0.365\text{m}$

柱基高　1.85m

放脚层数　5层

【解】已知 $a = 0.365\text{m}$，$b = 0.365\text{m}$，$h = 1.85\text{m}$，$n = 5$

$V_{柱基} = 5$ 根柱基 $\times \{0.365 \times 0.365 \times 1.85 + 5 \times 6 \times [0.007875 \times (0.365 + 0.365) +$

　　　$0.000328125 \times (2 \times 5 + 1)]\}$

　　　$= 5 \times (0.246 + 0.281)$

　　　$= 5 \times 0.527$

　　　$= 2.64\text{m}^3$

砖柱基四周放脚体积见表2-22。

砖柱基四周放脚体积表（m³）　　　　　　　表2-22

$a \times b$　　放脚层数	0.24 × 0.24	0.24 × 0.365	0.365 × 0.365 0.24 × 0.49	0.365 × 0.49 0.24 × 0.615	0.49 × 0.49 0.365 × 0.615	0.49 × 0.615 0.365 × 0.74	0.365 × 0.865 0.615 × 0.615	0.615 × 0.74 0.49 × 0.865	0.74 × 0.74 0.615 × 0.865
一	0.010	0.011	0.013	0.015	0.017	0.019	0.021	0.024	0.025
二	0.033	0.038	0.045	0.050	0.056	0.062	0.068	0.074	0.080
三	0.073	0.085	0.097	0.108	0.120	0.132	0.144	0.156	0.167

放脚层数 \ $a \times b$	0.24×0.24	0.24×0.365	0.365×0.365 0.24×0.49	0.365×0.49 0.24×0.615	0.49×0.49 0.365×0.615	0.49×0.615 0.365×0.74	0.365×0.865 0.615×0.615	0.615×0.74 0.49×0.865	0.74×0.74 0.615×0.865
四	0.135	0.154	0.174	0.194	0.213	0.233	0.253	0.272	0.292
五	0.221	0.251	0.281	0.310	0.340	0.369	0.400	0.428	0.458
六	0.337	0.379	0.421	0.462	0.503	0.545	0.586	0.627	0.669
七	0.487	0.543	0.597	0.653	0.708	0.763	0.818	0.873	0.928
八	0.674	0.745	0.816	0.887	0.957	1.028	1.095	1.170	1.241
九	0.910	0.990	1.078	1.167	1.256	1.344	1.433	1.521	1.61
十	1.173	1.282	1.390	1.498	1.607	1.715	1.823	1.931	2.04

2.9.3 砖 墙

（一）墙的长度

外墙长度按外墙中心线长度计算，内墙长度按内墙净长线计算。

墙长计算方法如下：

（1）墙长在转角处的计算

墙体在90°转角时，用中轴线尺寸计算墙长，就能算准墙体的体积。例如，图2-86的Ⓐ图中，按箭头方向的尺寸算至两轴线的交点时，墙厚方向的水平断面积重复计算的矩形部分正好等于没有计算到的矩形面积。因而，凡是90°转角的墙，算到中轴线交叉点时，就算够了墙长。

（2）T形接头的墙长计算

当墙体处于T形接头时，T形上部水平墙拉通算完长度后，垂直部分的墙只能从墙内边算净长。例如，图2-86中的Ⓑ图，当③轴上的墙算完长度后，⑧轴墙只能从③轴墙内边起计算Ⓑ轴的墙长，故内墙应按净长计算。

（3）十字形接头的墙长计算

当墙体处于十字形接头状时，计算方法基本同T形接头，见图2-86中Ⓒ图的示意。因此，十字形接头处分断的二道墙也应算净长。

【例32】根据图2-86，计算内、外墙长（墙厚均为240）。

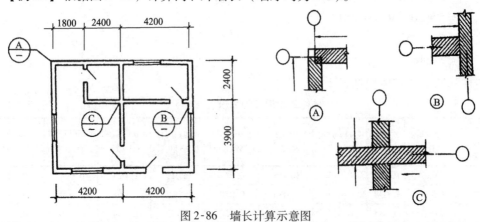

图2-86 墙长计算示意图

【解】（1）240 厚外墙长

$$L_{中} = \left[(4.2 + 4.2) + (3.9 + 2.4) \right] \times 2 = 29.40\text{m}$$

（2）240 厚内墙长

$$L_{中} = (3.9 + 2.4 - 0.24) + (4.2 - 0.24) + (2.4 - 0.12) + (2.4 - 0.12)$$
$$= 14.58\text{m}$$

（二）墙身高度的规定

（1）外墙墙身高度

斜（坡）屋面无檐口顶棚者算至屋面板底；有屋架，且室内外均有顶棚者（图2-88），算至屋架下弦底面另加200mm；无顶棚者算至屋架下弦底面另加300mm（图2-87），出檐宽度超过600mm时，应按实砌高度计算；平屋面算至钢筋混凝土板底（图2-89）。

（2）内墙墙身高度

内墙位于屋架下弦者（图2-90），其高度算至屋架底；无屋架者（图2-91）算至顶棚底另加100mm；有钢筋混凝土楼板隔层者（图2-92）算至板底；有框架梁时（图2-93）算至梁底面。

（3）内、外山墙墙身高度，按其平均高计算（图2-94、图2-95）。

（三）框架间砌体，分别内外墙以框架间的净空面积（见图2-93）乘以墙厚计算。框架外表镶贴砖部分亦并入框架间砌体工程量内计算。

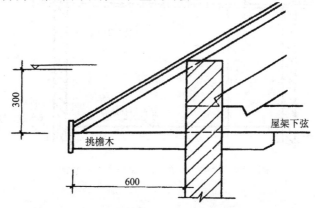

图2-87 有屋架无顶棚时的外墙高度示意图

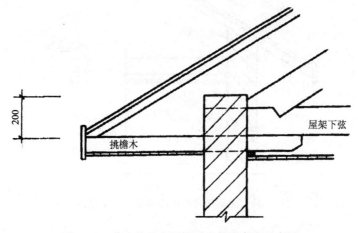

图2-88 室内外均有顶棚时的外墙高度示意图

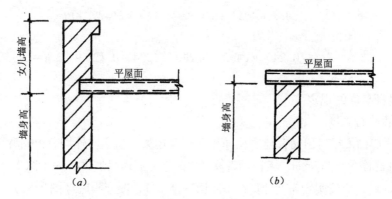

图 2-89 平屋面外墙墙身高度示意图

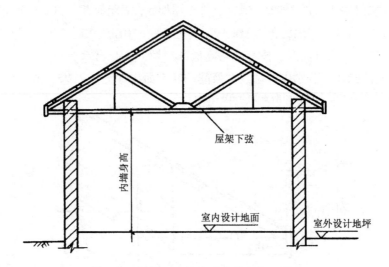

图 2-90 屋架下弦的内墙墙身高度示意图

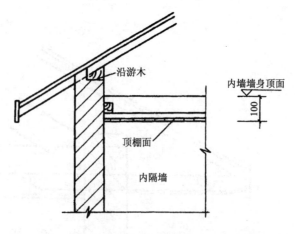

图 2-91 无屋架时的内墙墙身高度示意图

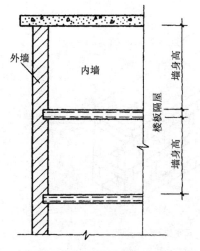

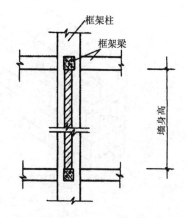

图2-92 有混凝土楼板隔层时的内墙墙身高度示意图　　　图2-93 有框架梁时的墙身高度示意图

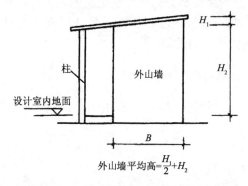

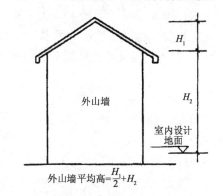

图2-94 一坡水屋面外山墙墙高示意图　　　　　图2-95 二坡水屋面山墙墙身高度示意图

空花墙按空花部分外形体积以立方米计算，空花部分不予扣除，其中实体部分另行计算（见图2-96）。

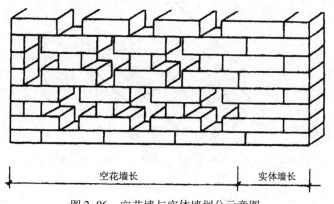

图2-96 空花墙与实体墙划分示意图

（四）空斗墙按外形尺寸以立方米计算，墙角、内外墙交接处，门窗洞口立边，窗台砖及屋檐处的实砌部分已包括在定额内，不另行计算。但窗间墙、窗台下、楼板下、梁头下等实砌部分，应另行计算，套零星砌体定额项目（图2-97）。

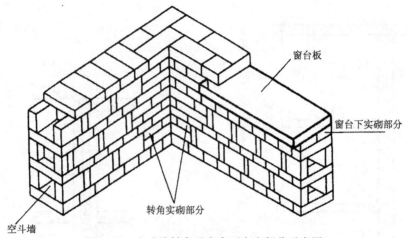

图 2-97　空斗墙转角及窗台下实砌部分示意图

（五）多孔砖、空心砖按图示厚度以立方米计算，不扣除其孔、空心部分体积。

（六）填充墙按外形尺寸以立方米计算，其中实砌部分已包括在定额内，不另计算。

（七）加气混凝土墙、硅酸盐砌块墙、小型空心砌块墙，按图示尺寸以立方米计算，按设计规定需要镶嵌砖砌体部分已包括在定额内，不另计算。

2.9.4　其他砌体

（1）砖砌锅台、炉灶，不分大小，均按图示外形尺寸以立方米计算，不扣除各种空洞的体积。

说明：

1）锅台，一般指大食堂、餐厅里用的锅灶；

2）炉灶，一般指住宅里每户用的灶台。

（2）砖砌台阶（不包括梯带）（图2-98）按水平投影面积以平方米计算。

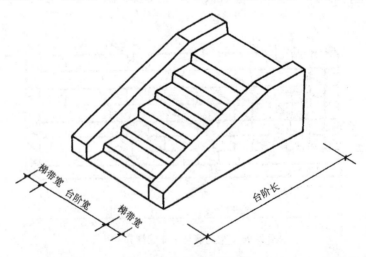

图 2-98　砖砌台阶示意图

（3）厕所蹲位、水槽腿、灯箱、垃圾箱、台阶挡墙或梯带、花台、花池、地垄墙及支撑地楞。

148

木的砖墩，房上烟囱、屋面架空隔热层砖墩及毛石墙的门窗立边、窗台虎头砖等实砌体积，以立方米计算，套用零星砌体定额项目（图2-99～图2-104）。

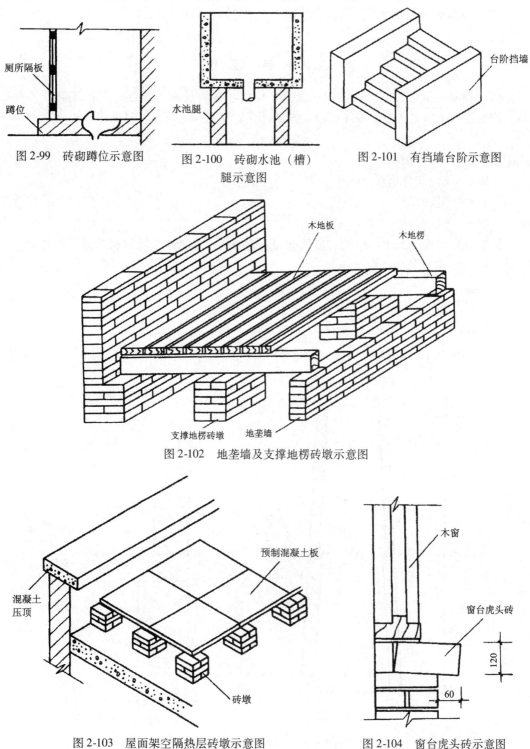

图2-99　砖砌蹲位示意图

图2-100　砖砌水池（槽）腿示意图

图2-101　有挡墙台阶示意图

图2-102　地垄墙及支撑地楞砖墩示意图

图2-103　屋面架空隔热层砖墩示意图

图2-104　窗台虎头砖示意图
注：石墙的窗台虎头砖单独计算工程量

（4）检查井及化粪池不分壁厚均以立方米计算，洞口上的砖平拱碳等并入砌体体积内计算。

（5）砖砌地沟不分墙基、墙身合并以立方米计算。石砌地沟按其中心线长度以延长米计算。

2.9.5 砖 烟 囱

（1）筒身：圆形、方形均按图示筒壁平均中心线周长乘以厚度，并扣除筒身各种孔洞、钢筋混凝土圈梁、过梁等体积以立方米计算。其筒壁周长不同时可按下式分段计算：

$$V = \sum (H \times C \times \pi D)$$

式中　V——筒身体积；

　　　　H——每段筒身垂直高度；

　　　　c——每段筒壁厚度；

　　　　D——每段筒壁中心线的平均直径。

【例33】根据图2-105中的有关数据和上述公式，计算砖砌烟囱和圈梁工程量。

【解】1）砖砌烟囱工程量

① 上段

已知：$H = 9.50\text{m}$，$c = 0.365\text{m}$

求：$D = (1.40 + 1.60 + 0.365) \times \dfrac{1}{2} = 1.68\text{m}$

$\therefore V_{\text{上}} = 9.50 \times 0.365 \times 3.1416 \times 1.68 = 18.30\text{m}^3$

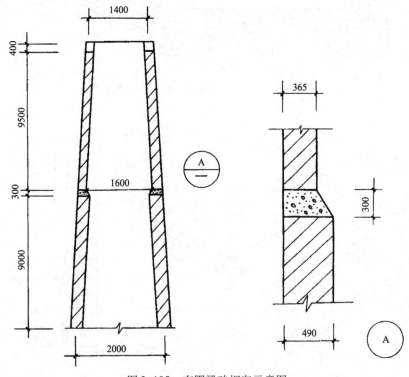

图2-105　有圈梁砖烟囱示意图

② 下段

已知：$H = 9.0\text{m}$，$c = 0.490\text{m}$

求：$D = (2.0 + 1.60 + 0.365 \times 2 - 0.49) \times \dfrac{1}{2} = 1.92\text{m}$

$\therefore V_{下} = 9.0 \times 0.49 \times 3.1416 \times 1.92 = 26.60\text{m}^3$

$\therefore V = 18.30 + 26.60 = 44.90\text{m}^3$

2）混凝土圈梁工程量

①上部圈梁

$$V_{上} = 1.40 \times 3.1416 \times 0.4 \times 0.365 = 0.64\text{m}^3$$

②中部圈梁

圈梁中心直径 $= 1.60 + 0.365 \times 2 - 0.49 = 1.84\text{m}$

圈梁断面积 $= (0.365 + 0.49) \times \dfrac{1}{2} \times 0.30 = 0.128\text{m}^2$

$V_{中} = 1.84 \times 3.1416 \times 0.128 = 0.74\text{m}^3$

$\therefore V = 0.74 + 0.64 = 1.38\text{m}^3$

（2）烟道、烟囱内衬按不同材料，扣除孔洞后，以图示实体积计算。

（3）烟囱内壁表面隔热层，按筒身内壁并扣除各种孔洞后的面积以平方米计算；填料按烟囱内衬与筒身之间的中心线平均周长乘以图示宽度和筒高，并扣除各种孔洞所占体积（但不扣除连接横砖及防沉带的体积）后以立方米计算。

（4）烟道砌砖：烟道与炉体的划分以第一道闸门为界，炉体内的烟道部分列入炉体工程量计算。

烟道拱顶（图2-106）按实体积计算，其计算方法有两种：

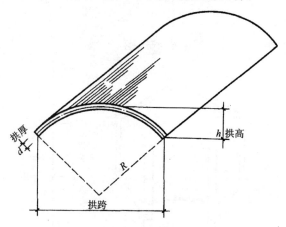

图2-106　烟道拱顶示意图

方法一：按矢跨比公式计算

计算公式：　　　$V = 中心线拱跨 \times 弧长系数 \times 拱厚 \times 拱长$

$\qquad\qquad\qquad = b \times P \times d \times L$

注：烟道拱顶弧长系数表见表2-23。表中弧长系数 P 的计算公式为（当 $h = 1$ 时）：

$$P = \frac{1}{90}\left(\frac{0.5}{b} + 0.125b\right)\pi\arcsin\frac{b}{1 + 0.25b^2}$$

例：当矢跨比 $\dfrac{h}{l}=\dfrac{1}{7}$ 时，弧长系数 P 为：

$$P=\dfrac{1}{90}\left(\dfrac{0.5}{7}+0.125\times7\right)\times3.1416\times\arcsin\dfrac{7}{1+0.25\times7^{2}}$$

$$=1.054$$

【例34】已知矢高为1，拱跨为6，拱厚为0.15m，拱长7.8m，求拱顶体积。

【解】查表2-23，知弧长系数 P 为1.07。

烟道拱顶弧长系数表　　　　　　　　　　　　　表2-23

矢跨比 $\dfrac{h}{b}$	$\dfrac{1}{2}$	$\dfrac{1}{3}$	$\dfrac{1}{4}$	$\dfrac{1}{5}$	$\dfrac{1}{6}$	$\dfrac{1}{7}$	$\dfrac{1}{8}$	$\dfrac{1}{9}$	$\dfrac{1}{10}$
弧长系数 P	1.57	1.27	1.16	1.10	1.07	1.05	1.04	1.03	1.02

故：$V=6\times1.07\times0.15\times7.8=7.51\mathrm{m}^{3}$

方法二：按圆弧长公式计算

计算公式：$V=$ 圆弧长 $\times$ 拱厚 $\times$ 拱长

$$=l\times d\times L$$

式中：

$$l=\dfrac{\pi}{180}R\theta$$

【例35】某烟道拱顶厚0.18m，半径4.8m，θ 角为180°，拱长10m，求拱顶体积。

【解】已知：$d=0.18\mathrm{m}$，$R=4.8\mathrm{m}$，$\theta=180°$，$L=10\mathrm{m}$

$$\therefore \quad V=\dfrac{3.1416}{180}\times4.8\times180\times0.18\times10$$

$$=27.14\mathrm{m}^{3}$$

2.9.6 砖砌水塔

见图2-107。

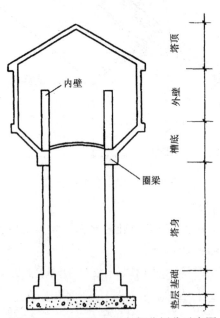

图2-107　水塔构造及各部分划分示意图

（1）水塔基础与塔身划分：以砖基础的扩大部分顶面为界，以上为塔身，以下为基础，分别套用相应基础砌体定额。

（2）塔身以图示实砌体积计算，并扣除门窗洞口和混凝土构件所占的体积，砖平拱碹及砖出檐等并入塔身体积内计算，套水塔砌筑定额。

（3）砖水箱内外壁，不分壁厚，均以图示实砌体积计算，套相应的内外砖墙定额。

2.9.7 砌体内钢筋加固

砌体内钢筋加固根据设计规定，以吨计算，套用钢筋混凝土章节相应项目（见图2-108～图2-110）。

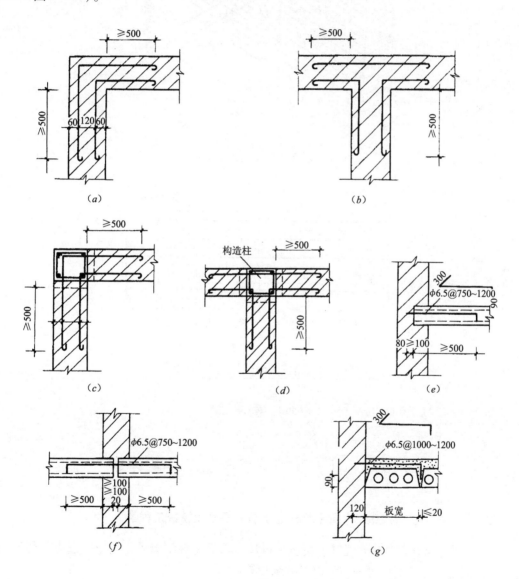

图 2-108　砌体内钢筋加固示意图

（a）砖墙转角处；（b）砖墙 T 形接头处；（c）有构造柱的墙转角处；

（d）有构造柱的 T 形墙接头处；（e）板端与外墙连接；（f）板端内墙连接；（g）板与纵墙连接

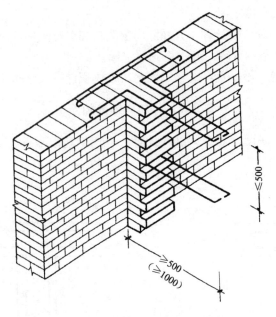

图 2-109　T形接头钢筋加固示意

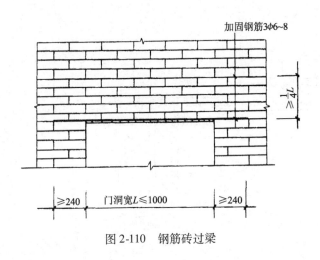

图 2-110　钢筋砖过梁

2.10　混凝土及钢筋混凝土工程量计算

2.10.1　现浇混凝土及钢筋混凝土模板工程量

（一）现浇混凝土及钢筋混凝土模板工程量，除另有规定者外，均应区别模板的不同材质，按混凝土与模板接触面积，以平方米计算。

说明：除了底面有垫层、构件（侧面有构件）及上表面不需支撑模板外，其余各个方向的面均应计算模板接触面积。

（二）现浇钢筋混凝土柱、梁、板、墙的支模高度（即室外地坪至板底或板面至板底之间的高度）以3.6m以内为准，超过3.6m以上部分，另按超过部分计算增加支撑工程量（见图2-111）。

（三）现浇钢筋混凝土墙、板上单孔面积在0.3m²以内的孔洞，不予扣除，洞侧壁模板亦不增加；单孔面积在0.3m²以外时，应予扣除，洞侧壁模板面积并入墙、板模板工程量内计算。

（四）现浇钢筋混凝土框架的模板、分别按梁、板、柱、墙有关规定计算，附墙柱并入墙内工程量计算。

（五）杯形基础杯口高度大于杯口大边长度的，套高杯基础模板定额项目（见图2-112）。

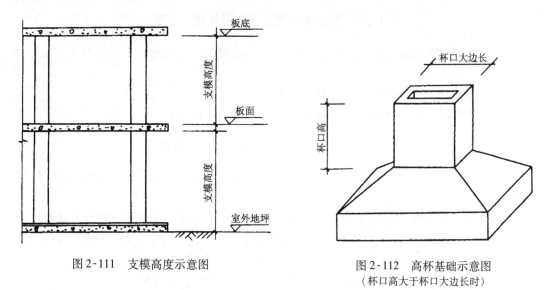

图2-111　支模高度示意图　　　　　图2-112　高杯基础示意图
　　　　　　　　　　　　　　　　　　（杯口高大于杯口大边长时）

（六）柱与梁、柱与墙、梁与梁等连接的重叠部分以及伸入墙内的梁头、板头部分，均不计算模板面积。

（七）构造柱外露面均应按图示外露部分计算模板面积。构造柱与墙接触部分不计算模板面积（见图2-113）。

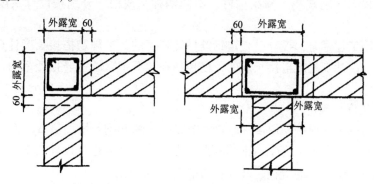

图2-113　构造柱外露宽需支模板示意图

（八）现浇钢筋混凝土悬挑板（雨篷、阳台）按图示外挑部分尺寸的水平投影面积计算。挑出墙外的牛腿梁及板边模板不另计算。

说明："挑出墙外的牛腿梁及板边模板"在实际施工时需支模板，为了简化工程量计算，在编制该项定额时已经将该因素考虑在定额消耗内，所以工程量就不单独计算了。

（九）现浇钢筋混凝土楼梯，以图示露明面尺寸的水平投影面积计算，不扣除小于500mm楼梯井所占面积。楼梯的踏步、踏步板、平台梁等侧面模板，不另计算。

（十）混凝土台阶不包括梯带，按图示台阶尺寸的水平投影面积计算，台阶端头两侧不另计算模板面积。

（十一）现浇混凝土小型池槽按构件外围体积计算，池槽内、外侧及底部的模板不应另计算。

2.10.2　预制钢筋混凝土构件模板工程量

（一）预制钢筋混凝土模板工程量，除另有规定者外，均按混凝土实体体积以立方米计算。

（二）小型池槽按外形体积以立方米计算。

（三）预制桩尖按虚体积（不扣除桩尖虚体积部分）计算。

2.10.3　构筑物钢筋混凝土模板工程量

（一）构筑物工程的模板工程量，除另有规定者外，区别现浇、预制和构件类别，分别按上面第一、二条的有关规定计算。

（二）大型池槽等分别按基础、墙、板、梁、柱等有关规定计算并套相应定额项目。

（三）液压滑升钢模板施工的烟囱、水塔、身、贮仓等，均按混凝土体积，以立方米计算。

（四）预制倒圆锥形水塔罐壳模板按混凝土体积，以立方米计算。

（五）预制倒圆锥形水塔罐壳组装、提升、就位，按不同容积以座计算。

2.10.4　钢筋工程量

（1）钢筋工程量有关规定

①钢筋工程应区别现浇、预制构件、不同钢种和规格，分别按设计长度乘以单位质量，以 t 计算。

②计算钢筋工程量时，设计已规定钢筋搭接长度的，按规定搭接长度计算；某些地区预算定额规定，设计未规定搭接长度的，已包括在预算定额的钢筋损耗率内，不另计算搭接长度。

（2）钢筋长度的确定

钢筋长 = 构件长 − 保护层厚度 × 2 + 弯钩长 × 2 + 弯起钢筋增加值 $\Delta L \times 2$

①钢筋的混凝土保护层。受力钢筋的混凝土保护层，应符合设计要求；当设计无具体要求时，不应小于受力钢筋直径，并应符合表 2-24 的要求。

②混凝土结构环境类别见表 2-25。

③纵向钢筋弯钩长度计算。HPB300 级钢筋末端需要做 180°弯钩时，其圆弧弯曲直径

D 不应小于钢筋直径 d 的 2.5 倍，平直部分长度不宜小于钢筋直径 d 的 3 倍（图 2-114）；HRB335 级、HRB400 级钢筋的弯弧内直径不应小于钢筋直径的 4 倍，弯钩的弯后平直部分应符合设计要求。

混凝土保护层的最小厚度（mm）　　　　　　　　表 2-24

环境类别	板、墙	梁、柱	环境类别	板、墙	梁、柱
一	15	20	三 a	30	40
二 a	20	25	三 b	40	50
二 b	25	35			

注：1. 表中混凝土保护层厚度指最外层钢筋外边缘至混凝土表面的距离，适用于设计使用年限为 50 年的混凝土结构。
　　2. 构件中受力钢筋的保护层厚度不应小于钢筋的公称直径。
　　3. 设计使用年限为 100 年的混凝土结构，一类环境中，最外层钢筋的保护层厚度不应小于表中数值的 1.4 倍；二、三类环境中，应采取专门的有效措施。
　　4. 混凝土强度等级不大于 C25 时，表中保护层厚度数值应增加 5。
　　5. 基础底面钢筋的保护层厚度，有混凝土垫层时应从垫层顶面算起，且不应小于 40mm。

混凝土结构的环境类别　　　　　　　　表 2-25

环境类别	条　　　件
一	室内干燥环境； 无侵蚀性静水浸没环境
二 a	室内潮湿环境； 非严寒和非寒冷地区的露光环境； 非严寒和非寒冷地区与无侵蚀性的水或土壤直接接触的环境； 严寒和寒冷地区的冰冻线以下与无侵蚀性的水或土壤直接接触的环境
二 b	干湿交替环境； 水位频繁变动环境； 严寒和寒冷地区的露天环境； 严寒和寒冷地区冰冻线以上与无侵蚀性的水或土壤直接接触的环境
三 a	严寒和寒冷地区冬季水位变动区环境； 受除冰盐影响环境； 海风环境
三 b	盐渍土环境； 受除冰盐作用环境； 海岸环境
四	海水环境
五	受人为或自然的侵蚀性物质影响的环境

注：1. 室内潮湿环境是指构件表面经常处于结露或湿润状态的环境。
　　2. 严寒和寒冷地区的划分应符合现行国家标准《民用建筑热工设计规范》GB 50176 的有关规定。
　　3. 海岸环境和海风环境宜根据当地情况，考虑主导风向及结构所处迎风、背风部位等因素的影响，由调查研究和工程经验确定。
　　4. 受除冰盐影响环境是指受到除冰盐盐雾影响的环境；受除冰盐作用环境是指被除冰盐溶液溅射的环境以及使用除冰盐地区的洗车房、停车楼等建筑。
　　5. 暴露的环境是指混凝土结构表面所处的环境。

a. 钢筋弯钩增加长度基本公式如下：

$$L_x = \left(\frac{n}{2}d + \frac{d}{2}\right)\pi \times \frac{x}{180°} + zd - \left(\frac{n}{2}d + d\right)$$

式中　L——钢筋弯钩增加长度，mm；

　　　n——弯钩弯心直径的倍数值；

　　　d——钢筋直径，mm；

　　　x——弯钩角度；

　　　z——以 d 为基础的弯钩末端平直长度系数，mm。

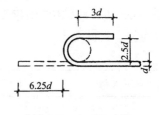

图 2-114　180°弯钩

b. 纵向钢筋 180°弯钩增加长度（当弯心直径 = 2.5d，z = 3 时）的计算。根据图 2-114 和基本公式计算 180°弯钩增加长度。

$$L_{180} = \left(\frac{2.5}{2}d + \frac{d}{2}\right)\pi \times \frac{180°}{180°} + 3d - \left(\frac{2.5}{2}d + d\right)$$

$$= 1.75d\pi \times 1 + 3d - 2.25d$$

$$= 5.498d + 0.75d$$

$$= 6.248d$$

取值为 6.25d。

c. 纵向钢筋 90°弯钩（当弯心直径 = 4d，z = 12 时）的计算。根据图 2-115（a）和基本公式计算 90°弯钩增加长度。

$$L_{90} = \left(\frac{4}{2}d + \frac{d}{2}\right)\pi \times \frac{90}{180°} + 12d - \left(\frac{4}{2}d + d\right)$$

$$= 2.5d\pi \times \frac{1}{2} + 12d - 3d$$

$$= 3.927d + 9d$$

$$= 12.927$$

取值为 12.93d。

d. 纵向钢筋 135°弯钩（当弯心直径 = 4d，z = 5 时）的计算。根据图 2-115（b）和基本公式计算 90°弯钩增加长度。

$$L_{135} = \left(\frac{4}{2}d + \frac{d}{2}\right)\pi \times \frac{135°}{180°} + 5d - \left(\frac{4}{2}d + d\right)$$

$$= 2.5d\pi \times 0.75 + 5d - 3d$$

$$= 5.891d + 2d$$

$$= 7.891$$

取值为 7.89d。

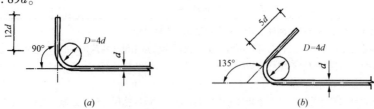

图 2-115　90°和 135°弯钩
（a）末端带 90°弯钩；（b）末端带 135°弯钩

④箍筋弯钩。箍筋的末端应作弯钩，弯钩形式应符合设计要求。当设计无具体要求时，用 HPB300 级钢筋或冷拔低碳钢丝制作的箍筋，其弯钩的弯曲直径应大于受力钢筋直径，且不小于箍筋直径的 2.5 倍。弯钩平直部分的长度，对一般结构，不宜小于箍筋直径的 5 倍；对有抗震要求的结构，不应小于箍筋直径的 10 倍（图 2-116）。

a. 箍筋 135°弯钩（当弯心直径 $=2.5d$，$z=5$ 时）的计算。根据图 2-116 和基本公式计算 135°弯钩增加长度。

$$
\begin{aligned}
L_{135} &= \left(\frac{2.5}{2}d + \frac{d}{2}\right)\pi \times \frac{135°}{180°} + 5d - \left(\frac{2.5}{2}d + d\right) \\
&= 1.75d\pi \times 0.75 + 5d - 2.25d \\
&= 4.123d + 2.75d \\
&= 6.873d
\end{aligned}
$$

取值为 6.87d。

b. 箍筋 135°弯钩（当弯心直径 $=2.5d$，$z=10$ 时）的计算。根据图 2-117 和基本公式计算 135°弯钩增加长度。

$$
\begin{aligned}
L_{135} &= \left(\frac{2.5}{2}d + \frac{d}{2}\right)\pi \times \frac{135°}{180°} + 10d - \left(\frac{2.5}{2}d + d\right) \\
&= 1.75d\pi \times 0.75 + 10d - 2.25d \\
&= 4.123d + 7.75d \\
&= 11.873d
\end{aligned}
$$

取值为 11.89d。

⑤弯起钢筋增加长度。弯起钢筋的弯起角度，一般有 30°、45°、60°三种，其弯起增加值是指斜长与水平投影长度之间的差值，如图 2-117 所示。

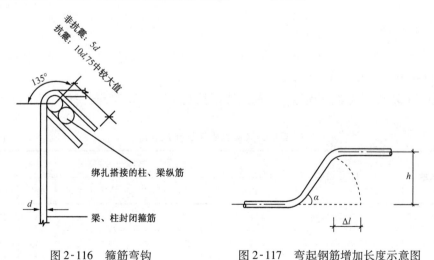

图 2-116　箍筋弯钩　　　　　图 2-117　弯起钢筋增加长度示意图

弯起钢筋斜长及增加长度计算方法见表 2-26。

⑥钢筋的绑扎接头。按《混凝土结构设计规范》GB 50010—2010 的规定，纵向受拉钢筋的绑扎搭接接头的搭接长度，应根据位于同一连接区段内的钢筋搭接接头面积百分率，且不应小于 300mm，按表 2-27 中规定计算。

弯起钢筋斜长及增加长度计算表 表 2-26

形 状			
计算方法	斜边长 S	$2h$	$1.414h$	$1.155h$
	增加长度 $S - L = \Delta l$	$0.268h$	$0.414h$	$0.577h$

纵向受拉钢筋的绑扎搭接接头的搭接长度 表 2-27

纵向受拉钢筋绑扎搭接长度 l_l、l_{lE}		注:
抗震	非抗震	1. 当直径不同的钢筋搭接时，l_l、l_{lE} 按直径较小的钢筋计算。
$l_{lE} = \zeta_l l_{aE}$	$l_l = \zeta_l l_a$	2. 任何情况下不应小于 300mm。

纵向受拉钢筋搭接长度修正系数 ζ_l			3. 式中 ζ_l 为纵向受拉钢筋搭接长度修正系数。当纵向钢筋搭接接头百分率为表的中间值时，可按内插取值
纵向钢筋搭接接头面积百分率（%）	≤25	50	100
ζ_l	1.2	1.4	1.6

（3）钢筋的锚固

钢筋的锚固长度是指受力钢筋依靠其表面与混凝土的粘结作用或端部构造的挤压作用而达到设计承受应力所需的长度。

根据 11G101-1 标准图规定，钢筋的锚固长度应按表 2-28 ~ 表 2-30 的要求计算。

受拉钢筋基本锚固长度 l_{ab}、l_{abE} 表 2-28

钢筋种类	抗震等级	混凝土强度等级								
		C20	C25	C30	C35	C40	C45	C50	C55	C≥60
HPB300	一、二级（l_{abE}）	$45d$	$39d$	$35d$	$32d$	$29d$	$28d$	$26d$	$25d$	$24d$
	三级（l_{abE}）	$41d$	$36d$	$32d$	$29d$	$26d$	$25d$	$24d$	$23d$	$22d$
	四级（l_{abE}）非抗震（l_{ab}）	$39d$	$34d$	$30d$	$28d$	$25d$	$24d$	$23d$	$22d$	$21d$
HRB335 HRBF335	一、二级（l_{abE}）	$44d$	$38d$	$33d$	$31d$	$29d$	$26d$	$25d$	$24d$	$24d$
	三级（l_{abE}）	$40d$	$35d$	$31d$	$28d$	$26d$	$24d$	$23d$	$22d$	$22d$
	四级（l_{abE}）非抗震（l_{ab}）	$38d$	$33d$	$29d$	$27d$	$25d$	$23d$	$22d$	$21d$	$21d$

钢筋种类	抗震等级	混凝土强度等级								
		C20	C25	C30	C35	C40	C45	C50	C55	C≥60
HRB400 HRBF400 RRB400	一、二级（l_{abE}）	—	46d	40d	37d	33d	32d	31d	30d	29d
	三级（l_{abE}）	—	42d	37d	34d	30d	29d	28d	27d	26d
	四级（l_{abE}）非抗震（l_{ab}）	—	40d	35d	32d	29d	28d	27d	26d	25d
HRB500 HRBF500	一、二级（l_{abE}）		55d	49d	45d	41d	39d	37d	36d	35d
	三级（l_{abE}）		50d	45d	41d	38d	36d	34d	33d	32d
	四级（l_{abE}）非抗震（l_{ab}）		48d	43d	39d	36d	34d	32d	31d	30d

受拉钢筋锚固长度 l_a、抗震锚固长度 l_{aE}　　　　表 2-29

非抗震	抗震	注：
$l_a = \zeta_a l_{ab}$	$l_{aE} = \zeta_{aE} l_a$	1. l_a 不应小于 200。 2. 锚固长度修正系数 ζ_a 按表 2-29 取用，当多于一项时，可按连乘计算，但不应小于 0.6。 3. ζ_{aE} 为抗震锚固长度修正系数，对一、二级抗震等级取 1.15，对三级抗震等级取 1.05，对四级抗震等级取 1.00

受拉钢筋锚固长度修正系数 ζ_a　　　　表 2-30

锚固条件		ζ_a	
带肋钢筋的公称直径大于 25		1.10	—
环氧树脂涂层带肋钢筋		1.25	
施工过程中易受扰动的钢筋		1.10	
锚固区保护层厚度	3d	0.80	注：中间时按内插值。d 为锚固钢筋直径
	5d	0.70	

（4）钢筋质量计算

①钢筋理论质量计算：

$$钢筋理论质量 = 钢筋长度 \times 每米质量$$

式中　每米质量——每米钢筋的质量，取值为 $0.006165d^2$，kg/m；

　　　　d——以 mm 为单位的钢筋直径。

②钢筋工程量计算：

$$钢筋工程量 = 钢筋分规格长 \times 分规格每米质量$$

（5）钢筋工程量计算实例

【例36】根据图2-118计算8根现浇C20钢筋混凝土矩形梁（抗震）的钢筋工程量，混凝土保护层厚度为25mm（按混凝土保护层最小厚度确定为20mm，当混凝土强度等级不大于C25时，增加5mm，故为25mm）。

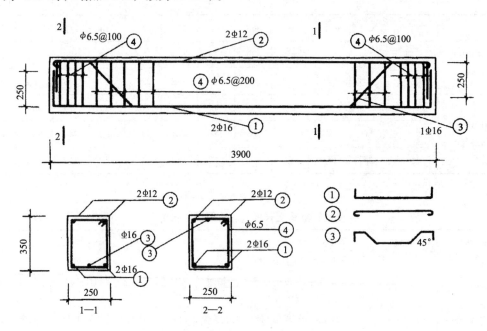

图2-118　现浇C20钢筋混凝土矩形梁

【解】1）计算一根矩形梁钢筋长度

①号筋(Φ16)2根
$$l = (3.90 - 0.025 \times 2 + 0.25 \times 2) \times 2$$
$$= 4.35 \times 2$$
$$= 8.70m$$

②号筋(Φ12)2根
$$l = (3.90 - 0.025 \times 2 + 0.012 \times 6.25 \times 2) \times 2$$
$$= 4.0 \times 2$$
$$= 8.0m$$

③号筋(Φ16)1根

弯起增加值计算,见表2-26（下同）。
$$l = 3.90 - 0.025 \times 2 + 0.25 \times 2 + (0.35 - 0.025 \times 2 - 0.016) \times 0.414 \times 2$$
$$= 4.35 + 0.284 \times 0.414 \times 2$$
$$= 4.59m$$

④号筋(Φ6.5)

箍筋根数 = (3.90 - 0.30 \times 2 - 0.025 \times 2) ÷ 0.20 + 1 + 6(两端加密筋) = 24 根

单根箍筋长 = (0.35 - 0.025 \times 2 - 0.0065 + 0.25 - 0.025 \times 2 - 0.0065) \times 2 + 11.89
　　　　　　× 0.0065 \times 2 = 1.125m

162

箍筋长 $=1.125 \times 24 = 27.00\mathrm{m}$

2）计算 8 根矩形梁钢筋质量

$$\left.\begin{array}{l} \Phi16：(8.7+4.59) \times 8 \times 1.58 = 167.99\mathrm{kg} \\ \Phi12：8.0 \times 8 \times 0.888 = 56.83\mathrm{kg} \\ \Phi6.5：27 \times 8 \times 0.26 = 56.16\mathrm{kg} \end{array}\right\} 280.98\mathrm{kg}$$

注：$\Phi16$ 钢筋每米重 $=0.006165 \times 16^2 = 1.58\mathrm{kg/m}$

$\Phi12$ 钢筋每米重 $=0.006165 \times 12^2 = 0.888\mathrm{kg/m}$

$\Phi6.5$ 钢筋每米重 $=0.006165 \times 6.5^2 = 0.26\mathrm{kg/m}$

（6）平法钢筋工程量计算

1）梁构件

①在平法楼层框架梁中常见的钢筋形状如图 2-119 所示。

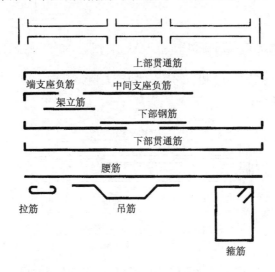

图 2-119　平法楼层框架梁常见钢筋形状示意图

②钢筋长度计算方法。平法楼层框架梁常见的钢筋计算方法有以下几种：

a. 上部贯通筋（图 2-120）。

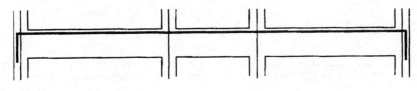

图 2-120　上部贯通筋

上部贯通筋长 $L =$ 各跨长之和 － 左支座内侧宽 － 右支座内侧宽 ＋ 锚固长度 ＋ 搭接长度

锚固长度取值：

· 当（支座宽度 － 保护层）$\geqslant L_{\mathrm{aE}}$ 且 $\geqslant 0.5h_{\mathrm{c}} + 5d$ 时，锚固长度 $= \max(L_{\mathrm{aE}}, 0.5h_{\mathrm{c}} + 5d)$；

· 当（支座宽度 － 保护层）$< L_{\mathrm{aE}}$ 时，锚固长度 ＝ 支座宽度 － 保护层 ＋ 15d。

其中，h_{c} 为柱宽，d 为钢筋直径。

b. 端支座负筋（图2-121）。

$$上排钢筋长 L = L_{ni}/3 + 锚固长度$$
$$下排钢筋长 L = L_{ni}/4 + 锚固长度$$

式中 L_{ni}（$i = 1，2，3，\cdots$）——梁净跨长，锚固长度同上部贯通筋。

c. 中间支座负筋（图2-122）。

$$上排钢筋长 L = 2 \times （L_{ni}/3）+ 支座宽度$$
$$下排钢筋长 L = 2 \times （L_{ni}/4）+ 支座宽度$$

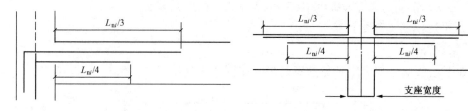

图 2-121　端支座负筋示意图　　　　图 2-122　中间支座负筋示意图

式中 跨度值 L_n——左跨 L_{ni} 和右跨 L_{ni+1} 的较大值，其中 $i = 1，2，3\cdots$

d. 架立筋（图2-123）。

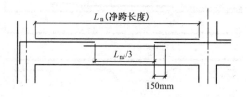

图 2-123　架立筋示意图

架立筋长 L = 本跨净跨长 – 左侧负筋伸出长度 – 右侧负筋伸出长度 + 2 × 搭接长度
搭接长度可按 150mm 计算。

e. 下部钢筋（图2-124）。

$$下部钢筋长 = \sum_{i=1}^{n}\left[L_n + 2 \times 锚固长度 （或 0.5h_c + 5d）\right]_i$$

f. 下部贯通筋（图2-125）。

图 2-124　框架梁下部钢筋示意图　　　　图 2-125　框架梁下部钢筋示意图

下部贯通筋长 L = 各跨长之和 – 左支座内侧宽 – 右支座内侧宽 + 锚固长度 + 搭接长度
式中锚固长度同上部贯通筋。

g. 梁侧面钢筋（图2-126）。

梁侧面钢筋长 L = 各跨长之和 – 左支座内侧宽 – 右支座内侧宽 + 锚固长度 + 搭接长度
说明：当为侧面构造钢筋时，搭接与锚固长度为 $15d$；当为侧面受扭纵向钢筋时，搭

接长度为 L_{lE} 或 L_l，其锚固长度为 L_{aE} 或 L_a，锚固方式同框架梁下部纵筋。

　　h. 拉筋（图 2-127）。

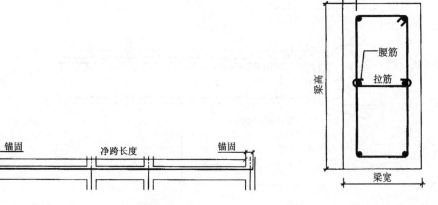

图 2-126　框架梁侧面钢筋示意图　　　　图 2-127　框架梁内拉筋示意图

当只勾住主筋时：

拉筋长度 $L = $ 梁宽 $- 2 \times$ 保护层 $+ 2 \times 1.9d + 2 \times \max(10d, 75\text{mm}) + 2d$

拉筋根数 $n = \left[(\text{梁净跨长} - 2 \times 50) / (\text{箍筋非加密间距} \times 2) \right] + 1$

i. 吊筋（图 2-128）。

吊筋长度 $L = 2 \times 20d (\text{锚固长度}) + 2 \times$ 斜段长度 $+$ 次梁宽度 $+ 2 \times 50$

说明：当梁高 $\leqslant 800\text{mm}$ 时，斜段长度 $= (\text{梁高} - 2 \times \text{保护层}) / \sin 45^\circ$；

当梁高 $> 800\text{mm}$ 时，斜段长度 $= (\text{梁高} - 2 \times \text{保护层}) / \sin 60^\circ$。

j. 箍筋（图 2-129）。

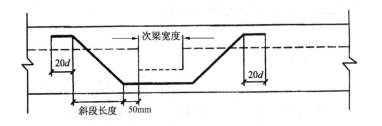

图 2-128　框架梁内吊筋示意图　　　图 2-129　框架梁
内箍筋示意图

箍筋长度 $L = 2 \times (\text{梁高} - 2 \times \text{保护层} + \text{梁宽} - 2 \times \text{保护层}) + 2 \times 11.9d + 4d$

箍筋根数 $n = 2 \times \left[(\text{加密区长度} - 50) / \text{加密区间距} \right] + 11$

$+ \left[(\text{非加密区长度} / \text{非加密区间距}) - 1 \right]$

说明：当为 1 级抗震时，箍筋加密区长度为 $\max(2 \times \text{梁高}, 500)$；

当为 2 ~ 4 级抗震时，箍筋加密区长度为 $\max(1.5 \times \text{梁高}, 500)$。

k. 屋面框架梁钢筋（图 2-130）。

屋面框架梁上部贯通筋和端支座负筋的锚固长度 $L = $ 柱宽 $-$ 保护层 $+$ 梁高 $-$ 保护层

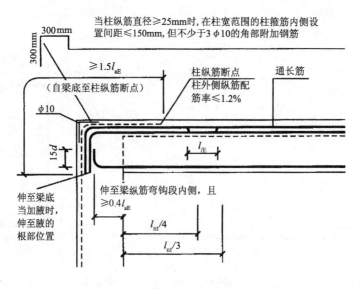

图 2-130 屋面框架梁钢筋示意图

1. 悬臂梁钢筋计算（图 2-131）。

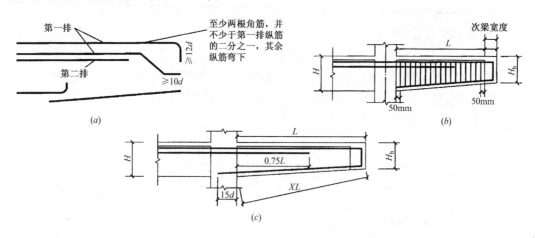

图 2-131 悬臂梁钢筋示意图

箍筋长度 $L = 2 \times [(H + H_b)/2 - 2 \times$ 保护层 $+$ 挑梁宽 $- 2 \times$ 保护层$] + 11.9d + 4d$

箍筋根数 $n = (L -$ 次梁宽 $- 2 \times 50)/$ 箍筋间距 $+ 1$

上部上排钢筋 $L = L_{ni}/3 +$ 支座宽 $+ L -$ 保护层 $+ \max\{(H_b - 2 \times$ 保护层$), 12d\}$

上部下排钢筋 $L = L_{ni}/4 +$ 支座宽 $+ 0.75L$

下部钢筋 $L = 15d + XL -$ 保护层

说明：不考虑地震作用时，当纯悬挑梁的纵向钢筋直锚长度 $\geq l_a$ 且 $\geq 0.5h_c + 5d$ 时，可不必上下弯锚；当直锚伸至对边仍不足 l_a 时，则应按图示弯锚；当直锚伸至对边仍不足 $0.45l_a$ 时，则应采用较小直径的钢筋。

当悬挑梁由屋面框架梁延伸出来时，其配筋构造应由设计者补充；当梁的上部设有第

3 排钢筋时，其延伸长度应由设计者注明。

【**例37**】根据图 2-132，计算 WKL2 框架梁钢筋工程量（柱截面尺寸为400mm×400mm，梁纵长钢筋为对焊连接）。

【**解**】上部贯通筋 L = 各跨长之和 - 左支座内侧宽 - 右支座内侧宽 + 锚固长度

$$\Phi 18: L = [(7.50 - 0.20 - 0.325) + (0.45 - 0.02 + 15 \times 0.018)$$
$$+ (0.40 - 0.02 + 15 \times 0.018)] \times 2$$
$$= (6.975 + 0.70 + 0.65) \times 2$$
$$= 16.65 \text{m}$$

端支座负筋 $L = L_{ni}/3 +$ 锚固长度

$$\Phi 16: L = [(7.50 - 0.20 - 0.325) \div 3 + (0.45 - 0.02 + 15 \times 0.016)]$$
$$\times 2 + [(7.50 - 0.20 - 0.325) \div 3 + (0.40 - 0.02 + 15 \times 0.016)] \times 1$$
$$= (2.325 + 0.67) \times 2 + (2.325 + 0.62) \times 1$$
$$= 8.94 \text{m}$$

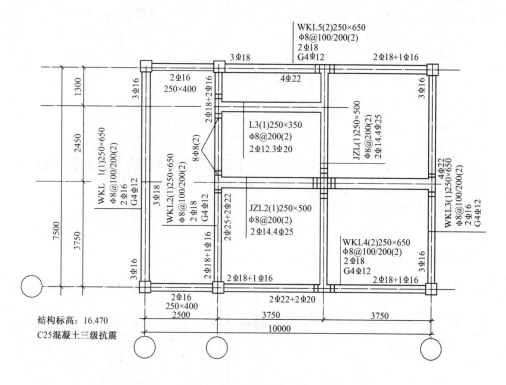

图 2-132　屋面梁平面整体配筋图（尺寸单位：mm）

下部钢筋 L = 净跨长 + 锚固长度

$$\Phi 25: L = [(7.5 - 0.20 - 0.325) + (0.45 - 0.02 + 15 \times 0.025)$$
$$+ (0.40 - 0.02 + 15 \times 0.025)] \times 2$$
$$= (6.975 + 0.805 + 0.755) \times 2$$
$$= 17.07 \text{m}$$

$$\Phi 22: L = [(7.50 - 0.20 - 0.325) + (0.45 - 0.02 + 15 \times 0.022)$$

$$+(0.40-0.02+15\times0.022)]\times2$$
$$=(6.975+0.76+0.71)\times2$$
$$=16.89\text{m}$$

箍筋长 $L=2\times$（梁宽$-2\times$保护层$+$梁高$-2\times$保护层）$+2\times11.9d+4d$

$\Phi8:L=2\times(0.25-0.02\times2+0.65-0.02\times2)+2\times11.9\times0.008+4\times0.008$
$$=1.86\text{m}$$

箍筋根数（取整）$n=2\times[($加密区长$-50)/$加密区间距
$$+($非加密区长/非加密区间距$)-1]+$支梁加密根数$$
$$n=2\times[(0.975-0.05)\div0.10+1]+[(7.50-0.20-0.325-0.975\times2)$$
$$\div0.20-1]+8\times2$$
$$=82\text{ 根}$$

箍筋长小计：$L=1.86\times82=152.52\text{m}$

WKL2 箍筋质量：

梁纵筋 $\Phi18:16.65\times2.00=33.30\text{kg}$

$\Phi16:8.94\times1.58=14.13\text{kg}$

$\Phi25:17.07\times3.85=65.72\text{kg}$

$\Phi22:16.89\times2.98=50.33\text{kg}$

箍筋 $\Phi8:152.52\times0.395=60.25\text{kg}$

钢筋质量小计：223.73kg

2）柱构件

平法柱钢筋主要是纵筋和箍筋两种形式，不同的部位有不同的构造要求。每种类型的柱，其纵筋都会分为基础、首层、中间层和顶层四个部分来设置。

①基础部位钢筋计算（图2-133）。

柱纵筋长 $L=$ 本层层高$-$下层柱钢筋外露长度 $\max(\geqslant H_n/6,\geqslant500,\geqslant$柱截面长边尺寸$)+$本层柱钢筋外露长度 $\max(\geqslant H_n/6,\geqslant500,\geqslant$柱截面长边尺寸$)+$搭接长度（对焊接时为0）

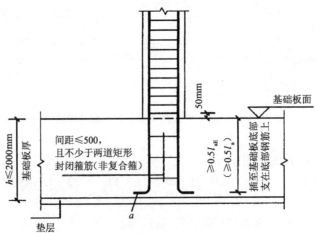

图2-133 柱插筋构造示意图

基础插筋 L = 基础高度 − 保护层 + 基础弯折 a（$\geqslant 150$）+ 基础钢筋外露长度 $H_n/3$（H_n 指楼层净高）+ 搭接长度（焊接时为0）

②首层柱钢筋计算（图2-134）

柱纵筋长度 = 首层层高 − 基础柱钢筋外露长度 $H_n/3$ + 本层柱钢筋外露长度 $\max$（$\geqslant H_n/6$，$\geqslant 500$，$\geqslant$柱截面长边尺寸）+ 搭接长度（焊接时为0）

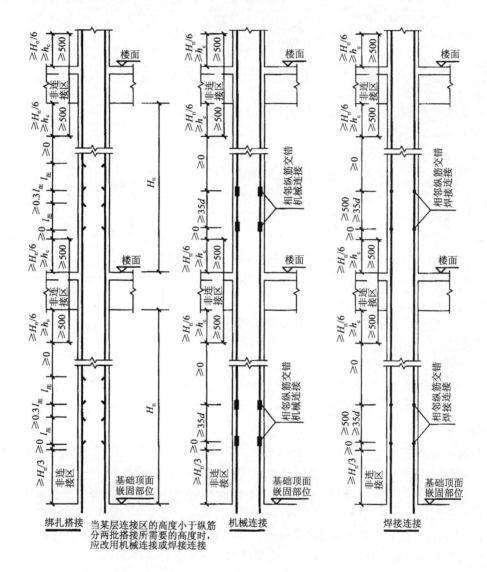

图2-134 框架柱钢筋示意图（尺寸单位：mm）

③中间柱钢筋计算

柱纵筋长 L = 本层层高 − 下层柱钢筋外露长度 $\max$（$\geqslant H_n/6$，$\geqslant 500$，$\geqslant$柱截面长边尺寸）+ 本层柱钢筋外露长度 $\max$（$\geqslant H_n/6$，$\geqslant 500$，$\geqslant$柱截面长边尺寸）+ 搭接长度（焊接时为0）

④顶层柱钢筋计算（图2-135）。

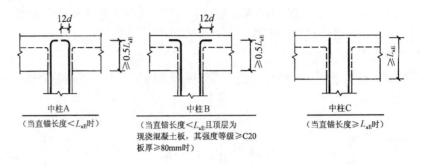

图 2-135　顶层柱钢筋示意图

柱纵筋长 L = 本层层高 - 下层柱钢筋外露长度$_{max}$（$\geqslant H_n/6$，$\geqslant 500$，$\geqslant$柱截面长边尺寸）- 屋顶节点梁高 + 锚固长度

锚固长度确定分为 3 种：

a. 当为中柱时，直锚长度 < L_{aE} 时，锚固长度 = 梁高 - 保护层 + 12d；当柱纵筋的直锚长度（即伸入梁内的长度）$\geqslant L_{aE}$ 时，锚固长度 = 梁高 - 保护层。

b. 当为边柱时，边柱钢筋分一面外侧锚固和三面内侧锚固。外侧钢筋锚固 $\geqslant 1.5 L_{aE}$，内侧钢筋锚固同中柱纵筋锚固（图 2-136）。

c. 当为角柱时，角柱钢筋分两面外侧和两面内侧锚固。

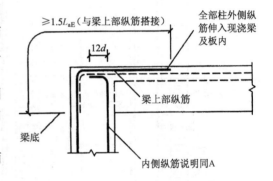

图 2-136　边柱、角柱钢筋示意图

⑤柱箍筋计算。

A. 柱箍筋根数计算。

基础层柱箍筋根数 n = 在基础内布置间距不少于 500 且不少于两道矩形封闭非复合箍的数量

底层柱箍筋根数 n =（底层柱根部加密区高度/加密区间距）+ 1 +（底层柱上部加密区高度/加密区间距）+ 1 +（底层柱中间非加密区高度/非加密区间距）- 1

楼底层柱箍筋根数 $n = \dfrac{\text{下部加密高度 + 上部加密高度}}{\text{加密区间距}} + 2 + \dfrac{\text{柱中间非加密区高度}}{\text{非加密区间距}} - 1$

B. 柱非复合箍筋长度计算（图 2-137）。

各种非复合箍筋长度计算如下（图中尺寸均已扣除保护层厚度）：

a. 1 号图矩形箍筋长：

$$L = 2 \times (a + b) + 2 \times \text{弯钩长} + 4d$$

b. 2 号图一字形箍筋长：

$$L = a + 2 \times \text{弯钩长} + d$$

c. 3 号图圆形箍筋长：

$$L = 3.1416 \times (a + d) + 2 \times \text{弯钩长} + \text{搭接长度}$$

d. 4 号图梯形箍筋长：

170

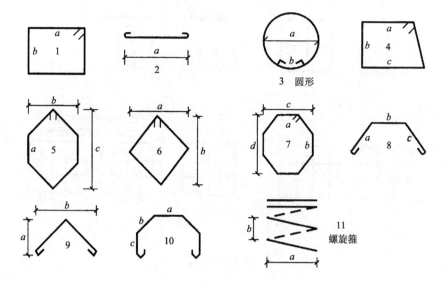

图 2-137　柱非复合箍筋形状示意图

$$L = a + b + c + \sqrt{(c-a)^2 + b^2} + 2 \times 弯钩长 + 4d$$

e. 5 号图六边形箍筋长：

$$L = 2 \times a + 2 \times \sqrt{(c-a)^2 + b^2} + 2 \times 弯钩长 + 6d$$

f. 6 号图平行四边形箍筋长：

$$L = 2 \times \sqrt{a^2 + b^2} + 2 \times 弯钩长 + 4d$$

g. 7 号图八边形箍筋长：

$$L = 2 \times (a + b) + 2 \times \sqrt{(c-a)^2 + (d-b)^2} + 2 \times 弯钩长 + 8d$$

h. 8 号图八字形箍筋长：

$$L = a + b + c + 2 \times 弯钩长 + 3d$$

i. 9 号图转角形箍筋长：

$$L = 2 \times \sqrt{a^2 + b^2} + 2 \times 弯钩长 + 2d$$

j. 10 号图门字形箍筋长：

$$L = a + 2(b + c) + 2 \times 弯钩长 + 5d$$

k. 11 号图螺旋形箍筋长：

$$L = \sqrt{[3.14 \times (a+b)]^2 + b^2} + (柱高 \div 螺距 \, b)$$

⑥柱复合箍筋长度计算（图2-138）。

a. 3×3 箍筋长：

外箍筋长 $L = 2 \times (b + h) - 8 \times 保护层 + 2 \times 弯钩长 + 4d$

内一字箍筋长 $= (h - 2 \times 保护层 + 2 \times 弯钩长 + d) + (b - 2 \times 保护层 + 2 \times 弯钩长 + d)$

b. 4×3 箍筋长：

外箍筋长 $L = 2 \times (b + h) - 8 \times 保护层 + 2 \times 弯钩长 + 4d$

内矩形箍筋长 $L = [(b - 2 \times 保护层 - D) \div 3 + D] \times 2 + (h - 2 \times 保护层) \times 2 + 2 \times 弯钩长 + 4d$

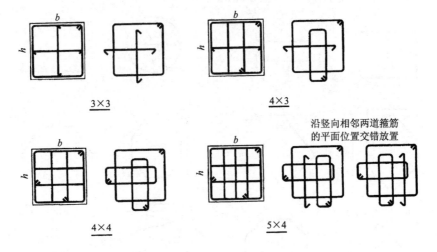

沿竖向相邻两道箍筋
的平面位置交错放置

图 2-138　柱复合箍筋形状示意图

式中　D——纵筋直径。

内一字箍筋长 $L = b - 2 \times 保护层 + 2 \times 弯钩长 + d$

c. 4×4 箍筋长：

外箍筋长 $L = 2 \times (b + h) - 8 \times 保护层 + 2 \times 弯钩长 + 4d$

内矩形箍筋长 $L_1 = [(b - 2 \times 保护层 - D) \div 3 + D + d + h - 2 \times 保护层 + d]$
$$\times 2 + 2 \times 弯钩长$$

内矩形箍筋长 $L_2 = [(h - 2 \times 保护层 - D) \div 3 + D + d + b - 2 \times 保护层 + d]$
$$\times 2 + 2 \times 弯钩长$$

d. 5×4 箍筋长：

外箍筋长 $L = 2 \times (b + h) - 8 \times 体护层 + 2 \times 弯钩长 + 4d$

内矩形箍筋长 $L_1 = [(b - 2 \times 保护层 - D) \div 4 + D + d + h - 2 \times 保护层 + d]$
$$\times 2 + 2 \times 弯钩长$$

内矩形箍筋长 $L_2 = [(h - 2 \times 保护层 - D) \div 3 + D + d + b - 2 \times 保护层 + d]$
$$\times 2 + 2 \times 弯钩长$$

内一字箍筋长 $L = h - 2 \times 保护层 + 2 \times 弯钩长 + d$

【例 38】根据图 2-139，计算ⓒ轴与②轴相交的 KZ4 框架柱的钢筋工程量。

柱纵筋为对焊连接，柱本层高 3.90m，上层层高 3.60m。

【解】中间层柱钢筋长 $L = 本层层高 - 下层柱钢筋外露长度 \max$（$\geqslant H_n/6$，$\geqslant 500$，$\geqslant$柱截面长边尺寸）$+ 本层柱钢筋外露长度 \max$（$\geqslant H_n/6$，$\geqslant 500$，$\geqslant$柱截面长边尺寸）$+ 搭接长度$（对焊接时为 0）

$$\Phi 20:L = [3.90 - (3.90 - 梁高 0.25) \div 6 + (3.60 - 梁高 0.25) \div 6] \times 8$$
$$= [(3.90 - 0.61) + 0.56] \times 8$$
$$= 30.80m$$

$$\Phi 16:L = 3.85 \times 2 = 7.70m$$

六边形箍筋长 $L = 2 \times a + 2 \times \sqrt{(c - a)^2 + b^2} + 2 \times 弯钩长 + 6d$

172

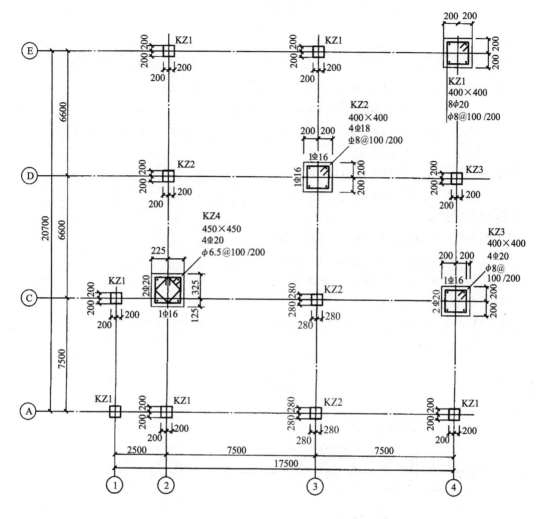

图 2-139　三层柱平面整体配筋图（尺寸单位：mm）
注：本层编号仅用于本层，标高：8.970m，层高：3.90m，C25 混凝土三级抗震

图 2-140 中：

$$a = (0.45 - 0.02 \times 2) \div 3 = 0.14\text{m}$$
$$b = 0.45 - 0.02 \times 2 = 0.41\text{m}$$
$$c = 0.45 - 0.02 \times 2 = 0.41\text{m}$$

六边形 $\Phi6.5$：$L = 2 \times 0.14 + 2 \times \sqrt{(0.14 - 0.14)^2 + 0.41^2} + 2$
$\qquad \times (0.075 + 1.9 \times 0.0065) + 6 \times 0.0065$
$\qquad = 0.28 + 2 \times 0.49 + 0.17 + 0.04$
$\qquad = 1.47\text{m}$

矩形箍筋长 $L = 2 \times ($柱长边 $- 2 \times$保护层 $+$柱短边 $- 2 \times$保护层$)$
$\qquad + 2 \times$弯钩长 $+ 4d$

$\Phi6.5$：$L = 2 \times (0.45 - 2 \times 0.02 + 0.45 - 2 \times 0.02) + 2$

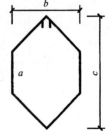

图 2-140　六边形箍筋

173

$$\times \, (\, 0.\, 075 + 1.\, 9 \times 0.\, 0065\,) + 4 \times 0.\, 0065$$

$$= 1.\, 90 \text{m}$$

$$\text{箍筋根数(取整数)}n = \frac{\text{柱下部加密区高度} + \text{上部加密区高度}}{\text{加密区间距}} + 2 + \frac{\text{柱中间非加密区高度}}{\text{非加密区间距}} - 1$$

柱箍筋根数：$n = [\,(3.\, 90 - 0.\, 25\,) \div 6 \times 2 + \text{梁高} \, 0.\, 25\,] \div 0.\, 10 + 2 + [\,(3.\, 90 - 0.\, 25\,)$

$$- (3.\, 90 - 0.\, 25\,) \div 6 \times 2\,] \div 0.\, 20 - 1$$

$$= (0.\, 61 \times 2 + 0.\, 25\,) \div 0.\, 10 + 2 + (3.\, 65 - 0.\, 61 \times 2\,) \div 0.\, 20 - 1$$

$$= 29 \text{ 根}$$

箍筋长小计：$L = (1.\, 47 + 1.\, 90\,) \times 29$

$$= 97.\, 73 \text{m}$$

KZ4 钢筋质量：

柱纵筋 Φ20：30.\, 80m × 2.\, 47kg/m = 76.\, 08kg

Φ18：7.\, 70m × 2.\, 00kg/m = 15.\, 40kg

Φ6.\, 5：97.\, 73 × 0.\, 26kg/m = 25.\, 41kg

钢筋质量小计：116.\, 89kg。

【例39】 根据图 2-141，计算Ⓑ轴与②轴相交的 KZ3 框架柱钢筋工程量（柱纵筋为对焊连接，本层层高 3.\, 60m）。

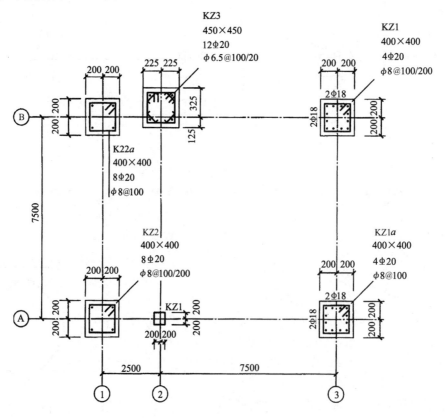

图 2-141 顶层柱平面整体配筋图（尺寸单位：mm）

注：本层编号仅用于本层。标高：12.\, 870，层高 3.\, 60，C25 混凝土三级抗震

【解】顶层柱钢筋长:L=本层层高－下层柱钢筋外露长度$_{max}$（$\geqslant H_n/6$，$\geqslant 500$，$\geqslant$柱截面长边尺寸）－屋顶节点梁高＋锚固长度

$$\Phi 20:L=[3.60-(3.60-0.25)\div 6-0.25+(0.25-0.02+12\times 0.02)]$$
$$\times 8+[3.60-(3.60-0.25)\div 6-0.25+1.5\times 35\times 0.02]\times 4$$
$$=(2.792+0.47)\times 8+3.842\times 4$$
$$=41.46m$$

六边形箍筋长 L 计算同上例，即 $\Phi 6.5:L=1.47m$

矩形箍筋长 L 计算同上例，即$\Phi 6.5:L=1.90m$

箍筋根数（取整数）n 计算同上例，即:

$$n=[(3.60-0.25)\div 6\times 2+0.25]\div 0.10+2+[(3.60-0.25)$$
$$-(3.60-0.25)\div 6\times 2]\div 0.20-1$$
$$=27\ 根$$

箍筋长小计:$L=(1.47+1.90)\times 27=90.99m$

KZ3 钢筋质量:

柱纵筋 $\Phi 20:41.46\times 2.47=102.41kg$

箍筋 $\Phi 6.5:90.99\times 0.26=23.66kg$

钢筋质量小计:126.07kg。

3）板构件

①板中钢筋计算

板底受力钢筋长 L=板跨净长＋两端锚固$_{max}$（1/2 梁宽，$5d$）（当为梁、剪力墙、圈梁时）；max（120，h，墙厚12）（当为砌体墙时）

板底受力钢筋根数 n=（板跨净长－2×50）÷布置间距＋1

板面受力钢筋长 L=板跨净长＋两端锚固

板面受力钢筋根数 n=（板跨净长－2×50）÷布置间距＋1

说明:板面受力钢筋在端支座的锚固,结合平法和施工实际情况,大致有以下三种构造:

a. 端支座为砌体墙:$0.35l_{ab}+15d$；

b. 端部支座为剪力墙:$0.4l_{ab}+15d$；

c. 端支座为梁时:$0.6l_{ab}+15d$。

②板负筋计算（图2-142）

板边支座负筋长 L=左标注（右标注）＋左弯折（右弯折）＋锚固长度（同板面钢筋锚固取值）

板中间支座负筋长 L=左标注＋右标注＋左弯折＋右弯折＋支座宽度

③板负筋分布钢筋计算。

中间支座负筋分布钢筋长 L=净跨－两侧负筋标注之和＋2×300（根据图纸实际情况）

中间支座负筋分布钢筋数量 n=（左标注－50）÷分布筋间距＋1＋（右标注－50）÷分布筋间距＋1

【例40】根据图2-143，计算屋面板Ⓐ—Ⓒ轴到①—②轴范围的部分钢筋工程量。

【解】板底钢筋:L=板跨净长＋两端锚固 max（1/2 梁宽，$5d$）

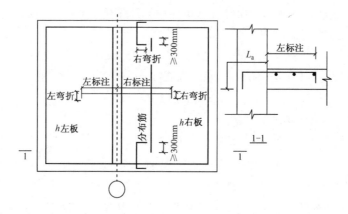

图 2-142 板支座负筋、分布筋示意图

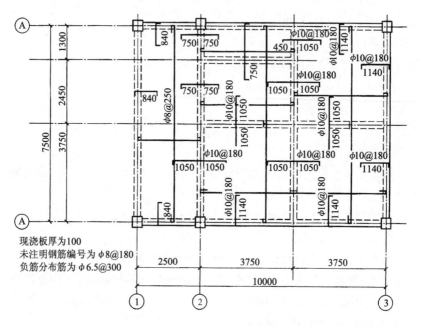

图 2-143 屋面配筋图 (尺寸单位: mm)

注: 屋面结构标高: 16.470, C25 混凝土三级抗震

$\phi 8$ 长筋: $L = 7.50 - 0.25 + 0.25 + 2 \times 6.25 \times 0.008$

弯钩

$\qquad = 7.60\text{m}$

长筋根数 (取整): $n = ($ 板净跨长 $- 2 \times 50) \div$ 间距 $+ 1$

$\qquad = (2.50 - 0.25 - 2 \times 0.05) \div 0.25 + 1$

$\qquad = 10$ 根

$\phi 8$ 短筋: $L = 2.50 - 0.25 + 0.25 + 2 \times 6.25 \times 0.008$

$\qquad = 2.60\text{m}$

短筋根数 (取整): $n = (7.5 - 0.25 - 2 \times 0.05) \div 0.18 + 1$

$$=41 \text{ 根}$$

②轴负筋: L = 右标注 + 右弯折 + 锚固长度

$\Phi 8: L = 0.84 + (0.10 - 2 \times 0.015) + 0.6 \times 36 \times 0.008 + 15 \times 0.008$

$\qquad = 1.16 \text{m}$

①轴负筋根数(取整): $n = [\text{板长(宽)} - 2 \times \text{保护层}] \div \text{间距} + 1$

$\qquad = (7.5 - 0.25 - 2 \times 0.015) \div 0.18 + 1$

$\qquad = 42 \text{ 根}$

钢筋质量小计: $(7.60 \times 10 + 2.60 \times 41 + 1.16 \times 42) \times 0.395 = 91.37 \text{kg}$

2.10.5 铁件工程量

钢筋混凝土构件预埋铁件工程量, 按设计图示尺寸, 以吨计算。

【例41】根据图2-144, 计算5根预制柱的预埋件工程量。

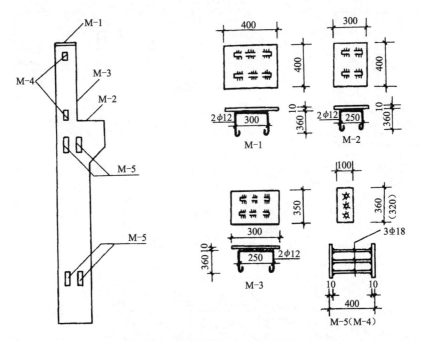

图2-144 钢筋混凝土预制柱预埋件

【解】(1)每根柱预埋件工程量

M-1: 钢板: $0.4 \times 0.4 \times 78.5 \text{kg/m}^2 = 12.56 \text{kg}$

$\qquad \Phi 12: 2 \times (0.30 + 0.36 \times 2 + 12.5 \times 0.012) \times 0.888 \text{kg/m} = 2.08 \text{kg}$

M-2: 钢板: $0.3 \times 0.4 \times 78.5 \text{kg/m}^2 = 9.42 \text{kg}$

$\qquad \Phi 12: 2 \times (0.25 + 0.36 \times 2 + 12.5 \times 0.012) \times 0.888 \text{kg/m} = 1.99 \text{kg}$

M-3: 钢板: $0.3 \times 0.35 \times 78.5 \text{kg/m}^2 = 8.24 \text{kg}$

$\qquad \Phi 12: 2 \times (0.25 + 0.36 \times 2 + 12.5 \times 0.012) \times 0.888 \text{kg/m} = 1.99 \text{kg}$

M-4: 钢板: $2 \times 0.1 \times 0.32 \times 2 \times 78.5 \text{kg/m}^2 = 10.05 \text{kg}$

$\qquad \Phi 18: 2 \times 3 \times 0.38 \times 2.00 \text{kg/m} = 4.56 \text{kg}$

M-5：钢板：$4 \times 0.1 \times 0.36 \times 2 \times 78.5 kg/m^2 = 22.61kg$

$\Phi 18$：$4 \times 3 \times 0.38 \times 2.00kg/m = 9.12kg$

小计：82.62kg

（2）5 根柱预埋铁件工程量

$$82.62 \times 5 \ 根 = 413.1kg = 0.413t$$

2.10.6 现浇混凝土工程量

（一）计算规定

混凝土工程量除另有规定者外，均按图示尺寸实体体积以立方米计算。不扣除构件内钢筋、预埋铁件及墙、板中 $0.3m^2$ 内的孔洞所占体积。

（二）基础（图 2-145 ~ 图 2-149）

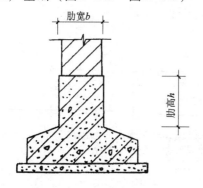

图 2-145　有肋带形基础示意图
$h/b > 4$ 时，肋按墙计算

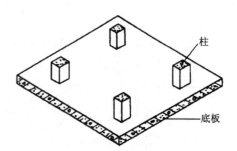

图 2-146　板式（筏形）满堂基础示意图

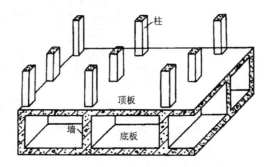

图 2-147　箱形满堂基础示意图

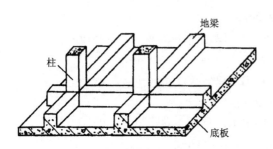

图 2-148　梁板式满堂基础

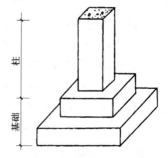

图 2-149　钢筋混凝土独立基础

178

（1）有肋带形混凝土基础（图2-145），其肋高与肋宽之比在4:1以内的，按有肋带形基础计算；超过4:1时，其基础底板按板式基础计算，以上部分按墙计算。

（2）箱形满堂基础应分别按无梁式满堂基础、柱、墙、梁、板有关规定计算，套相应定额项目（图2-147）。

（3）设备基础除块体外，其他类型设备基础分别按基础、梁、柱、板、墙等有关规定计算，套相应的定额项目。

（4）独立基础

钢筋混凝土独立基础与柱在基础上表面分界，见图2-149。

【例42】根据图2-150计算3个钢筋混凝土独立柱基工程量。

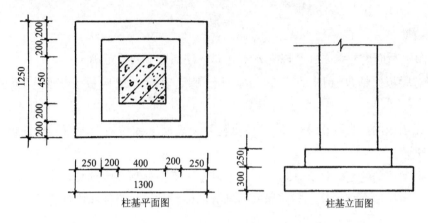

图2-150　柱基示意图

【解】$V = [1.30 \times 1.25 \times 0.30 + (0.2 + 0.4 + 0.2) \times (0.2 + 0.45 + 0.2) \times 0.25] \times 3$ 个
$= (0.488 + 0.170) \times 3$
$= 1.97\text{m}^3$

（5）杯形基础

现浇钢筋混凝土杯形基础（见图2-151）的工程量分四个部分计算：

①底部立方体；②中部棱台体；③上部立方体；④最后扣除杯口空心棱台体。

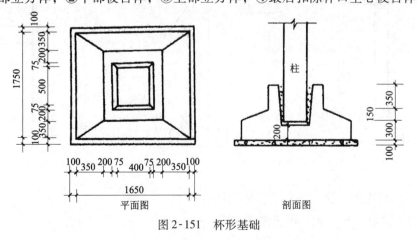

图2-151　杯形基础

【例43】根据图2-151计算现浇钢筋混凝土杯形基础工程量。

【解】V=下部立方体+中部棱台体+上部立方体−杯口空心棱台体

$$= 1.65 \times 1.75 \times 0.30 + \frac{1}{3} \times 0.15 \times [1.65 \times 1.75 + 0.95 \times 1.05 +$$

$$\sqrt{(1.65 \times 1.75) \times (0.95 \times 1.05)}] + 0.95 \times 1.05 \times 0.35 - \frac{1}{3} \times (0.8 - 0.2) \times$$

$$[0.4 \times 0.5 + 0.55 \times 0.65 + \sqrt{(0.4 \times 0.5) \times (0.55 \times 0.65)}]$$

$$= 0.866 + 0.279 + 0.349 - 0.165$$

$$= 1.33 \mathrm{m}^3$$

（三）柱

柱按图示断面尺寸乘以柱高以立方米计算。柱高按下列规定确定：

（1）有梁板的柱高（图2-152），应自柱基上表面（或楼板上表面）至柱顶高度计算。

（2）无梁板的柱高（图2-153），应自柱基上表面（或楼板上表面）至柱帽下表面之间的高度计算。

（3）框架柱的柱高（图2-154）应自柱基上表面至柱顶高度计算。

（4）构造柱按全高计算，与砖墙嵌接部分的体积并入柱身体积内计算。

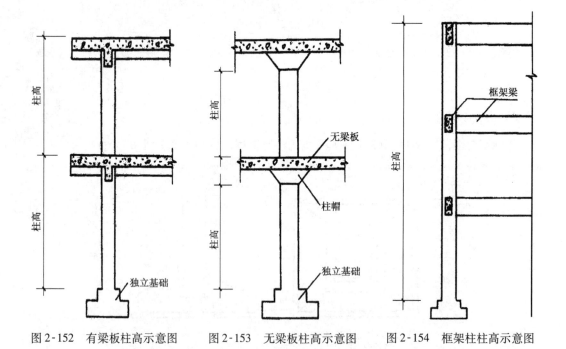

图2-152 有梁板柱高示意图 图2-153 无梁板柱高示意图 图2-154 框架柱柱高示意图

（5）依附柱上的牛腿，并入柱身体积计算。

构造柱的形状、尺寸示意图见图2-155~图2-157。

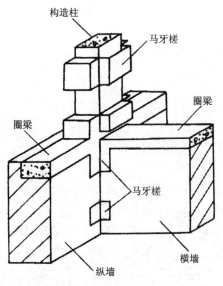

图 2-155 构造柱与砖墙嵌接部分体积
（马牙槎）示意图

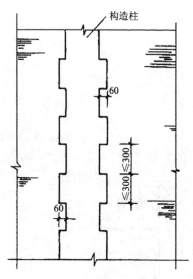

图 2-156 构造柱立面示意图

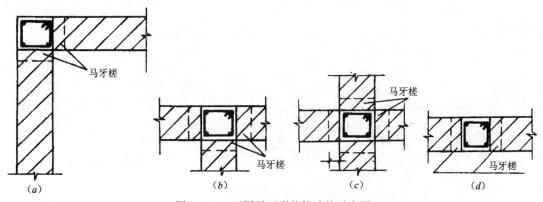

图 2-157 不同平面形状构造柱示意图
（a）90°转角；（b）T形接头；（c）十字形接头；（d）一字形

构造柱体积计算公式：

当墙厚为 240 时：

$$V = 构造柱高 \times (0.24 \times 0.24 + 0.03 \times 0.24 \times 马牙槎边数)$$

【例44】根据下列数据计算构造柱体积。

90°转角形：墙厚 240，柱高 12.0m

T 形接头：墙厚 240，柱高 15.0m

十字形接头：墙厚 365，柱高 18.0m

一字形：墙厚 240，柱高 9.5m

【解】（1）90°转角

$$V = 12.0 \times (0.24 \times 0.24 + 0.03 \times 0.24 \times 2 \; 边)$$
$$= 0.864 \text{m}^3$$

（2）T 形

$$V = 15.0 \times (0.24 \times 0.24 + 0.03 \times 0.24 \times 3\,\text{边})$$
$$= 1.188 \text{m}^3$$

（3）十字形
$$V = 18.0 \times (0.365 \times 0.365 + 0.03 \times 0.365 \times 4\,\text{边})$$
$$= 3.186 \text{m}^3$$

（4）一字形
$$V = 9.5 \times (0.24 \times 0.24 + 0.03 \times 0.24 \times 2\,\text{边})$$
$$= 0.684 \text{m}^3$$

小计：$0.864 + 1.188 + 3.186 + 0.684 = 5.92 \text{m}^3$

（四）梁（图2-158~图2-160）

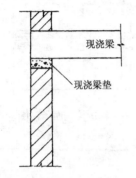

图2-158　现浇梁垫并入现浇梁
体积内计算示意图

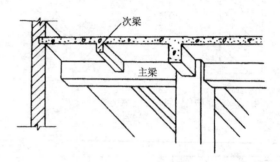

图2-159　主梁、次梁示意图

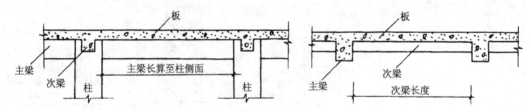

图2-160　主梁、次梁计算长度示意图

梁按图示断面尺寸乘以梁长以立方米计算，梁长按下列规定确定：

（1）梁与柱连接时，梁长算至柱侧面；

（2）主梁与次梁连接时，次梁长算至主梁侧面；

（3）伸入墙内梁头、梁垫体积并入梁体积内计算。

（五）板

现浇板按图示面积乘以板厚以立方米计算。

（1）有梁板包括主、次梁与板，按梁板体积之和计算。

（2）无梁板按板和柱帽体积之和计算。

（3）平板按板实体积计算。

（4）现浇挑檐、天沟与板（包括屋面板、楼板）连接时，以外墙为分界线，与圈梁（包括其他梁）连接时，以梁外边线为分界线。外墙边线以外或梁外边线以外为挑檐、天沟（图2-161）。

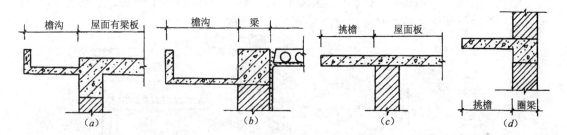

图 2-161　现浇挑檐天沟与板、梁划分
(a) 屋面檐沟；(b) 屋面檐沟；(c) 屋面挑檐；(d) 挑檐

（5）各类板伸入墙内的板头并入板体积内计算。

（六）墙

现浇钢筋混凝土墙按图示中心线长度乘以墙高及厚度，以立方米计算。应扣除门窗洞口及 $0.3m^2$ 以外孔洞的体积，墙垛及突出部分并入墙体积内计算。

（七）整体楼梯

现浇钢筋混凝土整体楼梯，包括休息平台、平台梁、斜梁及楼梯的连接梁，按水平投影面积计算，不扣除宽度小于 500mm 的楼梯井，伸入墙内部分不另增加。

说明：平台梁、斜梁比楼梯板厚，好像少算了；不扣除宽度小于 500mm 楼梯井，好像多算了；伸入墙内部分不另增加等等。这些因素在编制定额时已经作了综合考虑。

【例45】某工程现浇钢筋混凝土楼梯（见图2-162）包括休息平台至平台梁，试计算该楼梯工程量（建筑物4层，共3层楼梯）。

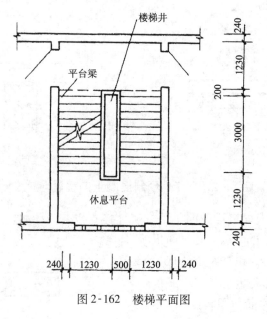

图2-162　楼梯平面图

【解】
$$S = (1.23 + 0.50 + 1.23) \times (1.23 + 3.00 + 0.20) \times 3$$
$$= 2.96 \times 4.43 \times 3 = 13.113 \times 3 = 39.34 m^2$$

（八）阳台、雨篷（悬挑板）

阳台、雨篷（悬挑板），按伸出外墙的水平投影面积计算，伸出外墙的牛腿不另计算。带反挑檐的雨篷按展开面积并入雨篷内计算。各示意图见图2-163、图2-164。

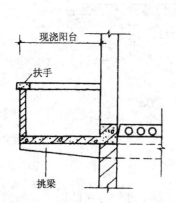

图2-163　有现浇挑梁的现浇阳台

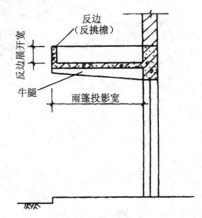

图2-164　带反边雨篷示意图

（九）栏杆、栏板

栏杆按净长度以延长米计算。伸入墙内的长度已综合在定额内。栏板以立方米计算，伸入墙内的栏板，合并计算。

（十）预制板

预制板补现浇板缝时，按平板计算。

（十一）预制钢筋混凝土框架柱现浇接头（包括梁接头）

按设计规定断面和长度以立方米计算。

（十二）现浇叠合板、梁

示意见图2-165、图2-166。

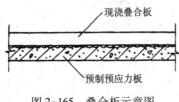

图2-165　叠合板示意图

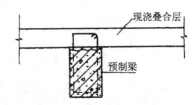

图2-166　叠合梁示意图

2.10.7　预制混凝土工程量

（一）预制混凝土工程量均按图示尺寸实体体积以立方米计算，不扣除构件内钢筋、铁件及小于300mm×300mm以内孔洞面积。

【例46】根据图2-167计算20块YKB—3364预应力空心板的工程量。

【解】V＝空心板净断面积×板长×块数

$$= \left[0.12 \times (0.57 + 0.59) \times \frac{1}{2} \right.$$

$$\left. - 0.7854 \times (0.076)^2 \times 6 \right] \times 3.28 \times 20$$

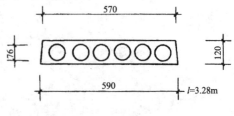

图2-167　YKB—3364预应力空心板

$$= (0.0696 - 0.0272) \times 3.28 \times 20$$
$$= 0.0424 \times 3.28 \times 20 = 2.78\text{m}^3$$

【例47】根据图2-168计算18块预制天沟板的工程量。

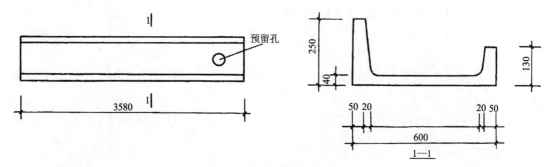

图2-168　预制天沟板

【解】$V = $ 断面积 × 长度 × 块数

$$= \left[(0.05 + 0.07) \times \frac{1}{2} \times (0.25 - 0.04) + 0.60 \times 0.04 + \right.$$

$$\left. (0.05 + 0.07) \times \frac{1}{2} \times (0.13 - 0.04) \right] \times 3.58 \times 18 \text{块}$$

$$= 0.150 \times 18 = 2.70\text{m}^3$$

【例48】根据图2-169计算6根预制工字形柱的工程量。

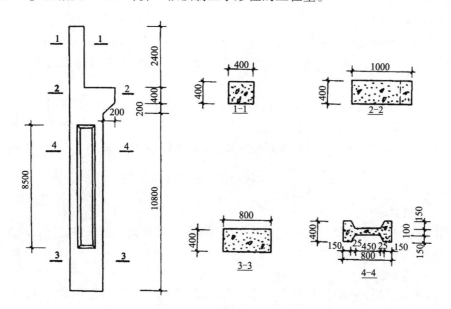

图2-169　预制工字形柱

【解】$V = ($上柱体积 + 牛腿部分体积 + 下柱外形体积 − 工字形槽口体积$) \times$ 根数

$$= \left\{ (0.40 \times 0.40 \times 2.40) + \left[0.40 \times (1.0 + 0.80) \times \frac{1}{2} \times 0.20 + \right. \right.$$

185

$$\left.\begin{array}{l} 0.40 \times 1.0 \times 0.40 \end{array}\right] + (10.8 \times 0.80 \times 0.40) -$$

$$\left.\frac{1}{2} \times (8.5 \times 0.50 + 8.45 \times 0.45) \times 0.15 \times 2 \,边\right\} \times 6 \,根$$

$$= (0.384 + 0.232 + 3.456 - 1.208) \times 6$$

$$= 2.864 \times 6$$

$$= 17.18 m^3$$

（二）预制桩按桩全长（包括桩尖）乘以桩断面（空心桩应扣除孔洞体积）以立方米计算。

（三）混凝土与钢杆件组合的构件，混凝土部分按构件实体积以立方米计算，钢构件部分按吨计算，分别套相应的定额项目。

2.10.8　固定用支架等

固定预埋螺栓、铁件的支架，固定双层钢筋的铁马凳、垫铁件，按审定的施工组织设计规定计算，套用相应定额项目。

2.10.9　构筑物钢筋混凝土工程量

（一）一般规定

构筑物混凝土除另有规定者外，均按图示尺寸扣除门窗洞口及 $0.3 m^2$ 以外孔洞所占体积以实体体积计算。

（二）水塔

（1）筒身与槽底以槽底连接的圈梁底为界，以上为槽底，以下为筒身。

（2）筒式塔身及依附于筒身的过梁、雨篷、挑檐等，并入筒身体积内计算；柱式塔身，柱、梁合并计算。

（3）塔顶包括顶板和圈梁，槽底包括底板挑出的斜壁板和圈梁等合并计算。

（三）贮水池不分平底、锥底、坡底，均按池底计算；壁基梁、池壁不分圆形壁和矩形壁，均按池壁计算；其他项目均按现浇混凝土部分相应项目计算。

2.10.10　钢筋混凝土构件接头灌缝

（一）一般规定

钢筋混凝土构件接头灌缝，包括构件坐浆、灌缝、堵板孔、塞板梁缝等，均按预制钢筋混凝土构件实体积以立方米计算。

（二）柱的灌缝

柱与柱基的灌缝，按首层柱体积计算；首层以上柱灌缝，按各层柱体积计算。

（三）空心板堵孔

空心板堵孔的人工、材料，已包括在定额内；如不堵孔时，每 $10 m^3$ 空心板体积应扣除 $0.23 m^3$ 预制混凝土块和 2.2 个工日。

2.11　门窗及木结构工程量计算

2.11.1　一般规定

各类门、窗制作、安装工程量均按门、窗洞口面积计算。

（一）门、窗盖口条、贴脸、披水条，按图示尺寸以延长米计算，执行木装修项目（图2-170）。

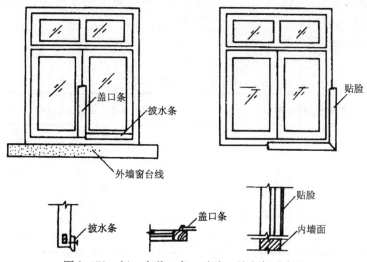

图2-170　门、窗盖口条、贴脸、披水条示意图

（二）普通窗上部带有半圆窗（图2-171）的工程量，应分别按半圆窗和普通窗计算。其分界线以普通窗和半圆窗之间的横框上裁口线为分界线。

（三）门窗扇包镀锌铁皮，按门、窗洞口面积以平方米计算（图2-172）；门窗框包镀锌铁皮，钉橡皮条、钉毛毡按图示门窗洞口尺寸以延长米计算。

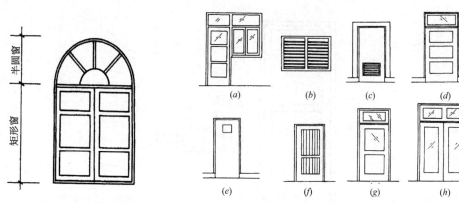

图2-171　带半圆窗示意图　　　图2-172　各种门窗示意图
(a) 门带窗；(b) 固定百叶窗；(c) 半截百叶门；(d) 带亮子镶板门；
(e) 带观察窗胶合板门；(f) 拼板门；(g) 半玻门；(h) 全玻门

2.11.2 套用定额的规定

（一）木材木种分类

全国统一建筑工程基础定额将木材分为以下四类：

一类：红松、水桐木、樟子松。

二类：白松（方杉、冷杉）、杉木、杨木、柳木、椴木。

三类：青松、黄花松、秋子木、马尾松、东北榆木、柏木、苦楝木、梓木、黄菠萝、椿木、楠木、柚木、樟木。

四类：栎木（柞木）、檀木、色木、槐木、荔木、麻栗木（麻栎、青杠）、桦木、荷木、水曲柳、华北榆木。

（二）板、枋材规格分类（表2-31）

板、枋材规格分类表 表2-31

项目	按宽厚尺寸比例分类	按板材厚度、枋材宽与厚乘积分类			
板材	宽≥3×厚	名　称	薄　板	中　板	厚　度	特厚板
		厚度（mm）	<18	19~35	36~65	≥66
枋材	宽<3×厚	名　称	小　枋	中　枋	大　枋	特大枋
		宽×厚（cm²）	<54	55~100	101~225	≥226

（三）门窗框扇断面的确定及换算

（1）框扇断面的确定

定额中所注明的木材断面或厚度均以毛料为准。如设计图纸注明的断面或厚度为净料时，应增加刨光损耗；板、枋材一面刨光增加3mm；两面刨光增加5mm。

【例49】根据图2-173中门框断面的净尺寸计算含刨光损耗的毛断面。

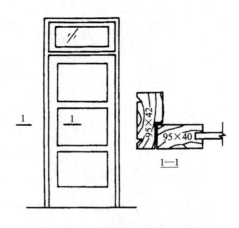

图2-173 木门框扇断面示意图

【解】 门框毛断面 $=(9.5+0.5)\times(4.2+0.3)=45cm^2$

门扇毛断面 $=(9.5+0.5)\times(4.0+0.5)=45cm^2$

（2）框扇断面的换算

当图纸设计的木门窗框扇断面与定额规定不同时，应按比例换算。框断面以边框断面为准（框裁口如为钉条者加贴条的断面）；扇断面以主梃断面为准。

框扇断面不同时的定额材积换算公式：

$$换算后材积 = \frac{设计断面（加刨光损耗）}{定额断面}\times 定额材积$$

【例50】 某工程的单层镶板门框的设计断面为 $60mm\times115mm$（净尺寸），查定额框断面 $60mm\times100mm$（毛料），定额枋材料用量 $2.037m^3/100m^2$，试计算按图纸设计的门框枋材耗用量。

【解】

$$换算后体积 = \frac{设计断面}{定额断面}\times 定额材积$$

$$=\frac{63\times120}{60\times100}\times 2.037$$

$$=2.567m^3/100m^2$$

2.11.3　铝合金门窗等

铝合金门窗制作、安装，铝合金、不锈钢门窗、彩板组角钢门窗、塑料门窗、钢门窗安装，均按设计门窗洞口面积计算。

2.11.4　卷　闸　门

卷闸门安装按洞口高度增加 $600mm$ 乘以门实际宽度以平方米计算。电动装置安装以套计算，小门安装以个计算。

【例51】 根据图 2-174 所示尺寸计算卷闸门工程量。

【解】
$$S=3.20\times(3.60+0.60)$$
$$=3.20\times 4.20$$
$$=13.44m^2$$

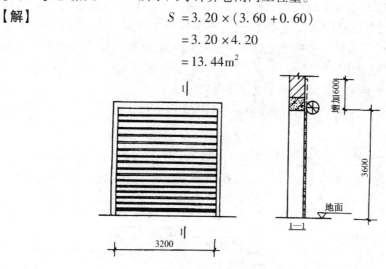

图 2-174　卷闸门示意图

2.11.5　包门框、安附框

不锈钢片包门框，按框外表面面积以平方米计算。

彩板组角钢门窗附框安装，按延长米计算。

2.11.6　木 屋 架

1. 木屋架制作安装均按设计断面竣工木料以立方米计算，其后备长度及配制损耗均不另行计算。

2. 方木屋架一面刨光时增加 3mm，两面刨光时增加 5mm，圆木屋架按屋架刨光时木材体积每立方米增加 0.05m³ 计算。附属于屋架的夹板、垫木等已并入相应的屋架制作项目中，不另计算；与屋架连接的挑檐木（附木）、支撑等，其工程量并入屋架竣工木料体积内计算。

3. 屋架的制作安装应区别不同跨度，其跨度应以屋架上下弦杆的中心线交点之间的长度为准。带气楼的屋架并入所依附屋架的体积内计算。

4. 屋架的马尾、折角和正交部分半屋架（图 2-175），应并入相连接屋架的体积内计算。

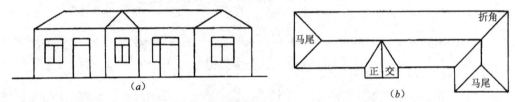

图 2-175　屋架的马尾、折角和正交示意图

(a) 立面图；(b) 平面图

5. 钢木屋架区分圆木、方木，按竣工木料以立方米计算。

6. 圆木屋架连接的挑檐木、支撑等如为方木时，其方木部分应乘以系数 1.7 折合成圆木并入屋架竣工木料内；单独的方木挑檐，按矩形檩木计算。

7. 屋架杆件长度系数表

木屋架各杆件长度可用屋架跨度乘以杆件长度系数计算。杆件长度系数见表 2-32。

8. 圆木材积是根据尾径计算的，国家标准《原木材积表》（GB 4814—2013）规定了原木材积的计算方法和计算公式。在实际工作中，一般都采取查表的方式来确定圆木屋架的材积。

标准规定，检尺径自 4～12cm 的小径原木材积由公式

$$V = 0.7854L(D + 0.45L + 0.2)^2 \div 10000$$

确定。

检尺径自 14cm 以上原木材积由公式

$$V = 0.7854L[D + 0.5L + 0.005L^2 + 0.000125L(14 - L)^2(D - 10)]^2 \div 10000$$

确定。

式中　V——材积（m³）；

　　　L——检尺长（m）；

　　　D——检尺径（cm）。

表 2-32

屋架杆件长度系数表

屋架形式	角度	1	2	3	4	5	6	7	8	9	10	11
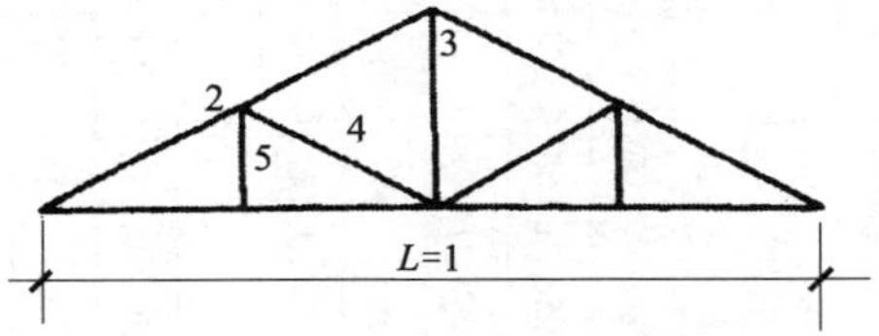	26°34′	1	0.559	0.250	0.280	0.125						
	30°	1	0.577	0.289	0.289	0.144						
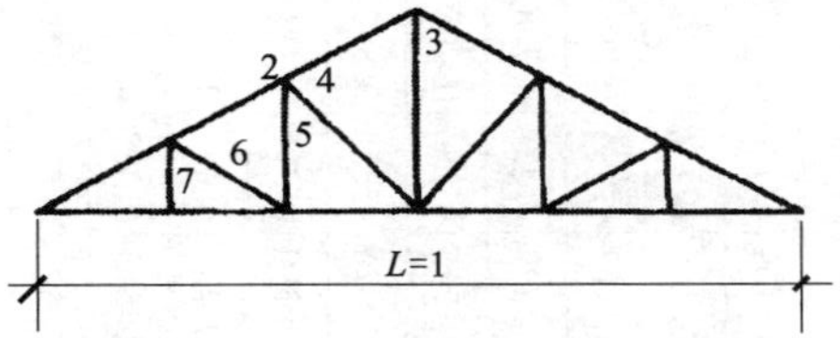	26°34′	1	0.559	0.250	0.236	0.167	0.186	0.083				
	30°	1	0.577	0.289	0.254	0.192	0.192	0.096				
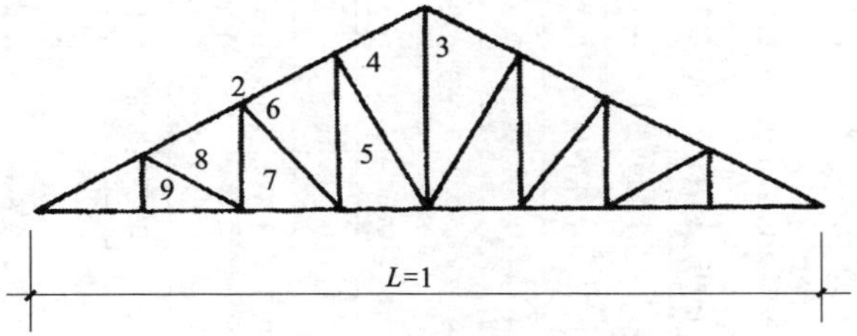	26°34′	1	0.559	0.250	0.225	0.188	0.177	0.125	0.140	0.063		
	30°	1	0.577	0.289	0.250	0.217	0.191	0.144	0.144	0.072		
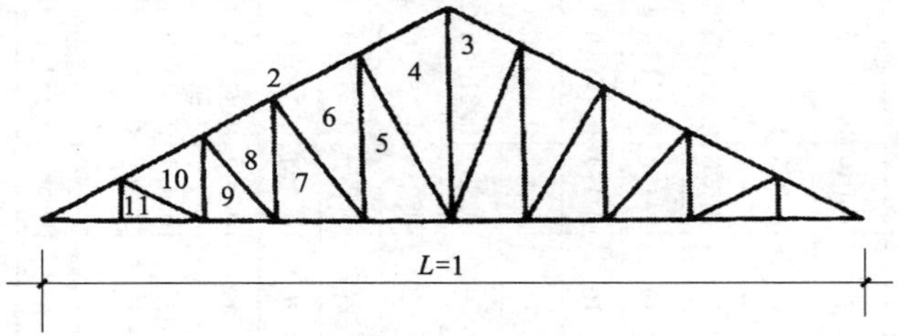	26°34′	1	0.559	0.250	0.224	0.200	0.180	0.150	0.141	0.100	0.112	0.050
	30°	1	0.577	0.289	0.252	0.231	0.200	0.173	0.153	0.116	0.155	0.057

（杆件编号）

检尺径 （cm）	检 尺 长 （m）														
	2.0	2.2	2.4	2.5	2.6	2.8	3.0	3.2	3.4	3.6	3.8	4.0	4.2	4.4	4.6
	材 积 （m³）														
8	0.013	0.015	0.016	0.017	0.018	0.020	0.021	0.023	0.025	0.027	0.029	0.031	0.034	0.036	0.038
10	0.019	0.022	0.024	0.025	0.026	0.029	0.031	0.034	0.037	0.040	0.042	0.045	0.048	0.051	0.054
12	0.027	0.030	0.033	0.035	0.037	0.040	0.043	0.047	0.050	0.054	0.058	0.062	0.065	0.069	0.074
14	0.036	0.040	0.045	0.047	0.049	0.054	0.058	0.063	0.068	0.073	0.078	0.083	0.089	0.094	0.100
16	0.047	0.052	0.058	0.060	0.063	0.069	0.075	0.081	0.087	0.093	0.100	0.106	0.113	0.120	0.126
18	0.059	0.065	0.072	0.076	0.079	0.086	0.093	0.101	0.108	0.116	0.124	0.132	0.140	0.148	0.156
20	0.072	0.080	0.088	0.092	0.097	0.105	0.114	0.123	0.132	0.141	0.151	0.160	0.170	0.180	0.190
22	0.086	0.096	0.106	0.111	0.116	0.126	0.137	0.147	0.158	0.169	0.180	0.191	0.203	0.214	0.226
24	0.102	0.114	0.125	0.131	0.137	0.149	0.161	0.174	0.186	0.199	0.212	0.225	0.239	0.252	0.266
26	0.120	0.133	0.146	0.153	0.160	0.174	0.188	0.203	0.217	0.232	0.247	0.262	0.277	0.293	0.308
28	0.138	0.154	0.169	0.177	0.185	0.201	0.217	0.234	0.250	0.267	0.284	0.302	0.319	0.337	0.354
30	0.158	0.176	0.193	0.202	0.211	0.230	0.248	0.267	0.286	0.305	0.324	0.344	0.364	0.383	0.404
32	0.180	0.199	0.219	0.230	0.240	0.260	0.281	0.302	0.324	0.345	0.367	0.389	0.411	0.433	0.456
34	0.202	0.224	0.247	0.258	0.270	0.293	0.316	0.340	0.364	0.388	0.412	0.437	0.461	0.486	0.511

检尺径 （mm）	检 尺 长 （m）														
	4.8	5.0	5.2	5.4	5.6	5.8	6.0	6.2	6.4	6.6	6.8	7.0	7.2	7.4	7.6
	材 积 （m³）														
8	0.040	0.043	0.045	0.048	0.051	0.053	0.056	0.059	0.062	0.065	0.068	0.071	0.074	0.077	0.081
10	0.058	0.061	0.064	0.068	0.071	0.075	0.078	0.082	0.086	0.090	0.094	0.098	0.102	0.106	0.111
12	0.078	0.082	0.086	0.091	0.095	0.100	0.105	0.109	0.114	0.119	0.124	0.130	0.135	0.140	0.146
14	0.105	0.111	0.117	0.123	0.129	0.136	0.142	0.149	0.156	0.162	0.169	0.176	0.184	0.191	0.199
16	0.134	0.141	0.148	0.155	0.163	0.171	0.179	0.187	0.195	0.203	0.211	0.220	0.229	0.238	0.247
18	0.165	0.174	0.182	0.191	0.201	0.210	0.219	0.229	0.238	0.248	0.258	0.268	0.278	0.289	0.300
20	0.200	0.210	0.221	0.231	0.242	0.253	0.264	0.275	0.286	0.298	0.309	0.321	0.333	0.345	0.358
22	0.238	0.250	0.262	0.275	0.287	0.300	0.313	0.326	0.339	0.352	0.365	0.379	0.393	0.407	0.421
24	0.279	0.293	0.308	0.322	0.336	0.351	0.366	0.380	0.396	0.411	0.426	0.442	0.457	0.473	0.489
26	0.324	0.340	0.356	0.373	0.389	0.406	0.423	0.440	0.457	0.474	0.491	0.509	0.527	0.545	0.563
28	0.372	0.391	0.409	0.427	0.446	0.465	0.484	0.503	0.522	0.542	0.561	0.581	0.601	0.621	0.642
30	0.424	0.444	0.465	0.486	0.507	0.528	0.549	0.571	0.592	0.614	0.636	0.658	0.681	0.703	0.726
32	0.479	0.502	0.525	0.548	0.571	0.595	0.619	0.643	0.667	0.691	0.715	0.740	0.765	0.790	0.815
34	0.537	0.562	0.588	0.614	0.640	0.666	0.692	0.719	0.746	0.772	0.799	0.827	0.854	0.881	0.909

注：长度以 20cm 为增进单位，不足 20cm 时，满 10cm 进位，不足 10cm 舍去；径级以 2cm 为增进单位，不足 2cm 时，满 1cm 的进位，不足 1cm 舍去。

【例52】 根据图 2-176 中的尺寸计算跨度 $L=12\text{m}$ 的圆木屋架工程量。

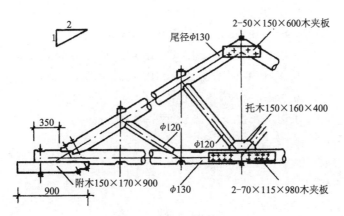

图 2-176　圆木屋架

【解】 屋架圆木材积计算见表 2-35。

屋架圆木材积计算表

表 2-35

名　称	尾径（cm）	数　量	长　度（m）	单根材积（m³）	材积（m³）
上弦	φ13	2	$12 \times 0.559^* = 6.708$	0.169	0.338
下弦	φ13	2	$6 + 0.35 = 6.35$	0.156	0.132
斜杠1	φ12	2	$12 \times 0.236^* = 2.832$	0.040	0.080
斜杠2	φ12	2	$12 \times 0.186^* = 2.232$	0.030	0.060
托木		1	$0.15 \times 0.16 \times 0.40 \times 1.70^*$		0.016
挑檐木		2	$0.15 \times 0.17 \times 0.90 \times 2 \times 1.70^*$		0.078
小计					0.884

【例53】 根据图 2-177 中尺寸，计算跨度 $L=9.0\text{m}$ 的方木屋架工程量。

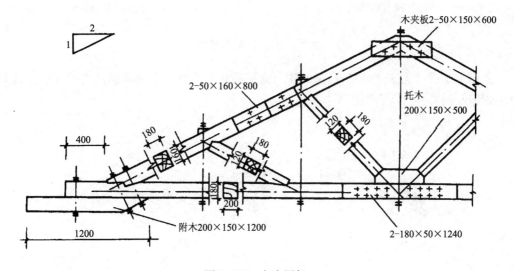

图 2-177　方木屋架

【解】

上弦：　　　　　$9.0 \times 0.559^* \times 0.18 \times 0.16 \times 2$ 根 $= 0.290\text{m}^3$

下弦：　　　　　$(9.0 + 0.4 \times 2) \times 0.18 \times 0.20 = 0.353\text{m}^3$

斜杆1：　　　　$9.0 \times 0.236^* \times 0.12 \times 0.18 \times 2$ 根 $= 0.092\text{m}^3$

斜杆2：　　　　$9.0 \times 0.186^* \times 0.12 \times 0.18 \times 2$ 根 $= 0.072\text{m}^3$

托木：　　　　　$0.2 \times 0.15 \times 0.5 = 0.015\text{m}^3$

挑檐木：　　　　$1.20 \times 0.20 \times 0.15 \times 2$ 根 $= 0.072\text{m}^3$

小计：0.894m^3

注：以上，木夹板、钢拉杆等已包括在定额中。

　　　"$*$"号为系数。

2.11.7　檩　　木

1. 檩木按竣工木料以立方米计算。简支檩条长度按设计规定计算；如设计无规定者，按屋架或山墙中距增加200mm计算，如两端出山，檩条算至博风板。

2. 连续檩条的长度按设计长度计算，其接头长度按全部连续檩木总体积的5%计算。檩条托木已计入相应的檩木制作安装项目中，不另计算。

3. 简支檩条增加长度和连续檩条接头见图2-178、图2-179。

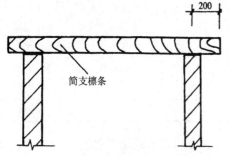

图2-178　简支檩条增加长度示意图

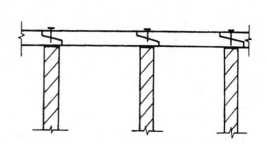

图2-179　连续檩条接头示意图

2.11.8　屋面木基层

屋面木基层（图2-180），按屋面的斜面积计算。天窗挑檐重叠部分按设计规定计算，屋面烟囱及斜沟部分所占面积不扣除。

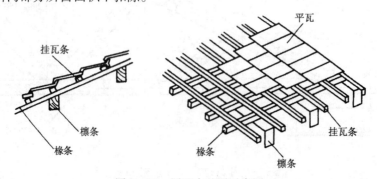

图2-180　屋面木基层示意图

2.11.9　封檐板

封檐板按图示檐口外围长度计算，博风板按斜长计算，每个大刀头增加长度500mm。挑檐木、封檐板、博风板、大刀头示意见图2-181、图2-182。

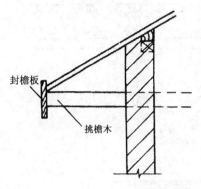

图2-181　挑檐木、封檐板示意图

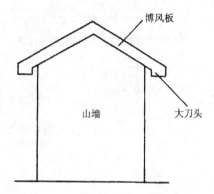

图2-182　博风板、大刀头示意图

2.11.10　木楼梯

木楼梯按水平投影面积计算，不扣除宽度小于300mm的楼梯井，其踢脚板、平台和伸入墙内部分，不另计算。

2.12　楼地面工程量计算

2.12.1　垫　层

地面垫层按室内主墙间净空面积乘以设计厚度以立方米计算。应扣除凸出地面的构筑物、设备基础、室内铁道、地沟等所占体积，不扣除柱、垛、间壁墙、附墙烟囱及面积在0.3m^{2}以内孔洞所占体积。

说明：

（1）不扣除间壁墙是因为间壁墙是在地面完成后再做，所以不扣除；不扣除柱、垛及不增加门洞开口部分面积，是一种综合计算方法。

（2）凸出地面的构筑物、设备基础等，是先做好后再做室内地面垫层，所以要扣除所占体积。

2.12.2　整体面层、找平层

整体面层、找平层均按主墙间净空面积以平方米计算。应扣除凸出地面构筑物、设备基础、室内管道、地沟等所占面积，不扣除柱、垛、间壁墙、附墙烟囱及面积在0.3m^{2}以内的孔洞所占面积，但门洞、空圈、暖气包槽、壁龛的开口部分亦不增加。

说明：

（1）整体面层包括：水泥砂浆、水磨石、水泥豆石等。

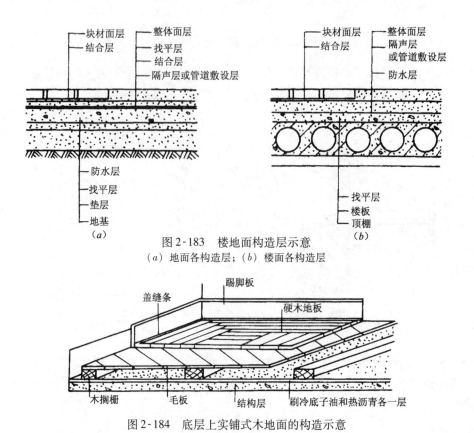

图 2-183 楼地面构造层示意

(a) 地面各构造层;(b) 楼面各构造层

图 2-184 底层上实铺式木地面的构造示意

(2) 找平层,包括水泥砂浆、细石混凝土等。

(3) 不扣除柱、垛、间壁墙等所占面积,不增加门洞、空圈、暖气包槽、壁龛的开口部分,各种面积经过正负抵消后就能确定定额用量,这是编制定额时采用的综合计算方法。

【例 54】根据图 2-185 计算该建筑物的室内地面面层工程量。

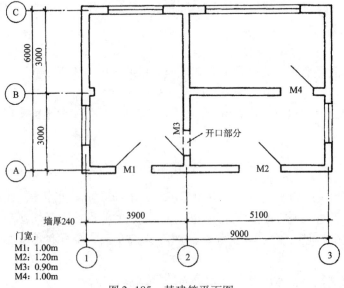

墙厚 240

门宽:
M1: 1.00m
M2: 1.20m
M3: 0.90m
M4: 1.00m

图 2-185 某建筑平面图

196

【解】室内地面面积 = 建筑面积 - 墙结构面积

$$= 9.24 \times 6.24 [(9+6) \times 2 + 6 - 0.24 + 5.1 - 0.24] \times 0.24$$

$$= 57.66 - 40.62 \times 0.24$$

$$= 57.66 - 9.75 = 47.91 \text{m}^2$$

2.12.3　块料面层

块料面层，按图示尺寸实铺面积以平方米计算，门洞、空圈、暖气包槽和壁龛的开口部分的工程量并入相应的面层内计算。

说明：块料面层包括大理石、花岗石、彩釉砖、缸砖、陶瓷锦砖、木地板等。

【例55】根据图2-185和【例54】的数据，计算该建筑物室内花岗石地面工程量。

【解】花岗石地面面积 = 室内地面面积 + 门洞开口部分面积

$$= 47.91 + (1.0 + 1.2 + 0.9 + 1.0) \times 0.24$$

$$= 47.91 + 0.98 = 48.89 \text{m}^2$$

楼梯面层（包括踏步、平台以及小于500mm宽的楼梯井）按水平投影面积计算。

【例56】根据图2-162的尺寸计算水泥豆石浆楼梯间面层（只算一层）工程量。

【解】水泥豆石浆楼梯间面层 $= (1.23 \times 2 + 0.50) \times (0.200 + 1.23 \times 2 + 3.0)$

$$= 2.96 \times 5.66 = 16.75 \text{m}^2$$

2.12.4　台阶面层

台阶面层（包括踏步及最上一层踏步沿300mm）按水平投影面积计算。

说明：台阶的整体面层和块料面层均按水平投影面积计算。这是因为定额已将台阶踢脚立面的工料综合到水平投影面积中了。

【例57】根据图2-186，计算花岗石台阶面层工程量。

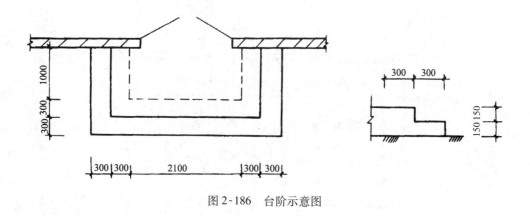

图2-186　台阶示意图

【解】花岗石台阶面层 = 台阶中心线长 × 台阶宽

$$= [(0.30 \times 2 + 2.1) + (0.30 + 1.0) \times 2] \times (0.30 \times 2)$$

$$= 5.30 \times 0.6 = 3.18 \text{m}^2$$

2.12.5 其　　他

1. 踢脚板（线）按延长米计算，洞口、空圈长度不予扣除，洞口、空圈、垛、附墙烟囱等侧壁长度亦不增加。

【例58】 根据图2-185计算各房间150mm高瓷砖踢脚线工程量。

【解】 瓷砖踢脚线

$$L = \sum 房间净空周长$$
$$= (6.0 - 0.24 + 3.9 - 0.24) \times 2 + (5.1 - 0.24 +$$
$$3.0 - 0.24) \times 2 + (5.1 - 0.24 + 3.0 - 0.24) \times 2$$
$$= 18.84 + 15.24 \times 2 = 49.32m$$

2. 散水、防滑坡道按图示尺寸以平方米计算。

散水面积计算公式：

$$S_{散水} = (外墙外边周长 + 散水宽 \times 4) \times 散水宽 - 坡道、台阶所占面积$$

【例59】 根据图2-187，计算散水工程量。

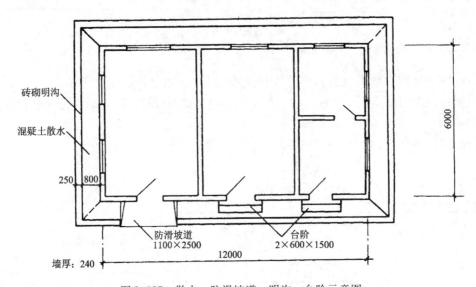

图2-187　散水、防滑坡道、明沟、台阶示意图

【解】
$$S_{散水} = \big[(12.0 + 0.24 + 6.0 + 0.24) \times 2 + 0.80 \times 4 \big] \times 0.80 -$$
$$2.50 \times 0.80 - 0.60 \times 1.50 \times 2$$
$$= 40.16 \times 0.80 - 3.80$$
$$= 28.33m^2$$

【例60】 根据图2-187，计算防滑坡道工程量。

【解】
$$S_{防滑坡度} = 1.10 \times 2.50 = 2.75m^2$$

3. 栏杆、扶手包括弯头长度按延长米计算（见图2-189～图2-191）。

【例61】 某大楼有等高的8跑楼梯，采用不锈钢管扶手栏杆，每跑楼梯高为1.80m，每跑楼梯扶手水平长为3.80m，扶手转弯处为0.30m，最后一跑楼梯连接的安全栏杆水平长1.55m，求该扶手栏杆工程量。

【解】不锈钢扶手栏杆长

$$= \sqrt{(1.80)^2 + (3.80)^2} \times 8 \text{ 跑} + 0.30(\text{转弯}) \times 7 + 1.55(\text{水平})$$
$$= 4.205 \times 8 + 2.10 + 1.55$$
$$= 37.29\text{m}$$

4. 防滑条按楼梯踏步两端距离减300mm，以延长米计算。见图2-188。

5. 明沟按图示尺寸以延长米计算。

明沟长度计算公式：

明沟长 = 外墙外边周长 + 散水宽 × 8 + 明沟宽 × 4 - 台阶、坡道长

【例62】根据图2-187，计算砖砌明沟工程量。

【解】明沟长 = (12.24 + 6.24) × 2 +
0.80 × 8 + 0.25 × 4 - 2.50
= 41.86m

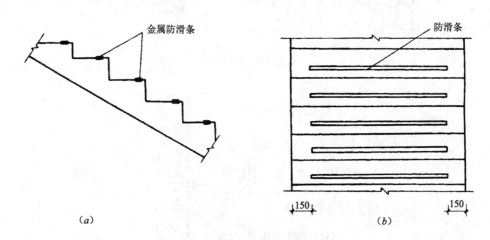

图 2-188 防滑条示意图

(a) 侧立面；(b) 平面

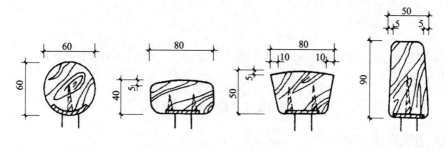

图 2-189 硬木扶手

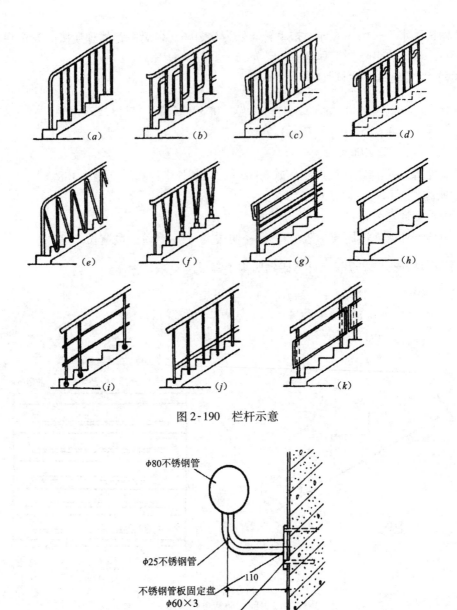

图 2-190　栏杆示意

图 2-191　不锈钢管靠墙扶手

2.13　屋面防水及防腐、保温、隔热工程量计算

2.13.1　坡　屋　面

（一）有关规则

瓦屋面、金属压型板屋面，均按图示尺寸的水平投影面积乘以屋面坡度系数以平方米计算。不扣除房上烟囱、风帽底座、风道、屋面小气窗、斜沟等所占面积，屋面小气窗的

200

出檐部分亦不增加。

（二）屋面坡度系数

利用屋面坡度系数来计算坡屋面工程量是一种简便有效的计算方法。坡度系数的计算

方法是：

$$坡度系数 = \frac{斜长}{水平长} = \sec\alpha$$

屋面坡度系数表见表2-36，示意见图2-192。

屋面坡度系数表

表2-36

坡　　度			延尺系数 C（$A=1$）	隅延尺系数 D（$A=1$）
以高度 B 表示 （当 $A=1$ 时）	以高跨比表示 （$B/2A$）	以角度表示（α）		
1	1/2	45°	1.4142	1.7321
0.75		36°52′	1.2500	1.6008
0.70		35°	1.2207	1.5779
0.666	1/3	33°40′	1.2015	1.5620
0.65		33°01′	1.1926	1.5564
0.60		30°58′	1.1662	1.5362
0.577		30°	1.1547	1.5270
0.55		28°49′	1.1413	1.5170
0.50	1/4	26°34′	1.1180	1.5000
0.45		24°14′	1.0966	1.4839
0.40	1/5	21°48′	1.0770	1.4697
0.35		19°17′	1.0594	1.4569
0.30		16°42′	1.0440	1.4457
0.25		14°02′	1.0308	1.4362
0.20	1/10	11°19′	1.0198	1.4283
0.15		8°32′	1.0112	1.4221
0.125		7°8′	1.0078	1.4191
0.100	1/20	5°42′	1.0050	1.4177
0.083		4°45′	1.0035	1.4166
0.066	1/30	3°49′	1.0022	1.4157

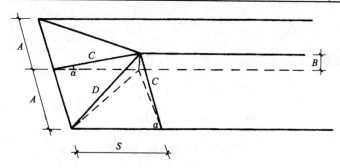

图2-192　放坡系数各字母含义示意图

注：1. 两坡水排水屋面（当 α 角相等时，可以是任意坡水）面积为屋面
　　　水平投影面积乘以延尺系数 C

　　2. 四坡水排水屋面斜脊长度 = $A \times D$（当 $S=A$ 时）

　　3. 沿山墙泛水长度 = $A \times C$

【例63】 根据图2-193图示尺寸，计算四坡水屋面工程量。

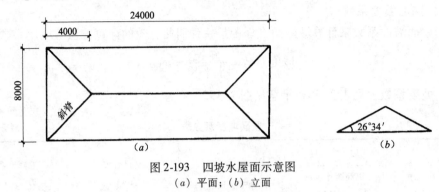

图 2-193　四坡水屋面示意图
(a) 平面；(b) 立面

【解】
$$S = 水平面积 \times 坡度系数\ C$$
$$= 8.0 \times 24.0 \times 1.118^{*} (查表 2-36)$$
$$= 214.66 \text{m}^2$$

【例64】 据图2-193中有关数据，计算4角斜脊的长度。

【解】
$$屋面斜脊长 = 跨长 \times 0.5 \times 隅延尺系数\ D \times 4\ 根$$
$$= 8.0 \times 0.5 \times 1.50^{*} (查表 2-36) \times 4$$
$$= 24.0 \text{m}$$

【例65】 根据图2-194的图示尺寸，计算六坡水（正六边形）屋面的斜面面积。

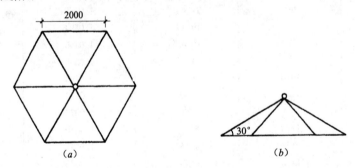

图 2-194　六坡水屋面示意图
(a) 平面；(b) 立面

【解】屋面斜面面积 = 水平面积 × 延尺系数 C
$$= \frac{3}{2} \times \sqrt{3} \times (2.0)^2 \times 1.1547^{*}$$
$$= 10.39 \times 1.1547 = 12.00 \text{m}^2$$

2.13.2　卷 材 屋 面

(一) 卷材屋面按图示尺寸的水平投影面积乘以规定的坡度系数以平方米计算。但不扣除房上烟囱、风帽底座、风道、屋面小气窗和斜沟所占的面积。屋面女儿墙、伸缩缝和天窗弯起部分（图2-195、图2-196），按图示尺寸并入屋面工程量计算；如图纸无规定时，伸缩缝、女儿墙的弯起部分可按250mm计算，天窗弯起部分可按500mm计算。

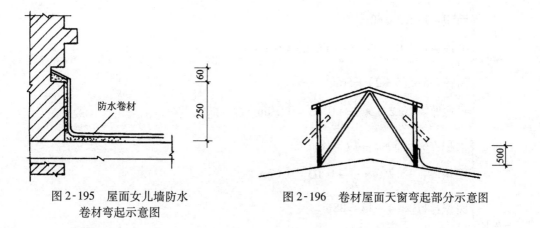

图 2-195　屋面女儿墙防水
卷材弯起示意图

图 2-196　卷材屋面天窗弯起部分示意图

（二）屋面找坡一般采用轻质混凝土和保温隔热材料。找坡层的平均厚度需根据图示尺寸计算加权平均厚度，以立方米计算。

屋面找坡平均厚计算公式：

$$找坡平均厚 = 坡宽(L) \times 坡度系数(i) \times \frac{1}{2} + 最薄处厚$$

【例66】根据图 2-197 所示尺寸和条件计算屋面找坡层工程量。

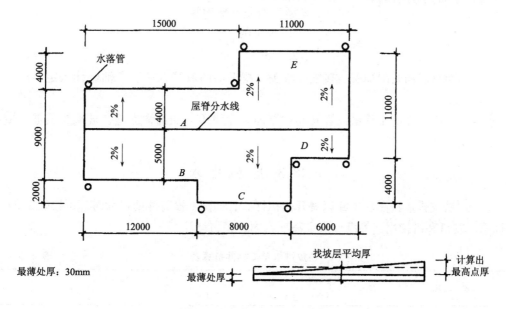

图 2-197　平屋面找坡示意图

【解】（1）计算加权平均厚

$$A 区 \begin{cases} 面积：15 \times 4 = 60 m^2 \\ 平均厚：4.0 \times 2\% \times \frac{1}{2} + 0.03 = 0.07 m \end{cases}$$

$$B \text{ 区} \begin{cases} \text{面积：} 12 \times 5 = 60\text{m}^2 \\ \text{平均厚：} 5.0 \times 2\% \times \dfrac{1}{2} + 0.03 = 0.08\text{m} \end{cases}$$

$$C \text{ 区} \begin{cases} \text{面积：} 8 \times (5 + 2) = 56\text{m}^2 \\ \text{平均厚：} 7 \times 2\% \times \dfrac{1}{2} + 0.03 = 0.10\text{m} \end{cases}$$

$$D \text{ 区} \begin{cases} \text{面积：} 6 \times (5 + 2 - 4) = 18\text{m}^2 \\ \text{平均厚：} 3 \times 2\% \times \dfrac{1}{2} + 0.03 = 0.06\text{m} \end{cases}$$

$$E \text{ 区} \begin{cases} \text{面积：} 11 \times (4 + 4) = 88\text{m}^2 \\ \text{平均厚：} 8 \times 2\% \times \dfrac{1}{2} + 0.03 = 0.11\text{m} \end{cases}$$

$$\text{加权平均厚} = \frac{60 \times 0.07 + 60 \times 0.08 + 56 \times 0.10 + 18 \times 0.06 + 88 \times 0.11}{60 + 60 + 56 + 18 + 88}$$

$$= \frac{25.36}{282}$$

$$= 0.0899$$

$$\approx 0.09\text{m}$$

（2）屋面找坡层体积

$$V = \text{屋面面积} \times \text{平均厚}$$

$$= 282 \times 0.09$$

$$= 25.38\text{m}^3$$

（三）卷材屋面的附加层、接缝、收头、找平层的嵌缝、冷底子油已计入定额内，不另计算。

（四）涂膜屋面的工程量计算同卷材屋面。涂膜屋面的油膏嵌缝、玻璃布盖缝、屋面分格缝，以延长米计算。

2.13.3 屋 面 排 水

（一）铁皮排水按图示尺寸以展开面积计算，如图纸没有注明尺寸时，可按表2-37规定计算。咬口和搭接用量等已计入定额项目内，不另计算。

铁皮排水单体零件折算表　　　　　表2-37

名　　称		单位	水落管 （m）	檐沟 （m）	水斗 （个）	漏斗 （个）	下水口 （个）		
铁皮排水	水落管、檐沟、水斗、漏斗、下水口	m²	0.32	0.30	0.40	0.16	0.45		
	天沟、斜沟、天窗窗台泛水、天窗侧面泛水、烟囱泛水、滴水檐头泛水、滴水	m²	天沟（m）	斜沟、天窗窗台泛水（m）	天窗侧面泛水（m）	烟囱泛水（m）	通气管泛水（m）	滴水檐头泛水（m）	滴水（m）
			1.30	0.50	0.70	0.80	0.22	0.24	0.11

（二）铸铁、玻璃钢水落管区别不同直径按图示尺寸以延长米计算，雨水口、水斗、弯头、短管以个计算。

2.13.4 防 水 工 程

（一）建筑物地面防水、防潮层，按主墙间净空面积计算，扣除凸出地面的构筑物、设备基础等所占的面积，不扣除柱、垛、间壁墙、烟囱及 $0.3m^2$ 以内孔洞所占面积。与墙面连接处高度在 500mm 以内者按展开面积计算，并入平面工程量内；超过 500mm 时，按立面防水层计算。

（二）建筑物墙基防水、防潮层，外墙长度按中心线，内墙长度按净长乘以宽度以平方米计算。

【例 67】根据图 2-190 有关数据，计算墙基水泥砂浆防潮层工程量（墙厚均为 240）。

【解】
$$S = （外墙中线长 + 内墙净长）\times 墙厚$$
$$= [（6.0 + 9.0）\times 2 + 6.0 - 0.24 + 5.1 - 0.24] \times 0.24$$
$$= 40.62 \times 0.24 = 9.75m^2$$

（三）构筑物及建筑物地下室防水层，按实铺面积计算，但不扣除 $0.3m^2$ 以内的孔洞面积。平面与立面交接处的防水层，其上卷高度超过 500mm 时，按立面防水层计算。

（四）防水卷材的附加层、接缝、收头、冷底子油等人工材料均已计入定额内，不另计算。

（五）变形缝按延长米计算。

2.13.5 防腐、保温、隔热工程

（一）防腐工程

（1）防腐工程项目，应区分不同防腐材料种类及其厚度，按设计实铺面积以平方米计算。应扣除凸出地面的构筑物、设备基础等所占的面积，砖垛等突出墙面部分按展开面积计算后并入墙面防腐工程量之内。

（2）踢脚板按实铺长度乘以高度以平方米计算，应扣除门洞所占面积并相应增加侧壁展开面积。

（3）平面砌筑双层耐酸块料时，按单层面积乘以 2 计算。

（4）防腐卷材接缝、附加层、收头等人工材料，已计入定额内，不再另行计算。

（二）保温隔热工程

（1）保温隔热层应区别不同保温隔热材料，除另有规定者外，均按设计实铺厚度以立方米计算。

（2）保温隔热层的厚度按隔热材料（不包括胶结材料）净厚度计算。

（3）地面隔热层按围护结构墙体间净面积乘以设计厚度以立方米计算，不扣除柱、垛所占的体积。

（4）墙体隔热层：外墙按隔热层中心线，内墙按隔热层净长乘以图示尺寸的高度及厚度以立方米计算。应扣除冷藏门洞口和管道穿墙洞口所占体积。

（5）柱包隔热层，按图示柱的隔热层中心线的展开长度乘以图示尺寸高度及厚度以立方米计算。

（三）其他

（1）池槽隔热层按图示池槽保温隔热层的长、宽及其厚度以立方米计算。其中，池壁按墙面计算，池底按地面计算。

（2）门洞口侧壁周围的隔热部分，按图示隔热层尺寸以立方米计算，并入墙面的保温隔热工程量内。

（3）柱帽保温隔热层按图示保温隔热层体积，并入顶棚保温隔热层工程量内。

2.14　装饰工程量计算

2.14.1　内墙抹灰

（一）内墙抹灰面积，应扣除门窗洞口和空圈所占的面积，不扣除踢脚板、挂镜线（图2-198）、0.3m² 以内的孔洞和墙与构件交接处的面积，洞口侧壁和顶面亦不增加。

墙垛和附墙烟囱侧壁面积与内墙抹灰工程量合并计算。

（二）内墙面抹灰的长度，以主墙间的图示净长尺寸计算，其高度确定如下：

（1）无墙裙的，其高度按室内地面或楼面至顶棚底面之间距离计算。

（2）有墙裙的，其高度按墙裙顶至顶棚底面之间距离计算。

（3）钉板条顶棚的内墙面抹灰，其高度按室内地面或楼面至顶棚底面另加 100mm 计算。

说明：

1）墙与构件交接处的面积（图2-199），主要指各种现浇或预制梁头伸入墙内所占的面积。

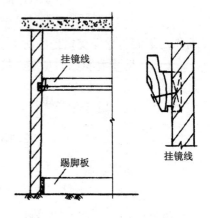

图2-198　挂镜线、踢脚板示意图

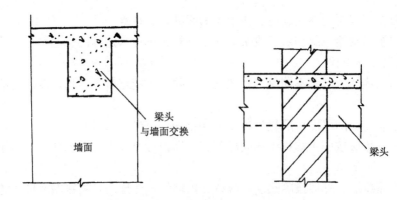

图2-199　墙与构件交接处面积示意图

2）由于一般墙面先抹灰后做吊顶，所以钉板条顶棚的墙面需抹灰时应抹至顶棚底再加 100mm。

3）墙裙单独抹灰时，工程量应单独计算，内墙抹灰也要扣除墙裙工程量。

计算公式：

内墙面抹灰面积 =（主墙间净长 + 墙垛和附墙烟囱侧壁宽）×（室内净高 − 墙裙高）−
门窗洞口及大于 $0.3m^2$ 孔洞面积

式中　室内净高 $=\begin{cases} \text{有吊顶：楼面或地面至顶棚底加 100mm} \\ \text{无吊顶：楼面或地面至顶棚底净高} \end{cases}$

（三）内墙裙抹灰面积按内墙净长乘以高度计算。

应扣除门窗洞口和空圈所占的面积，门窗洞口和空洞的侧壁面积不另增加，墙垛、附墙烟囱侧壁面积并入墙裙抹灰面积内计算。

2.14.2　外　墙　抹　灰

（一）外墙抹灰面积，按外墙面的垂直投影面积以平方米计算。应扣除门窗洞口、外墙裙和大于 $0.3m^2$ 孔洞所占面积，洞口侧壁面积不另增加。附墙垛、梁、柱侧面抹灰面积并入外墙面抹灰工程量内计算。栏板、栏杆、窗台线、门窗套、扶手、压顶、挑檐、遮阳板、突出墙外的腰线等，另按相应规定计算。

（二）外墙裙抹灰面积按其长度乘高度计算，扣除门窗洞口和大于 $0.3m^2$ 孔洞所占的面积，门窗洞口及孔洞的侧壁不增加。

（三）窗台线、门窗套、挑檐、腰线、遮阳板等展开宽度在 300mm 以内者，按装饰线以延长米计算；如果展开宽度超过 300mm 以上时，按图示尺寸以展开面积计算，套零星抹灰定额项目。

（四）栏板、栏杆（包括立柱、扶手或压顶等）抹灰，按立面垂直投影面积乘以系数 2.2 以平方米计算。

（五）阳台底面抹灰按水平投影面积以平方米计算，并入相应顶棚抹灰面积内。阳台如带悬臂者，其工程量乘系数 1.30。

（六）雨篷底面或顶面抹灰分别按水平投影面积以平方米计算，并入相应顶棚抹灰面积内。雨篷顶面带反沿或反梁者，其工程量乘系数 1.20；底面带悬臂梁者，其工程量乘以系数 1.20。雨篷外边线按相应装饰或零星项目执行。

（七）墙面勾缝按垂直投影面积计算，应扣除墙裙和墙面抹灰的面积，不扣除门窗洞口、门窗套、腰线等零星抹灰所占的面积，附墙柱和门窗洞口侧面的勾缝面积亦不增加。独立柱、房上烟囱勾缝，按图示尺寸以平方米计算。

2.14.3　外墙装饰抹灰

（一）外墙各种装饰抹灰均按图示尺寸以实抹面积计算。应扣除门窗洞口空圈的面积，其侧壁面积不另增加。

（二）挑檐、天沟、腰线、栏杆、栏板、门窗套、窗台线、压顶等，均按图示尺寸展开面积以平方米计算，并入相应的外墙面积内。

2.14.4　墙面块料面层

（一）墙面贴块料面层均按图示尺寸以实贴面积计算（见图 2-200、图 2-201）。

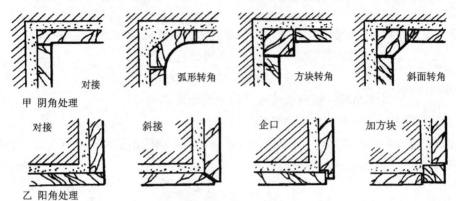

图 2-200　阴阳角的构造处理

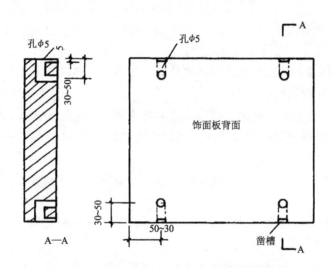

图 2-201　石材饰面板钻孔及凿槽示意图

（二）墙裙以高度 1500mm 以内为准，超过 1500mm 时按墙面计算；高度低于 300mm 以内时，按踢脚板计算。

2.14.5　隔墙、隔断、幕墙

（一）木隔墙、墙裙、护壁板，均按图示尺寸长度乘以高度按实铺面积以平方米计算。

（二）玻璃隔墙按上横档顶面至下横档底面之间高度乘以宽度（两边立梃外边线之间）以平方米计算。

（三）浴厕木隔断，按下横档底面至上横档顶面高度乘以图示长度以平方米计算，门扇面积并入隔断面积内计算。

（四）铝合金、轻钢隔墙、幕墙，按四周框外围面积计算。

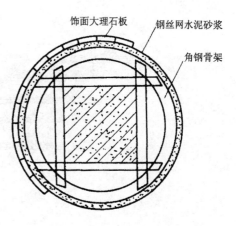

图2-202 镶贴石材饰面板的圆柱构造

2.14.6 独 立 柱

（一）一般抹灰、装饰抹灰、镶贴块料按结构断面周长乘以柱的高度，以平方米计算。

（二）柱面装饰按柱外围饰面尺寸乘以柱的高，以平方米计算（见图2-202）。

2.14.7 零 星 抹 灰

各种"零星项目"均按图示尺寸以展开面积计算。

2.14.8 顶 棚 抹 灰

（一）顶棚抹灰面积，按主墙间的净面积计算，不扣除间壁墙、垛、柱、附墙烟囱、检查口和管道所占的面积。带梁顶棚，梁两侧抹灰面积，并入顶棚抹灰工程量内计算。

（二）密肋梁和井字梁顶棚抹灰面积，按展开面积计算。

（三）顶棚抹灰如带有装饰线时，区别按三道线以内或五道线以内按延长米计算，线角的道数以一个突出的棱角为一道线（图2-203）。

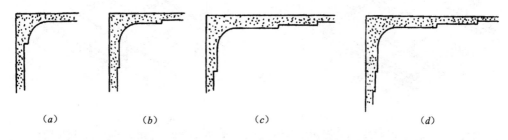

图2-203 顶棚装饰线示意图
（a）一道线；（b）二道线；（c）三道线；（d）四道线

（四）檐口顶棚的抹灰面积，并入相同的顶棚抹灰工程量内计算。

（五）顶棚中的折线、灯槽线、圆弧形线、拱形线等艺术形式的抹灰，按展开面积计算。

2.14.9 顶 棚 龙 骨

各种吊顶顶棚龙骨（图2-204）按主墙间净空面积计算，不扣除间壁墙、检查口、附墙烟囱、柱、垛和管道所占面积。但顶棚中的折线、迭落等圆弧形、高低吊灯槽等面积也不展开计算。

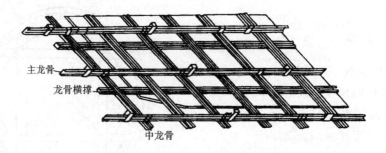

图 2-204 U形轻钢天棚龙骨构造示意图

2.14.10 顶棚面装饰

（一）顶棚装饰面积，按主墙间实铺面积以平方米计算，不扣除间壁墙、检查口、附墙烟囱、附墙垛和管道所占面积，应扣除独立柱及与顶棚相连的窗帘盒所占的面积。

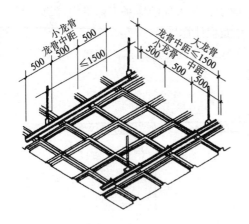

图 2-205 嵌入式铝合金方板顶棚

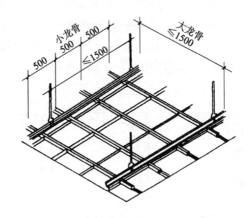

图 2-206 浮搁式铝合金方板顶棚

（二）顶棚中的折线、迭落等圆弧形、拱形、高低灯槽及其他艺术形式顶棚面层，均按展开面积计算。

2.14.11 喷涂、油漆、裱糊

（一）楼地面、顶棚面、墙、柱、梁面的喷（刷）涂料、抹灰面、油漆及裱糊工程，均按楼地面、顶棚面、墙、柱、梁面装饰工程相应的工程量计算规则规定计算。

（二）木材面、金属面油漆的工程量分别按表2-38～表2-46规定计算，并乘以表列系数以平方米计算。

单层木门工程量系数表

表2-38

项 目 名 称	系 数	工程量计算方法
单层木门	1.00	
双层（一板一纱）木门	1.36	
双层（单裁口）木门	2.00	按单面洞口面积
单层全玻门	0.83	
木百叶门	1.25	
厂库大门	1.20	

单层木窗工程量系数表

表2-39

项 目 名 称	系 数	工程量计算方法
单层玻璃窗	1.00	
双层（一玻一纱）窗	1.36	
双层（单裁口）窗	2.00	
三层（二玻一纱）窗	2.60	按单面洞口面积
单层组合窗	0.83	
双层组合窗	1.13	
木百叶窗	1.50	

木扶手（不带托板）工程量系数表

表2-40

项 目 名 称	系 数	工程量计算方法
木扶手（不带托板）	1.00	
木扶手（带托板）	2.60	
窗帘盒	2.04	
封檐板、顺水板	1.74	按延长米
挂衣板、黑板框	0.52	
生活园地框、挂镜线、窗帘棍	0.35	

其他木材面工程量系数表

表2-41

项 目 名 称	系 数	工程量计算方法
木板、纤维板、胶合板	1.00	
顶棚、檐口	1.07	
清水板条顶棚、檐口	1.07	
木方格吊顶	1.20	
吸声板、墙面、顶棚面	0.87	长×宽
鱼鳞板墙	2.48	
木护墙、墙裙	0.91	
窗台板、筒子板、盖板	0.82	
暖气罩	1.28	
屋面板（带檩条）	1.11	斜长×宽
木间壁、木隔断	1.90	
玻璃间壁露明墙筋	1.65	单面外围面积
木栅栏、木栏杆（带扶手）	1.82	
木屋架	1.79	跨度（长）×中高×$\frac{1}{2}$
衣柜、壁柜	0.91	投影面积（不展开）
零星木装修	0.87	展开面积

木地板工程量系数表

表 2-42

项 目 名 称	系 数	工程量计算方法
木地板、木踢脚线	1.00	长×宽
木楼梯（不包括底面）	2.30	水平投影面积

单层钢门窗工程量系数表

表 2-43

项 目 名 称	系 数	工程量计算方法
单层钢门窗	1.00	
双层（一玻一纱）钢门窗	1.48	
钢百叶门窗	2.74	洞口面积
半截百叶钢门	2.22	
满钢门或包铁皮门	1.63	
钢折叠门	2.30	
射线防护门	2.96	
厂库房平开、推拉门	1.70	框（扇）外围面积
铁丝网大门	0.81	
间壁	1.85	长×宽
平板屋面	0.74	斜长×宽
瓦垄板屋面	0.89	斜长×宽
排水、伸缩缝盖板	0.78	展开面积
吸气罩	1.63	水平投影面积

其他金属面工程量系数表

表 2-44

项 目 名 称	系 数	工程量计算方法
钢屋架、天窗架、挡风架、屋架梁、支撑、檩条	1.00	
墙架（空腹式）	0.50	
墙架（格板式）	0.82	
钢柱、吊车梁花式梁柱、空花构件	0.63	
操作台、走台、制动梁、钢梁车挡	0.71	
钢栅栏门、栏杆、窗栅	1.71	按重量（吨）
钢爬梯	1.18	
轻型屋架	1.42	
踏步式钢扶梯	1.05	
零星铁件	1.32	

平板屋面涂刷磷化、锌黄底漆工程量系数表

表 2-45

项 目 名 称	系 数	工程量计算方法
平板屋面	1.00	斜长×宽
瓦垄板屋面	1.20	
排水、伸缩缝盖板	1.05	展开面积
吸气罩	2.20	水平投影面积
包镀锌铁皮门	2.20	洞口面积

抹灰面油漆、涂料工程量系数表

表 2-46

项 目 名 称	系 数	工程量计算方法
槽形底板、混凝土折板	1.30	
有梁板底	1.10	长×宽
密肋、井字梁底板	1.50	
混凝土平板式楼梯底	1.30	水平投影面积

2.15 金属结构制作、构件运输与安装及其他工程量计算

2.15.1 金属结构制作

（一）一般规则

金属结构制作按图示钢材尺寸以吨计算，不扣除孔眼、切边的重量，焊条、铆钉、螺栓等重量，已包括在定额内不另计算。在计算不规则或多边形钢板重量时均按其几何图形的外接矩形面积计算。

（二）实腹柱、吊车梁

实腹柱、吊车梁、H型钢按图示尺寸计算，其中腹板及翼板宽度按每边增加25mm计算。

（三）制动梁、墙架、钢柱

（1）制动梁的制作工程量包括制动梁、制动桁架、制动板重量。

（2）墙架的制作工程量包括墙架柱、墙架梁及连接柱杆重量。

（3）钢柱制作工程量包括依附于柱上的牛腿及悬臂梁重量（见图2-207）。

（四）轨道

轨道制作工程量，只计算轨道本身重量，不包括轨道垫板、压板、斜垫、夹板及连接角钢等重量。

（五）铁栏杆

铁栏杆制作，仅适用于工业厂房中平台、操作台的钢栏杆。民用建筑中铁栏杆等按定额其他章节有关项目计算。

（六）钢漏斗

钢漏斗制作工程量，矩形按图示分片，圆形按图示展开尺寸，并依钢板宽度分段计算，每段均以其上口长度（圆形以分段展开上口长度）与钢板宽度，按矩形计算，依附漏斗的型钢并入漏斗重量内计算。

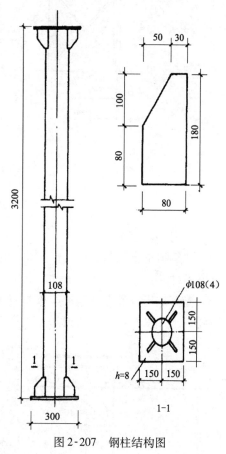

图2-207 钢柱结构图

【例68】根据图2-208图示尺寸，计算柱间支撑的制作工程量。

【解】角钢每米重量 $=0.00795 \times$ 厚 $\times$（长边 + 短边 – 厚）

$$=0.00795 \times 6 \times (75 + 50 - 6)$$

$$=5.68 \text{kg/m}$$

钢板每 m^2 重量 $=7.85 \times$ 厚

$$=7.85 \times 8$$

$$=62.8 \text{kg/m}^2$$

角钢重 $=5.90 \times 2$ 根 $\times 5.68 \text{kg/m} = 67.02 \text{kg}$

$$钢板重 = (0.205 \times 0.21 \times 4 块) \times 62.8$$
$$= 0.1722 \times 62.80$$
$$= 10.81 \text{kg}$$

$$柱间支撑工程量 = 67.02 + 10.81 = 77.83 \text{kg}$$

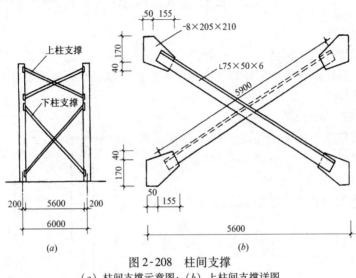

图 2-208　柱间支撑
(a) 柱间支撑示意图；(b) 上柱间支撑详图

2.15.2　建筑工程垂直运输

（一）建筑物

建筑物垂直运输机械台班用量，区分不同建筑物的结构类型及檐口高度按建筑面积以平方米计算。

檐高是指设计室外地坪至檐口的高度（图 2-209），突出主体建筑屋顶的电梯间、水箱间等不计入檐口高度之内。

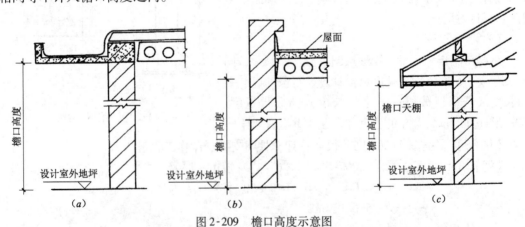

图 2-209　檐口高度示意图
(a) 有檐沟的檐口高度；(b) 有女儿墙的檐口高度；(c) 坡屋面的檐口高度

（二）构筑物

构筑物垂直运输机械台班以座计算。超过规定高度时，再按每增高 1m 定额项目计算；

214

其高度不足 1m 时，亦按 1m 计算。

2.15.3 构件运输及安装工程

（一）一般规定

（1）预制混凝土构件运输及安装，均按构件图示尺寸，以实体积计算。

（2）钢构件按构件设计图示尺寸以吨（t）计算；所需螺栓、电焊条等重量不另计算。

（3）木门窗以外框面积以平方米（m^2）计算。

（二）构件制作、运输、安装损耗率

预制混凝土构件制作、运输、安装损耗率，按表 2-47 规定计算后并入构件工程量内。其中，预制混凝土屋架、桁架、托架及长度在 9m 以上的梁、板、柱，不计算损耗率。

预制钢筋混凝土构件制作、运输、安装损耗率表　　表 2-47

名　称	制作废品率	运输堆放损耗率	安装（打桩）损耗率
各类预制构件	0.2%	0.8%	0.5%
预制钢筋混凝土柱	0.1%	0.4%	1.5%

根据上述第二条和表 2-47 的规定，预制构件含各种损耗的工程量计算方法如下：

预制构件制作工程量 = 图示尺寸实体积 × （1 + 1.5%）

预制构件运输工程量 = 图示尺寸实体积 × （1 + 1.3%）

预制构件安装工程量 = 图示尺寸实体积 × （1 + 0.5%）

【例69】根据施工图计算出的预应力空心板体积为 2.78m^3，计算空心板的制、运、安工程量。

【解】空心板制作工程量 = 2.78 × （1 + 1.5%）= 2.82m^3

空心板运输工程量 = 2.78 × （1 + 1.3%）= 2.82m^3

空心板安装工程量 = 2.78 × （1 + 0.5%）= 2.79m^3

（三）构件运输

（1）预制混凝土构件运输的最大运输距离取 50km 以内；钢构件和木门窗的最大运输距离按 20km 以内；超过时另行补充。

（2）加气混凝土板（块）、硅酸盐块运输，每立方米折合钢筋混凝土构件体积 0.4m^3，按一类构件运输计算（预制构件分类见表 2-48）。

预制混凝土构件分类　　表 2-48

类　别	项　目
1	4m 以内空心板、实心板
2	6m 以内的桩、屋面板、工业楼板、进深梁、基础梁、吊车梁、楼梯休息板、楼梯段、阳台板
3	6m 以上至 14m 的梁、板、柱、桩，各类屋架、桁梁、托架（14m 以上另行处理）
4	天窗架、挡风架、侧板、端壁板、天窗上下档、门框及单件体积在 0.1m^3 以内小构件
5	装配式内、外墙板、大楼板、厕所板
6	隔墙板（高层用）

类　别	项　　　　　　　目
1	钢柱、屋架、托架梁、防风桁架
2	吊车梁、制动梁、型钢檩条、钢支撑、上下挡、钢拉杆、栏杆、盖板、垃圾出灰门、倒灰门、算子、爬梯、零星构件、平台、操作台、走道休息台、扶梯、钢吊车梯台、烟囱紧固箍
3	墙架、挡风架、天窗架、组合檩条、轻型屋架、滚动支架、悬挂支架、管道支架

（四）预制混凝土构件安装

（1）焊接形成的预制钢筋混凝土框架结构，其柱安装按框架柱计算，梁安装按框架梁计算；节点浇注成形的框架，按连体框架梁、柱计算。

（2）预制钢筋混凝土工字形柱、矩形柱、空腹柱、双肢柱、空心柱、管道支架等安装，均按柱安装计算。

（3）组合屋架安装，以混凝土部分实体体积计算，钢杆件部分不另计算。

（4）预制钢筋混凝土多层柱安装，首层柱按柱安装计算，二层及二层以上柱按柱接柱计算。

（五）钢构件安装

（1）钢构件安装按图示构件钢材重量以吨计算。

（2）依附于钢柱上的牛腿及悬臂梁等，并入柱身主材重量计算。

（3）金属结构中所用钢板，设计为多边形者，按矩形计算，矩形的边长以设计尺寸中互相垂直的最大尺寸为准。

2.15.4　建筑物超高增加人工、机械费

（一）有关规定

（1）本规定适用于建筑物檐口高 20m（层数 6 层）以上的工程（图 2-210）。

（2）檐高是指设计室外地坪至檐口的高度，突出主体建筑屋顶的电梯间、水箱间等不计入檐高之内。

（3）同一建筑物高度不同时，按不同高度的建筑面积，分别按相应项目计算。

（二）降效系数

（1）各项降效系数中包括的内容指建筑物基础以上的全部工程项目，但不包括垂直运输、各类构件的水平运输及各项脚手架。

（2）人工降效按规定内容中的全部人工费乘以定额系数计算。

（3）吊装机械降效按吊装项目中的全部机械费乘以定额系数计算。

（4）其他机械降效按除吊装机械外的全部机械费乘以定额系数计算。

（三）加压水泵台班

建筑物施工用水加压增加的水泵台班，按建筑面积计算。

（四）建筑物超高人工、机械降效率定额摘录（表 2-50）

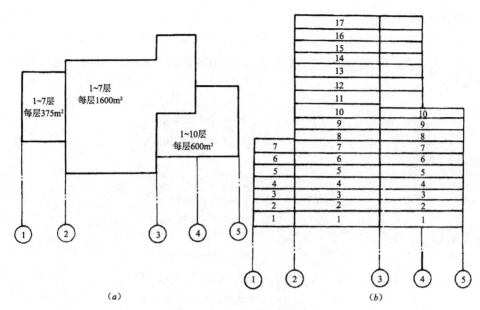

图 2-210　高层建筑示意图

（a）平面示意；（b）立面示意

定　额　编　号		14—1	14—2	14—3	14—4
项　　目	降效率	檐　　高（层数）			
		30m（7～10）以内	40m（11～13）以内	50m（14～16）以内	60m（17～19）以内
人工降效	%	3.33	6.00	9.00	13.33
吊装机械降效	%	7.67	15.00	22.20	34.00
其他机械降效	%	3.33	6.00	9.00	13.33

工作内容：

（1）工人上下班降低工效、上楼工作前休息及自然休息增加的时间。

（2）垂直运输影响的时间。

（3）由于人工降效引起的机械降效。

（五）建筑物超高加压水泵台班定额摘录（表 2-51）

定　额　编　号		14—11	14—12	14—13	14—14
项　　目	单　位	檐　　高（层数）			
		30m（7～10）以内	40m（11～13）以内	50m（14～16）以内	60m（17～19）以内
基价	元	87.87	134.12	259.88	301.17
加压用水泵	台班	1.14	1.74	2.14	2.48
加压用水泵停滞	台班	1.14	1.74	2.14	2.48

工作内容：包括由于水压不足所发生的加压用水泵台班。

计量单位：$100m^2$。

【例70】某现浇钢筋混凝土框架结构的宾馆建筑面积及层数示意见图2-210，根据下列数据和表2-50、表2-51定额计算建筑物超高人工、机械降效费和建筑物超高加压水泵台班费。

1~7层

①—②轴线 $\begin{cases} 人工费：202500 元 \\ 吊装机械费：67800 元 \\ 其他机械费：168500 元 \end{cases}$

1~17层

②—④轴线 $\begin{cases} 人工费：2176000 元 \\ 吊装机械费：707200 元 \\ 其他机械费：1360000 元 \end{cases}$

1~10层

③—⑤轴线 $\begin{cases} 人工费：450000 元 \\ 吊装机械费：120000 元 \\ 其他机械费：300000 元 \end{cases}$

【解】（1）人工降效费

①—②轴　③—⑤轴　定额14—1
（202500 + 450000）× 3.33% = 21728.25　$\Big]$ 311789.05 元
②—④轴　定额14—4
2176000 × 13.33% = 290060.80

（2）吊装机械降效率

①—②轴　③—⑤轴　定额14—1
（67800 + 120000）× 7.67% = 14404.26　$\Big]$ 254852.26 元
②—④轴　定额14—4
707200 × 34% = 240448.00

（3）其他机械降效费

①—②轴　③—⑤轴　定额14—1
（168500 + 300000）× 3.33% = 15601.05　$\Big]$ 196889.05 元
②—④轴　定额14—4
1360000 × 13.33% = 181288.00

（4）建筑物超高加压水泵台班费

①—②轴　③—⑤轴　定额14—11
（375 × 7 层 + 600 × 10 层）× 0.88 元/m^2 = 7590　$\Big]$ 89462.00 元
②—④轴　定额14—14
1600 × 17 层 × 3.01 元/m^2 = 81872.00

2.16 工程量计算实例

2.16.1 小平房工程施工图

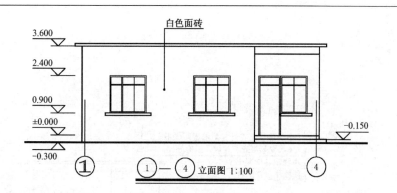

白色面砖

3.600
2.400
0.900
±0.000
-0.300
-0.150

① — ④ 立面图 1:100

说明:
1.台阶:C20混凝土;1:2水泥砂浆面20厚;
2.散水:C20混凝土提浆抹光,60厚,沥青砂浆嵌缝

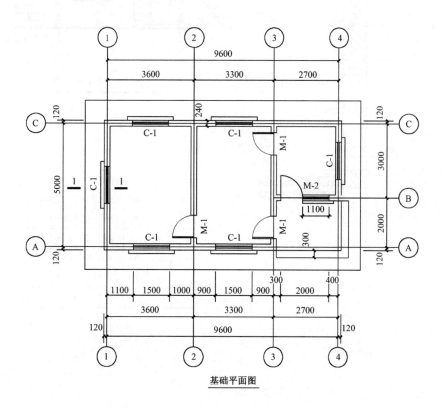

基础平面图

说明:
1.地面:C15混凝土垫层60厚,1:2水泥砂浆面20厚,1:2水泥砂浆踢脚线150高(含门洞侧面140mm宽)。
2.门:M1塑钢平开门,M2塑钢门带窗。
3.窗:C1塑钢推拉窗。
4.屋面:1:6水泥膨胀蛭石找坡i=2%,最薄处60,找坡层上1:3水泥砂浆找平层25厚;改性沥青卷材二道,胶粘剂三道;卷材上1:2.5水泥砂浆保护层20厚。
5.顶棚:檐口、室内顶棚混合砂浆面上满刮腻子二遍、刷乳胶漆二遍。
6.内墙面:墙面、门洞侧面和上面140mm宽处,均混合砂浆面上满刮腻子二遍、刷乳胶漆二遍。
7.外墙:外墙身、挑檐口1:3水泥砂浆底20厚,1:2水泥砂浆5厚贴240×60×5面砖。
8.其他:窗台线(洞口宽+200)贴面砖、外窗洞口侧面、上面贴140宽面砖,做法同外墙面;散水800宽。

建施1

219

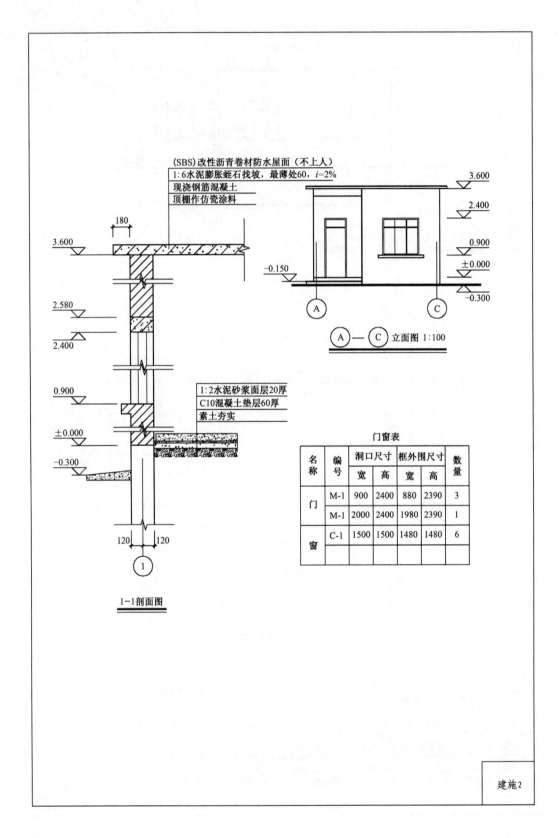

(SBS)改性沥青卷材防水屋面（不上人）
1:6水泥膨胀蛭石找坡，最薄处60，i=2%
现浇钢筋混凝土
顶棚作仿瓷涂料

A — C 立面图 1:100

1:2水泥砂浆面层20厚
C10混凝土垫层60厚
素土夯实

1-1剖面图

门窗表

名称	编号	洞口尺寸		框外围尺寸		数量
		宽	高	宽	高	
门	M-1	900	2400	880	2390	3
	M-1	2000	2400	1980	2390	1
窗	C-1	1500	1500	1480	1480	6

建施2

220

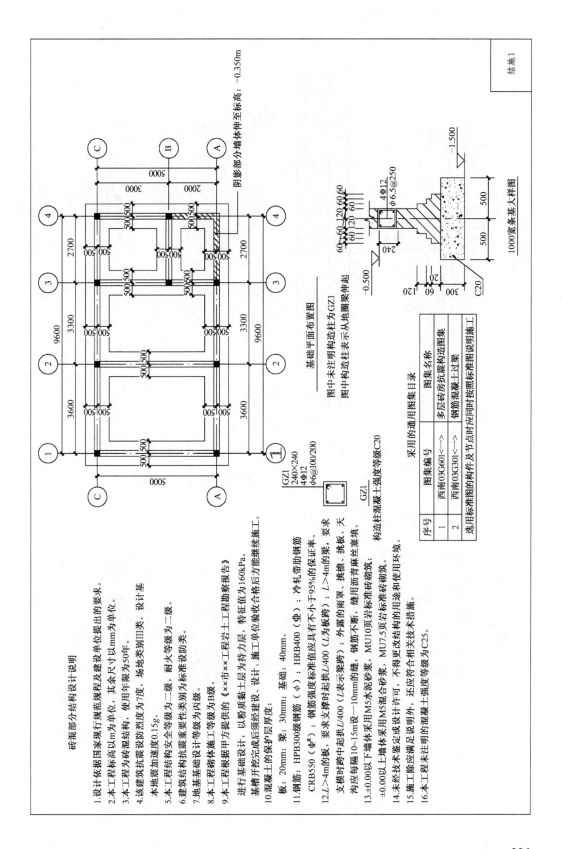

砖混部分结构构造设计说明

1. 设计依据国家现行规范及建设单位提出的要求。

2. 本工程标高以m为单位，其余尺寸以mm为单位。

3. 本工程为砖混结构，使用年限为50年。

4. 该工程抗震设防烈度为7度，场地类别为Ⅲ类，设计基本地震加速度为0.15g。

5. 本工程结构安全等级为二级，耐火等级为二级。

6. 建筑结构抗震重要性类别为丙类。

7. 地基基础设计等级为B级。

8. 本工程砌体施工质量控制等级为B级。

9. 本工程根据甲方提供的《××市××工程岩土工程勘察报告》进行基础设计，以粉质黏土层为持力层，特征值为160kPa。

基槽开挖完成后须经建设、设计、施工单位验收合格后方能继续施工。

10. 混凝土的保护层厚度：

板：20mm；梁：30mm；基础：40mm。

11. 钢筋：HPB300级钢筋（φ）；HRB400（Φ）；冷轧带肋钢筋CRB550（φ^R）；钢筋强度标准值具有不小于95%的保证率。

12. L>4m的板，要求支撑时起拱L/400（L表示板跨）；L>4m的梁，天沟应每隔10~15mm设一缝，外露的雨罩、挑檐、挑板，钢筋布跨中起拱L/400（L表示梁跨）；缝用沥青麻丝塞填。

13. ±0.00以下墙体采用M5水泥砂浆，MU10页岩标准砖砌筑。

±0.00以上墙体采用M5混合砂浆，MU7.5页岩标准砖砌筑。

14. 构造柱施工顺序为先砌墙后浇筑，不得更改结构的用途和使用环境。

15. 施工图除满足说明外，还应符合相关技术措施。

16. 本工程未注明的混凝土强度等级为C25。

基础平面布置图

图中未注明构造柱为GZ1

图中构造柱表示从地圈梁伸起

GZ1
240×240
4Φ12
φ6@100/200

GZ1

1000宽条基大样图

采用的通用图集目录

序号	图集编号	图集名称
1	西南03G601<->	多层砖房抗震构造图集
2	西南03G301<->	钢筋混凝土过梁

选用标准图的构件及节点时应同时按照标准图说明施工

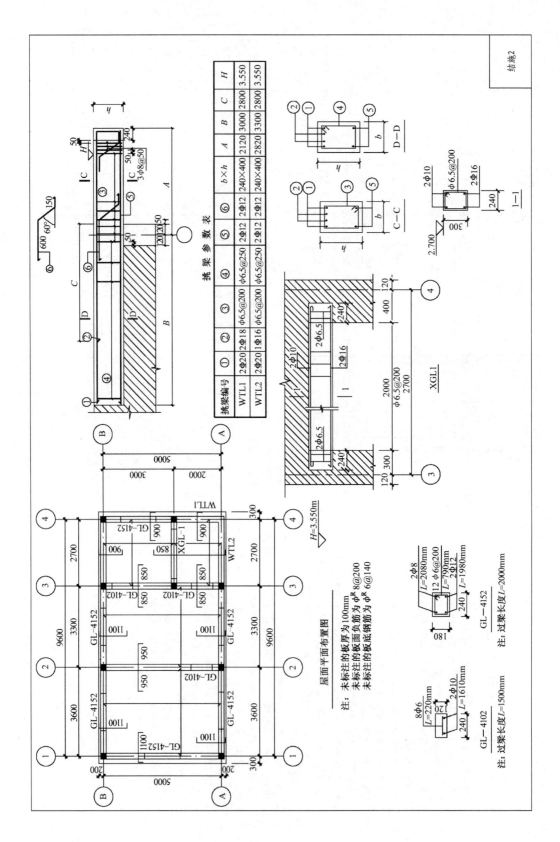

挑 梁 参 数 表

挑梁编号	①	②	③	④	⑤	⑥	b×h	A	B	C	H
WTL1	2Φ20	2Φ18	φ6.5@200	φ6.5@250	2Φ12	2Φ12	240×400	2120	3000	2800	3.550
WTL2	2Φ20	1Φ16	φ6.5@200	φ6.5@250	2Φ12	2Φ12	240×400	2820	3300	2800	3.550

屋面平面布置图

注：未标注的板厚为100mm
未标注的板面负筋为 φ^R8@200
未标注的板底钢筋为 φ^R 6@140

注：过梁长度L=2000mm GL-4152

注：过梁长度L=1500mm GL-4102

结施2

2.16.2 小平房工程列项

按统筹法计算小平房工程工程量列项见表 2-52（选用某地区预算定额见后）。

小平房工程施工图预算分项工程项目表　　　　表 2-52

利用基数	序号	定额编号	项　目　名　称	计量单位
$S_底$、$L_外$	1	A1-39	平整场地	m^2
$L_中$、$L_内$	2	A1-11	挖地槽土方	m^3
$L_中$、$L_内$	3	B1-2	C20 混凝土砖基础垫层	m^3
$L_中$、$L_内$	4	A12-77	基础垫层模板	m^2
$L_中$、$L_内$	5	A4-23	现浇 C25 混凝土地圈梁	m^3
$L_中$、$L_内$	6	A12-22	地圈梁模板	m^2
	7	A4-18	现浇 C20 混凝土构造柱	m^3
	8	A12-17	构造柱模板	m^2
$L_中$、$L_内$	9	A3-1	M5 水泥砂浆砌砖基础	m^3
	10	A1-41	地槽回填土	m^3
	11	A1-41	室内回填土	m^3
	12	A1-153	余土外运	m^3
$L_中$	13	A11-1	双排外脚手架	m^2
$L_内$	14	A11-20	里脚手架	m^2
	15	A4-24	现浇 C25 混凝土过梁	m^3
	16	A12-23	过梁模板	m^2
	17	A4-21	现浇 C25 混凝土矩形梁	m^3
	18	A12-21	矩形梁模板	m^2
	19	B4-128	塑钢平开门	m^2
	20	B4-255	塑钢推拉窗	m^2
$L_中$、$L_内$	21	A3-3	实心砖墙	m^3
$S_底$	22	B1-24	C15 混凝土地面垫层	m^3
$S_底$	23	A4-35	现浇 C25 混凝土平板	m^3
$S_底$	24	A12-32	平板模板	m^2
$L_外$	25	A4-61	现浇 C20 混凝土散水	m^2
$L_外$	26	A12-100	散水模板	m^2
	27	A4-66	现浇 C20 混凝土台阶	m^2
	28	A12-100	台阶模板	m^2
	29	A4-330	现浇构件钢筋 HPB235	t
	30	A4-331	现浇构件钢筋 HPB335	t
	31	A4-331	现浇构件钢筋 HRB400	t

利用基数	序号	定额编号	项　目　名　称	计量单位
	32	A4-330	现浇构件钢筋 CRB550	t
$S_底$	33	A7-50	SBS 改性沥青卷材防水	m²
$S_底$	34	A8-234	1:6 水泥膨胀蛭石保温屋面	m²
$S_底$	35	B1-38	1:2 水泥砂浆地面面层	m²
$S_底$	36	B1-27	屋面 1:3 水泥砂浆找平层	m²
$S_底$	37	B1-38	屋面 1:2.5 水泥砂浆保护层	m²
	38	B1-199	1:2 水泥砂浆踢脚线 150 高	m²
	39	B1-361	1:2 水泥砂浆台阶面	m²
$L_中, L_内$	40	B2-19	混合砂浆内墙面	m²
	41	B2-79	挑梁混合砂浆抹面	m²
$L_外$	42	B2-153	外墙面砖	m²
$L_外$	43	B2-462	窗台线、挑檐口镶贴面砖	m²
$S_底$	44	B3-7	混合砂浆天棚	m²
$L_内$	45	B5-296	抹灰面油漆（墙面、天棚、梁）	m²
	46	A13-5	垂直运输	m²

2.16.3　小平房工程工程量计算

小平房工程基数计算表见表 2-53。

小平房工程基数计算表　　　　　　　　　　表 2-53

基数名称	代号	图号	墙高（m）	单位	数量	计　算　式
外墙中线长	$L_中$	建施 1	3.60	m	29.20	$L_中 = (3.60 + 3.30 + 2.70 + 5.0) \times 2 = 29.20\text{m}$
内墙净长	$L_内$	建施 1	3.60	m	7.52	$L_内 = 5.0 - 0.24 + 3.0 - 0.24 = 7.52\text{m}$ 内墙垫层长 $= 5.0 - 1.0 + 3.0 - 1.0 = 6.0\text{m}$ 内墙砖基础长 $= 5.0 \times 2 - 0.24 \times 2 + 2.70 - 0.24$ $\qquad = 11.98\text{m}$
外墙外边长	$L_外$	建施 1		m	30.16	$L_外 = 29.20 + 0.24 \times 4 = 30.16\text{m}$
底层面积	$S_底$	建施 1		m²	51.56	底面积 $= (3.60 + 3.30 + 2.70 + 0.24) \times (5.0 + 0.24)$ $\qquad = 51.56\text{m}^2$

小平房分项工程量计算见表2-54。

小平房分项工程量计算表 表2-54

序号	定额编号	项目名称	计量单位	工程量	计 算 式
1	A1-39	平整场地	m^2	127.88	$S = S_底 + L_外 \times 2 + 16$ $= 51.56 + 30.16 \times 2 + 16$ $= 127.88 m^2$
2	A1-11	挖地槽土方	m^3	46.68	不放坡、不加工作面 $V = (L_中 + 内墙垫层长) \times 1.0 \times (1.50 - 0.30)$ $= (29.20 + 9.70) \times 1.00 \times 1.20$ $= 38.90 \times 1.20$ $= 46.68 m^3$
3	B1-2	C20混凝土砖基础垫层	m^3	11.67	$V = (L_中 + 内墙垫层长) \times 垫层宽 \times 垫层厚$ $= (29.20 + 9.70) \times 1.00 \times 0.3$ $= 38.90 \times 0.30$ $= 11.67 m^3$
4	A12-77	基础垫层模板	m^2	21.54	$S = [(9.60 + 1.00 + 5.00 + 1.00) \times 2 + (5.0 - 1.0) \times 4$ $+ (3.6 - 1.0) \times 2 + (3.3 - 1.0) \times 2 + (2.7 - 1.0) \times 4$ $+ (3.0 - 1.0) \times 2 + (2.0 - 1.0) \times 2] \times 0.30$ $= (33.20 + 16.00 + 5.20 + 4.60 + 6.80 + 4.00 + 2.00) \times 0.30$ $= 21.54 m^2$
5	A4-23	现浇C25混凝土地圈梁	m^3	2.37	$V = (L_中 + 内墙基础长) \times 0.24 \times 0.24$ $= (29.20 + 11.98) \times 0.24 \times 0.24$ $= 41.18 \times 0.0576$ $= 2.37 m^3$
6	A12-22	地圈梁模板	m^2	19.42	$S = [29.20 + 0.24 \times 4 + (5.0 - 0.24) \times 4 + (3.6 - 0.24) \times 2$ $+ (3.3 - 0.24) \times 2 + (2.7 - 0.24) \times 4 + (3.0 - 0.24) \times 2$ $+ (2.0 - 0.24) \times 2] \times 0.24$ $= (30.16 + 19.04 + 6.72 + 6.12 + 9.84 + 5.52 + 3.52) \times 0.24$ $= 80.92 \times 0.24 = 19.42 m^2$
7	A4-18	现浇C20混凝土构造柱	m^3	2.54	室内地坪以下体积： $V = 9$根柱$\times 0.50 \times 0.24 \times 0.24 = 9 \times 0.0288 = 0.26 m^3$ 室内地坪以上体积： $V = 4$根$\times 3.60 \times 0.24 \times (0.24 + 0.06 + 0.03) + 3$根$\times 3.60$ $\times 0.24 \times (0.24 + 0.06) + 2$根$\times (3.55 - 0.40) \times 0.24$ $\times (0.24 + 0.06) -$矩形梁占体积$0.24 \times 0.24 \times 0.40 \times 4$处 $= 4 \times 3.60 \times 0.0792 + 3 \times 3.60 \times 0.072 + 2 \times 3.15 \times 0.072$ $- 0.24 \times 0.24 \times 0.40 \times 4$ $= 1.140 + 0.778 + 0.454 - 0.092$ $= 2.28 m^3$ 小计：$0.26 + 2.28 = 2.54 m^3$

序号	定额编号	项目名称	计量单位	工程量	计　　算　　式
8	A12-17	构造柱模板	m²	21.60	室内地坪以下： （4角×0.24×2+5个单面×0.24）×0.50 =1.56m² 室内地坪以上： （5阳角×0.30×2+4直线×0.36+13阴角×0.12）×3.60 （矩形梁处没有扣除）=（3.0+1.44+1.56）×3.60 　　　　=21.60m²
9	A3-1	M5水泥砂浆 砌砖基础	m³	12.10	V＝（$L_{中}$＋内墙基础长）×（基础墙高×0.24+放脚增加面积） 　　－圈梁体积－构造柱体积－台阶处350mm高基础体积 ＝（29.20+11.98）×[（1.50－0.30）×0.24+0.007875×12－2] 　　－2.37－0.26－（2.70+2.0－0.24）×0.35×0.24 ＝41.18×（1.20×0.24+0.07875）－2.37－0.26－0.375 ＝41.18×0.3668－3.005 ＝15.10－3.005 ＝12.10m³
10	A1-41	地槽回填土	m³	20.44	V＝地槽挖土体积－砖基础体积－垫层体积－地圈梁体积 　　－室外地坪以下构造柱体积 ＝46.68－12.10－11.67－2.37－9根柱×0.20×0.24×0.24 ＝20.54－0.104 ＝20.44m³
11	A1-41	室内回填土	m³	7.50	V＝（室内外地坪高差－垫层厚－面层厚）×主墙间净面积 ＝（0.30－0.10－0.02）×[底面积－（$L_{中}$＋内墙基础长）×0.24] ＝0.18×[51.56－（29.20+11.98）×0.24] ＝0.18×（51.56－9.88） ＝0.18×41.68=7.50m³
12	A1-153	余土外运	m³	18.74	V＝46.68－20.44－7.50=18.74m³
13	A11-1	双排外脚手架	m²	117.62	S＝搭设高度×外墙外边周长（$L_{外}$） ＝（3.60+0.30）×30.16 ＝3.90×30.16 ＝117.62m²
14	A11-20	里脚手架	m²	27.07	S＝内墙净长（$L_{内}$）×墙高 ＝7.52$L_{内}$×3.60 ＝27.07m²
15	A4-24	现浇C25混凝土 过梁	m³	0.83	V＝6根×2.0×0.24×0.18+3根×1.50×0.24×0.12+1根 　　×（2.0+0.24×2）×0.24×0.3 ＝6×0.0864+3×0.0432+0.179 ＝0.518+0.130+0.179 ＝0.83m³

序号	定额编号	项目名称	计量单位	工程量	计 算 式
16	A12-23	过梁模板	m²	10.18	GL-4102：$3 \times$（底模 $0.90 \times 0.24 +$ 侧模 $1.50 \times 2 \times 0.12$） $= 3 \times (0.216 + 0.36)$ $= 3 \times 0.576$ $= 1.728 \text{m}^2$ GL-4152：$6 \times$（底模 $1.50 \times 0.24 +$ 侧模 $2.0 \times 0.18 \times 2$） $= 6 \times (0.36 + 0.72)$ $= 6 \times 1.08$ $= 6.48 \text{m}^2$ XGL1：底模 $2.0 \times 0.24 + 2.48 \times 0.30 \times 2$ $= 0.48 + 1.488$ $= 1.968 \text{m}^2$ 小计：$1.728 + 6.48 + 1.968 = 10.18 \text{m}^2$
17	A4-21	现浇 C25 混凝土矩形梁	m³	1.06	$V =$ 长 × 宽 × 高 $= (3.0 + 2.0 + 3.30 + 2.70) \times 0.24 \times 0.40$ $= 11.00 \times 0.096$ $= 1.06 \text{m}^3$ 其中在墙内：$(3.0 + 0.12 + 3.30 + 0.12) \times 0.24 \times 0.4$ $= 6.54 \times 0.096 = 0.63 \text{m}^3$
18	A12-21	矩形梁模板	m²	9.74	侧模：$[(3.0 + 3.3 + 2.12 + 2.82) \times 2 - 0.40 \times 2] \times 0.40$ $= 8.672 \text{m}^2$ 底模：$(2.12 - 0.12 + 2.82 - 0.12 - 0.24) \times 0.24$ $= 4.46 \times 0.24$ $= 1.070 \text{m}^2$ 小计：$8.672 + 1.070 = 9.74 \text{m}^2$
19	B4-128	塑钢平开门	m²	8.64	M1 $S = 0.90 \times 2.40 \times 3$ 樘 $= 6.48 \text{m}^2$ M2（门部分） $S = 2.40 \times 0.90 \times 1$ 樘 $= 2.16 \text{m}^2$ 小计：$6.48 + 2.16 = 8.64 \text{m}^2$
20	B4-255	塑钢推拉窗	m²	15.15	C1 $S = 1.50 \times 1.50 \times 6$ 樘 $= 13.50 \text{m}^2$ M2 $S = 1.50 \times 1.10 \times 1$ 樘 $= 1.65 \text{m}^2$ 小计：$13.50 + 1.65 = 15.15 \text{m}^2$
21	A3-3	实心砖墙	m³	22.19	$V = [(L_中 + L_内) \times$ 墙高 $-$ 门窗面积 $] \times$ 墙厚 $-$ 过梁体积 $\qquad -$ 挑梁体积 $-$ 构造柱体积 $= [(29.20 + 7.52) \times 3.60 - (6.48 + 3.81 + 13.50)] \times 0.24$ $\qquad - 0.83 - 0.63 - 2.37$ $= (132.19 - 23.79) \times 0.24 - 3.83$ $= 108.40 \times 0.24 - 3.83$ $= 22.19 \text{m}^3$

序号	定额编号	项目名称	计量单位	工程量	计　算　式
22	B1-24	C15混凝土地面垫层	m³	2.49	$V=41.43\times0.06=2.49m^3$
23	A4-35	现浇C25混凝土平板	m³	5.51	$V=$现浇屋面板长×宽×厚 $=(9.60+0.30\times2)\times(5.0+0.20\times2)\times0.10$ $=10.20\times5.40\times0.10$ $=5.51m^3$
24	A12-32	平板模板	m²	47.28	底模=屋面板面积－墙厚(矩形梁)所占面积 $=(9.60+0.30\times2)\times(5.0+0.20\times2)-($序5$)41.18$ 　　$\times0.24-(2.70+2.00-0.24)\times0.24$ $=55.08-9.883-1.070$ $=44.127m^2$ 侧模：(序31)$31.48\times0.10=3.148m^2$ 小计：$44.127+3.148=47.28m^2$
25	A4-61	现浇C20混凝土散水	m²	25.19	$S=(L_{中}+4\times0.24+4\times$散水宽$)\times$散水宽－台阶面积 $=(29.20+0.96+4\times0.80)\times0.80-(2.70-0.12+0.12$ 　　$+0.30+2.0-0.12+0.12)\times0.30$ $=33.36\times0.80-1.50$ $=25.19m^2$
26	A12-100	散水模板	m²	2.19	散水4周侧模：$(29.20+4\times0.24+8\times0.80)\times0.06$ 　　　　　　$=36.56\times0.06=2.19m^2$
27	A4-66	现浇C20混凝土台阶	m²	2.82	$S=(2.70+2.0)\times0.30\times2$ $=2.82m^2$
28	A12-100	台阶模板	m²	2.82	$S=(2.70+2.0)\times0.30\times2$ $=2.82m^2$
29	A4-330	现浇构件钢筋HPB300	t	0.099	略
30	A4-331	现浇构件钢筋HRB335	t	0.021	略
31	A4-331	现浇构件钢筋HRB400	t	0.399	略
32	A4-330	现浇构件钢筋CRB550	t	0.386	略
33	A7-50	SBS改性沥青卷材防水	m²	55.08	$S=$平屋面面积 $=(9.60+0.30\times2)\times(5.0+0.20\times2)$ $=10.20\times5.40$ $=55.08m^2$
34	A8-234	1:6水泥膨胀蛭石保温屋面	m²	55.08	$S=$平屋面面积 $=(9.60+0.30\times2)\times(5.0+0.20\times2)$ $=10.20\times5.40$ $=55.08m^2$

序号	定额编号	项目名称	计量单位	工程量	计　算　式
35	B1-38	1:2 水泥砂浆地面面层	m²	41.43	S = 地面净面积 – 台阶面积 = 底面积 – 结构面积 – 台阶(0.30 – 0.24)宽的面积 = 51.56 – (29.20 + 11.98) × 0.24 – (2.7 – 0.24 + 2.0 　– 0.30) × (0.30 – 0.24) = 51.56 – 9.88 – 0.25 = 41.43m²
36	B1-27	屋面 1:2.5 水泥砂浆找平层	m²	55.08	S = 平屋面面积 = (9.60 + 0.30 × 2) × (5.0 + 0.20 × 2) = 10.20 × 5.40 = 55.08m²
37	B1-38	屋面 1:2.5 水泥砂浆保护层	m²	55.08	计算式同上
38	B1-199	1:2 水泥砂浆踢脚线 150 高	m²	6.14	S = 各房间踢脚线长 × 踢脚线高 = [(3.60 – 0.24 + 5.0 – 0.24) × 2 + (3.30 – 0.24 + 5.0 　– 0.24) × 2 + (2.70 – 0.24 + 3.0 – 0.24) × 2 　+ 檐廊处(2.70 + 2.00) – 门洞(0.9 × 4 × 2 面) 　+ 洞口侧面 4 樘 × (0.24 – 0.10) × 2] × 0.15 = (16.24 + 15.64 + 10.44 + 4.70 – 7.20 + 1.12) × 0.15 = 40.94 × 0.15 = 6.14m²
39	B1-361	1:2 水泥砂浆台阶面	m²	2.82	S = (2.70 + 2.0) × 0.30 × 2 = 2.82m²
40	B2-19	混合砂浆内墙面	m²	147.19	S = 墙净长 × 净高 – 门窗洞口面积 = [(3.60 – 0.24 + 5.0 – 0.24) × 2 + (3.30 – 0.24 + 5.0 – 0.24) 　× 2 + (2.70 – 0.24 + 3.0 – 0.24) × 2 　+ 檐廊处(2.70 + 2.00)] × 3.60 – (6.48 × 2 面 + 3.81 　× 2 面 + 13.50) = (16.24 + 15.64 + 10.44 + 4.70) × 3.60 – 22.08 = 169.27 – 22.08 = 147.19m²
41	B2-79	挑梁混合砂浆抹面	m²	4.64	S = 梁长 × 展开面积 = (2.70 – 0.12 + 2.0 – 0.12) × (0.24 + 0.40 × 2) = 4.46 × 1.04 = 4.64m²

序号	定额编号	项目名称	计量单位	工程量	计 算 式
42	B2-153	外墙面砖	m²	90.37	S = 外墙外边长×高 - 窗洞口面积 + 窗侧面贴砖厚度面积 　　 + 窗侧面和顶面面积 - 窗台线侧立面积 　 = ($L_{中}$29.20 + 0.24×4 + 面砖、砂浆厚(0.005 + 0.02 　　 + 0.005)×8 - 2.70 - 2.00)×(3.60 + 0.30) - 13.50 　　 + 窗侧面贴砖厚度面积1.5×4×6樘×(0.005 + 0.02 　　 + 0.005) + 1.50×(0.24 - 0.10)×3边×6樘 　　 - 窗台线立面(1.50 + 0.20)×0.12×6樘 　 = 25.70×3.90 - 13.50 + 1.08 + 3.78 - 1.224 　 = 100.23 - 13.50 + 1.08 + 3.78 - 1.224 　 = 90.37m²
43	B2-462	窗台线、挑檐口镶贴面砖	m²	6.33	S = 窗台线长×突出墙面展开宽 + 窗台线端头面积 　　 + 窗台面积 + 挑檐口面积[1.50×(0.24 - 0.10) 　　 + (1.50 + 0.20)×0.06 + 窗台侧面(1.50 + 0.20 + 0.06 　　 ×2)×0.12]×6樘 + [9.60 + 0.30×2 + 5.0 + 0.20 　　 ×2 + (0.025 + 0.005 + 0.005)×8]×0.10 　 = (0.21 + 0.102 + 0.218)×6 + 31.48×0.10 　 = 3.18 + 3.148 　 = 6.33m²
44	B3-7	混合砂浆天棚	m²	45.20	S = 屋面面积 - 墙结构面积 - 挑梁底面面积 　 = (9.60 + 0.30×2)×(5.0 + 0.20×2) - (29.20 + 11.98)×0.24 　 = 10.20×5.40 - 9.88 　 = 55.08 - 9.88 　 = 45.20m²
45	B5-296	抹灰面油漆（墙面、天棚、梁）	m²	197.03	S = 同序28 　 = 147.19 + 4.64 + 45.20 = 197.03m²
46	A13-5	垂直运输	m²	48.86	(9.60 + 0.24)×(5.00 + 0.24) - 2.70×2.00×0.50 　 = 51.562 - 2.70 　 = 48.86m²

2.16.4 小平房钢筋工程量计算

1. 小平房钢筋工程量计算

小平房钢筋工程量计算见表2-55。

序号	构件名称	部位	钢筋种类	计　算　式
1	基础梁	A轴	通长筋 4@Φ12	$(9.60 + 0.24 - 0.03 \times 2 + 15 \times 0.012 \times 2) \times 4 \times 0.006165 \times 12 \times 12$ $= 36.01$ kg
			箍筋 ϕ6.5	单根长：$0.24 \times 4 - 8 \times 0.03 + (0.075 + 1.9 \times 0.0065) \times 2$ $= 894.7$ mm $= 0.89$ m
				根数：1-2轴：$(3.60 - 0.24 - 0.05 \times 2)/0.25 + 1 = 15$
				2-3轴：$(3.30 - 0.24 - 0.05 \times 2)/0.25 + 1 = 13$
				3-4轴：$(2.70 - 0.24 - 0.05 \times 2)/0.25 + 1 = 11$
				重量：$(15 + 13 + 11) \times 0.89 \times 0.006165 \times 6.5 \times 6.5 = 9.04$ kg
		B轴	通长筋 4@Φ12	$(2.70 + 0.24 - 0.03 \times 2 + 15 \times 0.012 \times 2) \times 4 \times 0.006165 \times 12 \times 12$ $= 11.51$ kg
			箍筋 ϕ6.5	单根长：$0.24 \times 4 - 8 \times 0.03 + (0.075 + 1.9 \times 0.0065) \times 2$ $= 894.7$ mm $= 0.89$ m
				根数：$(2.7 - 0.24 - 0.05 \times 2)/0.25 + 1 = 11$
				重量：$11 \times 0.89 \times 0.006165 \times 6.5 \times 6.5 = 2.55$ kg
		C轴		同A轴
		1轴	通长筋 4@Φ12	$(5.00 + 0.24 - 0.03 \times 2 + 0.012 \times 15 \times 2) \times 4 \times 0.006165 \times 12 \times 12$ $= 19.67$ kg
			箍筋 ϕ6.5	单根长：$0.24 \times 4 - 8 \times 0.03 + (0.075 + 1.9 \times 0.0065) \times 2 = 0.89$ m
				根数：$(5.00 - 0.24 - 0.05 \times 2)/0.25 + 1 = 20$
				重量：$20 \times 0.89 \times 0.006165 \times 6.5 \times 6.5 = 4.64$ kg
		2轴		同1轴
		3轴	通长筋 4@Φ12	$(5.00 + 0.24 - 0.03 \times 2 + 0.012 \times 15 \times 2) \times 4 \times 0.006165 \times 12 \times 12$ $= 19.67$ kg
			箍筋 ϕ6.5	单根长：$0.24 \times 4 - 8 \times 0.03 + (0.075 + 1.9 \times 0.0065) \times 2$ $= 894.7$ mm $= 0.89$ m
				根数：$(2.00 - 0.24 - 0.05 \times 2)/0.25 + 1 = 8$
				$(3.00 - 0.24 - 0.05 \times 2)/0.25 + 1 = 12$
				重量：$20 \times 0.89 \times 0.006165 \times 6.5 \times 6.5 = 4.64$ kg
		4轴		同3轴
	基础梁小计：ϕ6.5：$9.04 + 2.55 + 9.04 + 4.64 \times 4 = 39.19$ kg；Φ12：$36.01 + 11.51 + 19.67 \times 4 = 126.20$ kg			

序号	构件名称	部位	钢筋种类	计 算 式
2	过梁	GL4152(6)	上部2@φ8	$2.08 \times 2 \times 6 \times 0.006165 \times 8 \times 8 = 9.85$kg
			下部2@Φ12	$1.98 \times 2 \times 6 \times 0.006165 \times 12 \times 12 = 21.09$kg
			箍筋 φ6.5	$12 \times 0.79 \times 6 \times 0.006165 \times 6.5 \times 6.5 = 14.82$kg
		GL4102(1)	下部2@φ10	$1.61 \times 2 \times 0.006165 \times 10 \times 10 = 1.99$kg
			箍筋 φ6.5	$0.22 \times 8 \times 0.006165 \times 6.5 \times 6.5 = 0.46$kg
		XGL1	上部2@φ10	$(2.00 + 0.48 - 0.03 \times 2 + 6.25 \times 0.01 \times 2) \times 2 \times 0.006165 \times 10 \times 10$ $= 3.14$kg
			下部2@Φ16	$(2.00 + 0.48 - 0.03 \times 2 + 6.25 \times 0.016 \times 2) \times 2 \times 0.006165 \times 16 \times 16 = 8.27$kg
			箍筋 φ6.5	$n: (2.00 - 0.05 \times 2 / 0.2) + 1 + 4 = 15$
				$L: (0.24 + 0.3) \times 2 - 8 \times 0.03 + (0.075 + 1.9 \times 0.0065) \times 2$ $= 1.01$m
				重量:$15 \times 1.01 \times 0.006165 \times 6.5 \times 6.5 = 3.95$kg
	过梁小计:		φ8:9.85kg	
			Φ12:21.09kg	
			φ6.5:$14.82 + 0.46 + 3.95 = 19.23$kg	
			φ10:$1.99 + 3.14 = 5.13$kg	
			Φ16:8.27kg	
3	悬挑梁	WTL1	1 号筋:2@Φ20	$[2.12 + 3.00 + 0.4 - 0.03 \times 2 - 0.03 \times 2 + 0.24 + 0.05 - 0.03$ $+ 1.579 \times (0.4 - 0.03 \times 2)\{弯起长\} + 15 \times 0.02\{锚固长\}$ $+ 6.25 \times 0.02] \times 2 \times 0.006165 \times 20 \times 20 = 32.66$kg
			2 号筋:2@Φ18	$(2.12 + 3.00 - 0.03 \times 2 + 6.25 \times 0.018) \times 2 \times 0.006165 \times 18 \times 18$ $= 20.66$kg
			3 号筋 φ6.5	根数:$(2.12 + 0.12 - 0.24 - 0.15 - 0.05 \times 2 / 0.2) + 1 = 10$
				长度:$(0.24 + 0.4) \times 2 - 0.03 \times 8 + (0.075 + 1.9 \times 0.0065) \times 2$ $= 1.21$m
				重量:$1.21 \times 10 \times 0.006165 \times 6.5 \times 6.5 = 3.15$kg
			4 号筋 φ6.5	长度:1.21m
				根数:$(3.00 - 0.05 \times 2 / 0.25) + 1 = 13$
				重量:$1.21 \times 13 \times 0.006165 \times 6.5 \times 6.5 = 4.10$kg
			5 号筋:2@Φ12	$(2.12 + 3.00 - 0.03 \times 2 + 6.25 \times 0.012) \times 2 \times 0.006165 \times 12 \times 12$ $= 9.12$kg
			6 号筋:2@Φ12	$[0.60 + 0.15 + 1.579 \times (0.40 - 0.03 \times 2) + 6.25 \times 0.012$ $\times 2] \times 0.006165 \times 12 \times 12 = 1.28$kg
			附加箍筋 φ8	根数:3
				长度:$(0.24 + 0.40) \times 2 - 8 \times 0.03 + 11.9 \times 0.008 \times 2 = 1.23$m
				重量:$3 \times 1.23 \times 0.006165 \times 8 \times 8 = 1.46$kg

序号	构件名称	部位	钢筋种类	计 算 式
3	悬挑梁	WTL2	1 号筋:2@Φ20	$[2.82+3.30+0.40-0.03\times2-0.03\times2+0.24+0.05-0.03$ $+1.579\times(0.4-0.03\times2)+15\times0.02+6.25\times0.02]$ $\times2\times0.006165\times20\times20=37.59kg$
			2 号筋:1@Φ16	$(2.82+3.30-0.03\times2+6.25\times0.018)\times0.006165\times16\times16$ $=9.74kg$
			3 号筋 $\phi6.5$	根数:$(2.82+0.12-0.24-0.15-0.05\times2/0.2)+1=14$
				长度:$(0.24+0.4)\times2-0.03\times8+(0.075+1.9\times0.0065)\times2$ $=1.21m$
				重量:$14\times1.21\times0.006165\times6.5\times6.5=4.41kg$
			4 号筋 $\phi6.5$	根数:$(3.30-0.05\times2/0.25)+1=14$
				长度:$(0.24+0.40)\times2-0.03\times8+(0.075+1.9\times0.0065)\times2$ $=1.21m$
				重量:$14\times1.21\times0.006165\times6.5\times6.5=4.41kg$
			5 号筋:2@Φ12	$(2.82+3.30-0.03\times2+6.25\times0.012)\times2\times0.006165\times12\times12$ $=10.89kg$
			6 号筋:2@Φ12	$[0.6+0.15+1.579\times(0.4-0.03\times2)+6.25\times0.012\times2]$ $\times0.006165\times12\times12=1.28kg$
		悬挑梁小计:	Φ20:$32.66+37.59=70.25kg$	
			Φ18:$20.66kg$	
			Φ16:$10.08kg$	
			Φ12:$9.12+1.28+10.89+1.28=22.57kg$	
			$\phi8$:$1.46kg$	
			$\phi6.5$:$3.15+4.10+4.41+4.41=16.07kg$	
4	板	面筋 1 轴/A-B 轴	ϕ^R8	长度:$1.10+0.12+0.30-0.02+0.1\times2-4\times0.02=1.62$
				根数:$(5.00+0.20\times2-0.20)/0.2+1=27$
				重量:$1.62\times27\times0.006165\times8\times8=17.26kg$
		面筋 2 轴/A-B 轴	ϕ^R8	长度:$0.95\times2+0.24+0.10\times2-4\times0.02=2.26m$
				根数:$(5.00+0.20\times2-0.2)/0.2+1=27$
				重量:$2.26\times27\times0.006165\times8\times8=24.08kg$
		面筋 3 轴/A-B 轴	ϕ^R8	长度:$0.85\times2+0.24+0.10\times2-4\times0.02=2.06m$
				根数:$(5.00+0.20\times2-0.20)/0.2+1=27$
				重量:$2.06\times27\times0.006165\times8\times8=21.95kg$
		面筋 4 轴/A-B 轴	ϕ^R8	长度:$0.90+0.12+0.30-0.020+0.10\times2-4\times0.02=1.42$
				根数:$(5.00+0.20\times2-0.2)/0.2+1=27$
				重量:$1.42\times27\times0.006165\times8\times8=15.13kg$

序号	构件名称	部位	钢筋种类	计 算 式
4	板	面筋 A 轴/1－3 轴	$\phi^R 8$	长度：$1.10 + 0.12 + 0.20 - 0.002 + 0.10 \times 2 - 0.04 \times 2 = 1.52$
				根数：$(3.60 + 3.30 + 0.30 - 0.20/0.2) + 1 = 36$
				重量：$1.52 \times 36 \times 0.006165 \times 8 \times 8 = 21.59\text{kg}$
		面筋 A 轴/3－4 轴	$\phi^R 8$	长度：$2.00 + 0.20 + 0.12 + 0.85 - 0.02 + 0.10 \times 2 - 4 \times 0.02 = 3.27$
				根数：$(2.70 + 0.30 - 0.20/0.20) + 1 = 15$
				重量：$3.27 \times 15 \times 0.006165 \times 8 \times 8 = 19.35\text{kg}$
		面筋 B 轴/1－3 轴	$\phi^R 8$	长度：$1.10 + 0.12 + 0.20 - 0.02 + 0.10 \times 2 - 4 \times 0.02 = 1.52$
				根数：$(3.60 + 3.30 + 0.30 - 0.20/0.20) + 1 = 36$
				重量：$1.52 \times 36 \times 0.006165 \times 8 \times 8 = 21.59\text{kg}$
		面筋 B 轴/3－4 轴	$\phi^R 8$	长度：$0.90 + 0.12 + 0.20 - 0.02 + 0.10 \times 2 - 4 \times 0.02 = 1.32$
				根数：$(2.70 + 0.30 - 0.20/0.20) + 1 = 15$
				重量：$1.32 \times 15 \times 0.006165 \times 8 \times 8 = 7.81\text{kg}$
		底筋 1－2 轴/A－B 轴	$\phi^R 6.5，X 向$	长度：$3.60 + 6.25 \times 0.0065 \times 2 = 3.68\text{m}$
				根数：$(5.00/0.14) + 1 = 37$
				重量：$3.68 \times 37 \times 0.006165 \times 6.5 \times 6.5 = 35.47\text{kg}$
			$\phi^R 6.5，Y 向$	长度：$5.00 + 6.25 \times 0.0065 \times 2 = 5.08\text{m}$
				根数：$(3.60/0.14) + 1 = 27$
				重量：$5.08 \times 27 \times 0.006165 \times 6.5 \times 6.5 = 35.73\text{kg}$
		底筋 2－3 轴/A－B 轴	$\phi^R 6.5，X 向$	长度：$3.30 + 6.25 \times 0.0065 \times 2 = 3.38\text{m}$
				根数：$(5.00/0.14) + 1 = 37$
				重量：$3.38 \times 37 \times 0.006165 \times 6.5 \times 6.5 = 32.57\text{kg}$
			$\phi^R 6.5，Y 向$	长度：$5.00 + 6.25 \times 0.0065 \times 2 = 5.08\text{m}$
				根数：$3.30/0.14 - 1 = 23$
				重量：$5.08 \times 23 \times 0.006165 \times 6.5 \times 6.5 = 30.43\text{kg}$
		底筋 3－4 轴/A－B 轴	$\phi^R 6.5，X 向$	长度：$2.70 + 6.25 \times 0.0065 \times 2 = 2.78$
				根数：$(5.00/0.14) + 1 = 37$
				重量：$2.78 \times 37 \times 0.006165 \times 6.5 \times 6.5 = 26.79\text{kg}$
			$\phi^R 6.5，Y 向$	长度：$5.00 + 6.25 \times 0.0065 \times 2 = 5.08\text{m}$
				根数：$(2.70/0.14) + 1 = 21$
				重量：$5.08 \times 21 \times 0.006165 \times 6.5 \times 6.5 = 27.79\text{kg}$

序号	构件名称	部位	钢筋种类	计 算 式	
4	板	负筋分布筋1-2轴/A-B轴图中标注长至墙内侧	$\phi^R 6.5@300$，X向	长度：$3.60 + 0.10 \times 2 - 0.02 \times 4 = 3.72m$	
				根数：$4 \times 2 = 8$	
			$\phi^R 6.5@300$，Y向	长度：$5.00 + 0.10 \times 2 - 0.02 \times 4 = 5.12m$	
				根数：$4 + 3 = 7$	
				重量：$(3.72 \times 8 + 5.12 \times 7) \times 0.006165 \times 6.5 \times 6.5 = 17.09kg$	
		负筋分布筋2-3轴/A-B轴图中标注长至墙内侧	$\phi^R 6.5@300$，X向	长度：$3.30 + 0.10 \times 2 - 0.02 \times 4 = 3.42m$	
				根数：$4 \times 2 = 8$	
			$\phi^R 6.5@300$，Y向	长度：$5.00 + 0.10 \times 2 - 0.02 \times 4 = 5.12m$	
				根数：$3 + 3 = 6$	
				重量：$(3.42 \times 8 + 5.12 \times 6) \times 0.006165 \times 6.5 \times 6.5 = 15.13kg$	
		负筋分布筋3-4轴/A-B轴图中标注长至墙内侧	$\phi^R 6.5@300$，X向	长度：$2.70 + 0.10 \times 2 - 0.02 \times 4 = 2.82m$	
				根数：$3 + 3 = 6$	
			$\phi^R 6.5@300$，Y向	长度：$3.00 + 0.10 \times 2 - 0.02 \times 4 = 3.12m$	
				根数：$3 + 3 = 6$	
				重量：$(2.82 \times 6 + 3.12 \times 6) \times 0.006165 \times 6.5 \times 6.5 = 9.28kg$	
		负筋分布筋3-4轴/B-C轴图中标注长至墙内侧	$\phi^R 6.5@300$，X向	长度：$2.70 + 0.10 \times 2 - 0.02 \times 4 = 2.82m$	
				根数：$(2.00 - 0.24/0.30) - 1 = 5$	
			$\phi^R 6.5@300$，Y向	长度：$2.00 + 0.10 \times 2 - 0.02 \times 4 = 2.12m$	
				根数：$3 + 3 = 6$	
				重量：$(2.82 \times 5 + 2.12 \times 6) \times 0.006165 \times 6.5 \times 6.5 = 6.99kg$	
	板筋小计：		$\phi 8$：$17.26 + 24.08 + 21.95 + 15.13 + 21.59 + 19.35 + 21.59 + 7.81 = 148.76kg$		
			$\phi 6.5$：$35.47 + 35.73 + 32.57 + 30.43 + 26.79 + 27.79 + 17.09 + 15.13 + 9.28 + 6.99 = 237.27kg$		
	构造柱	纵筋 4@$\Phi 12(9)$		$(3.55 + 0.50 + 0.24 + 0.15 - 0.02) \times 4 \times 0.006165 \times 12 \times 12 \times 9 = 141.26kg$	
		箍筋 $\phi 6.5$		长度：$0.24 \times 4 - 8 \times 0.02 + (0.075 + 1.9 \times 0.006) \times 2 = 0.97m$	
				根数：$(0.50 - 0.50/0.10) + 1 = 6$	
				根数：$[(3.45/3 + 3/6 - 0.05 \times 2)/0.10] + 1 + [(3.45 - 3.45/3 - 3.45/6)0.20] - 1 = 26$	
				重量：$0.97 \times 32 \times 0.006165 \times 6.5 \times 6.5 = 8.09kg$	
	构筑柱小计：		$\phi 6.5$：$8.09kg$		
			$\Phi 12$：$141.26kg$		

2. 钢筋汇总表

小平房工程钢筋汇总表见表 2-56。

钢筋汇总表　　　　　　　　　　　　　　　表 2-56

序号	钢筋种类	重量（kg）	序号	钢筋种类	重量（kg）
1	HPB235	99.02	3	HPB400	398.95
2	HRB335	21.09	4	CRB550	386.03

2.16.5　某地区建筑工程预算定额摘录

A.3.1　砌　砖

基础及实砌内外墙　　　　　　　　　　　　　　A.3.1.1

工作内容：1. 调运砂浆（包括筛砂子及淋灰膏）、砌砖。基础包括清理基槽。2. 砌窗台虎头砖、腰线、门窗套。3. 安放木砖、铁件。　　　　　　　　　　　　　　　单位：10m³

定 额 编 号			A3-1	A3-2	A3-3	A3-4
项 目 名 称			砖基础	砖砌内外墙（墙厚）		
				一砖以内	一砖	一砖以上
基价（元）			2918.52	3467.25	3204.01	3214.17
其中	人工费（元）		584.40	985.20	798.60	775.20
	材料费（元）		2293.77	2447.91	2366.10	2397.59
	机械费（元）		40.35	34.14	39.31	41.38
名 称	单位	单价（元）	数 量			
人工	综合用工二类	工日	60.00	9.740	16.420	13.310	12.920
材料	水泥砂浆 M5（中砂）	m³	—	(2.360)	—	—	—
	水泥石灰砂浆 M5（中砂）	m³	—	—	(1.920)	(2.250)	(2.382)
	标准砖 240×115×53	千块	380.00	5.236	5.661	5.314	5.345
	水泥 32.5	t	360.00	0.505	0.411	0.482	0.510
	中砂	t	30.00	3.783	3.078	3.607	3.818
	生石灰	t	290.00	—	0.157	0.185	0.195
	水	m³	5.00	1.760	2.180	2.280	2.360
机械	灰浆搅拌机 200L	台班	103.45	0.390	0.330	0.380	0.400

梁

工作内容：混凝土搅拌、场内水平运输、浇捣、养护等。

单位：10m³

定 额 编 号			A4-20	A4-21	A4-22	A4-23
项 目 名 称			基础梁	单梁连续梁	异形梁	圈梁弧形圈梁
基 价 （元）			2908.78	3035.92	3083.52	3498.43
其中	人工费（元）		773.40	900.60	942.60	1399.20
	材料费（元）		2022.67	2022.61	2028.21	2030.05
	机械费（元）		112.71	112.71	112.71	6918
名 称	单位	单价（元）	数 量			
人工	综合用工二类	工日	60.00	12.890	15.010	15.710	23.320
材料	现浇混凝土（中砂碎石）C20-40	m³	—	(10.000)	(10.000)	(10.000)	(10.000)
	水泥32.5	t	360.00	3.250	3.250	3.250	3.250
	中砂	t	30.00	6.690	6.690	6.690	6.690
	碎石	t	42.00	13.660	13.660	13.660	13.660
	塑料薄膜	m²	0.80	24.120	23.800	28.920	33.040
	水	m³	5.00	11.790	11.830	12.130	11.840
机械	滚筒式混凝土搅拌机 500L 以内	台班	151.10	0.620	0.620	0.620	0.380
	混凝土振捣器（插入式）	台班	15.47	1.230	1.230	1.230	0.760

工作内容：混凝土搅拌、场内水平运输、浇捣、养护等。

单位：10m³

定 额 编 号			A4-24	A4-25	A4-26
项 目 名 称			过梁	拱形梁弧形梁	叠合梁
基 价 （元）			3706.20	3551.62	3281.20
其中	人工费（元）		1515.60	1399.80	1069.20
	材料费（元）		2077.89	2039.11	2099.29
	机械费（元）		112.71	112.71	112.71
名 称	单位	单价（元）	数 量		
人工	综合用工二类	工日	60.00	25.260	23.330	17.820
材料	现浇混凝土（中砂碎石）C20-40	m³	—	(10.000)	(10.000)	(10.000)
	水泥32.5	t	360.00	3.250	3.250	3.250
	中砂	t	30.00	6.690	6.690	6.690
	碎石	t	42.00	13.660	13.660	13.660
	塑料薄膜	m²	0.80	74.280	39.920	88.840
	水	m³	5.00	14.810	12.550	16.760
机械	滚筒式混凝土搅拌机 500L 以内	台班	151.10	0.620	0.620	0.620
	混凝土振捣器（插入式）	台班	15.47	1.230	1.230	1.230

工作内容：材料场内外运输、安底座、搭拆脚手架、铺翻板子、拆除后的材料堆放整理。

单位：100m²

定 额 编 号			A11-20	
项 目 名 称			3.6m以内里脚手架	
基 价 （元）			257.78	
其中	人工费（元）		199.80	
	材料费（元）		48.46	
	机械费（元）		9.52	
名 称	单位	单价（元）	数 量	
人工	综合用工二类	工日	60.00	3.330
材料	钢管 φ48.3×3.6	百米·天	1.60	4.747
	直角扣件≥1.1kg/套	百套·天	1.00	2.448
	木脚手板	m³	2200.00	0.011
	镀锌铁丝8号	kg	5.00	0.600
	铁钉	kg	5.50	2.040
机械	载货汽车5t	台班	476.04	0.020

2.17 直接费计算及工料分析

2.17.1 直接费内容

直接费由直接工程费和措施费构成。

（一）直接工程费

直接工程费是指施工过程中耗费的构成工程实体的各项费用，包括人工费、材料费、施工机械使用费。

（1）人工费

人工费是指直接从事建筑安装工程施工的生产工人所开支的各项费用，包括：

1）基本工资

指发放给生产工人的基本工资。

2）工资性补贴

指按规定发放给生产工人的物价补贴，煤、燃气补贴，交通补贴，住房补贴，流动施工津贴等。

3）生产工人辅助工资

指生产工人年有效施工天数以外非作业天数的工资，包括职工学习、培训期间的工资，调动工作、探亲、休假期间的工资，因气候影响的停工工资，女工哺乳时间的工资，病假在 6 个月以内的工资及婚、产、丧假期的工资。

4）职工福利费

指按规定标准计提的职工福利费。

5）生产工人劳动保护费

指按规定标准发放的劳动保护用品的购置费及修理费，徒工服装补贴，防暑降温费，在有碍身体健康环境中施工的保健费等。

6）社会保障费

指包含在工资内，由工人交的养老保险费、失业保险费等。

（2）材料费

材料费是指施工过程中耗用的构成工程实体、形成工程装饰效果的原材料、辅助材料、构配件、零件、半成品、成品的费用和周转材料的摊销（或租赁）费用。

（3）施工机械使用费

是指使用施工机械作业所发生的机械费用以及机械安、拆和进、出场费等。

（二）措施费

措施费是指为完成工程项目施工，发生于该工程施工前和施工过程中非工程实体项目的费用。

包括内容：

（1）环境保护费

是指施工现场为达到环保部门要求所需要的各项费用。

（2）文明施工费

是指施工现场文明施工所需要的各项费用。

（3）安全施工费

是指施工现场安全施工所需要的各项费用。

（4）临时设施费

是指施工企业为进行建筑工程施工所必须搭设的生活和生产用的临时建筑物、构筑物和其他临时设施费用等。

临时设施包括：临时宿舍、文化福利及公用事业房屋与构筑物，仓库、办公室、加工厂以及规定范围内道路、水、电、管线等临时设施和小型临时设施。

临时设施费用包括：临时设施的搭设、维修、拆除费或摊销费。

（5）夜间施工费

是指因夜间施工所发生的夜班补助费、夜间施工降效、夜间施工照明设备摊销及照明用电等费用。

（6）二次搬运费

是指因施工场地狭小等特殊情况而发生的二次搬运费用。

（7）大型机械设备进出场及安拆费

是指机械整体或分体自停放场地运至施工现场或由一个施工地点运至另一个施工地点，所发生的机械进出场运输及转移费用及机械在施工现场进行安装、拆卸所需的人工费、材料费、机械费、试运转费和安装所需的辅助设施的费用。

（8）混凝土、钢筋混凝土模板及支架费

是指混凝土施工过程中需要的各种钢模板、木模板、支架等的支、拆、运输费用及模板、支架的摊销（或租赁）费用。

（9）脚手架费

是指施工需要的各种脚手架搭、拆、运输费用及脚手架的摊销（或租赁）费用。

（10）已完工程及设备保护费

是指竣工验收前，对已完工程及设备进行保护所需费用。

（11）施工排水、降水费

是指为确保工程在正常条件下施工，采取各种排水、降水措施所发生的各种费用。

直接费划分示意见表 2-57。

（三）措施费计算方法及有关费率确定方法

（1）环境保护

$$环境保护费 = 直接工程费 × 环境保护费费率(\%)$$

$$环境保护费费率(\%) = \frac{本项费用年度平均支出}{全年建安产值 × 直接工程费占总造价比例(\%)}$$

（2）文明施工

$$文明施工费 = 直接工程费 × 文明施工费费率(\%)$$

$$文明施工费费率(\%) = \frac{本项费用年度平均支出}{全年建安产值 × 直接工程费占总造价比例(\%)}$$

直接费	直接工程费	人 工 费	基本工资
			工资性补贴
			生产工人辅助工资
			职工福利费
			生产工人劳动保护费
			社会保障费
		材 料 费	材料原价
			材料运杂费
			运输损耗费
			采购及保管费
			检验试验费
		施工机械使用费	折旧费
			大修理费
			经常修理费
			安拆费及场外运输费
			人工费
			燃料动力费
			养路费及车船使用税
	措 施 费	环境保护费	
		文明施工费	
		安全施工费	
		临时设施费	
		夜间施工费	
		二次搬运费	
		大型机械设备进出场及安拆费	
		混凝土、钢筋混凝土模板及支架费	
		脚手架费	
		已完工程及设备保护费	
		施工排水、降水费	

（3）安全施工

$$安全施工费 = 直接工程费 \times 安全施工费费率(\%)$$

$$安全施工费费率(\%) = \frac{本项费用年度平均支出}{全年建安产值 \times 直接工程费占总造价比例(\%)}$$

（4）临时设施费

临时设施费由以下三部分组成：

1）周转使用临建（如，活动房屋）

2）一次性使用临建（如，简易建筑）

3）其他临时设施（如，临时管线）

临时设施费 =（周转使用临建费 + 一次性使用临建费）×（1 + 其他临时设施所占比例（%））

其中：

A. 周转使用临建费

$$周转使用临建费 = \Sigma\left[\frac{临建面积 \times 每平方米造价}{使用年限 \times 365 \times 利用率（\%）} \times 工期（天）\right] + 一次性拆除费$$

B. 一次性使用临建费

一次性使用临建费 = Σ临建面积×每平方米造价×[1 - 残值率（%）] + 一次性拆除费

C. 其他临时设施在临时设施费中所占比例，可由各地区造价管理部门依据典型施工企业的成本资料经分析后综合测定。

（5）夜间施工增加费

$$夜间施工增加费 = \left(1 - \frac{合同工期}{定额工期}\right) \times \frac{直接工程费中的人工费合计}{平均日工资单价} \times 每工日夜间施工费开支$$

（6）二次搬运费

$$二次搬运费 = 直接工程费 \times 二次搬运费费率（\%）$$

$$二次搬运费费率（\%） = \frac{年平均二次搬运费开支额}{全年建安产值 \times 直接工程费占总造价的比例（\%）}$$

（7）混凝土、钢筋混凝土模板及支架

1）模板及支架费 = 模板摊销量×模板价格 + 支、拆、运输费

摊销量 = 一次使用量×（1 + 施工损耗）×[1 +（周转次数 - 1）×补损率/周转次数 -（1 - 补损率）×50%/周转次数]

2）租赁费 = 模板使用量×使用日期×租赁价格 + 支、拆、运输费

（8）脚手架搭拆费

1）脚手架搭拆费 = 脚手架摊销量×脚手架价格 + 搭、拆、运输费

$$脚手架摊销量 = \frac{单位一次使用量 \times（1 - 残值率）}{耐用期 \div 一次使用期}$$

2）租赁费 = 脚手架每日租金×搭设周期 + 搭、拆、运输费

（9）已完工程及设备保护费

已完工程及设备保护费 = 成品保护所需机械费 + 材料费 + 人工费

（10）施工排水、降水费

排水降水费 = Σ排水降水机械台班费×排水降水周期 + 排水降水使用材料费、人工费

2.17.2 直接费计算及工料分析

当一个单位工程的工程量计算完毕后，就要套用预算定额基价进行直接费的计算。本节只介绍直接工程费的计算方法，措施费的计算方法详见建筑工程费用章节。

计算直接工程费常采用两种方法，即单位估价法和实物金额法。

（一）用单位估价法计算直接工程费

预算定额项目的基价构成，一般有两种形式：一是基价中包含了全部人工费、材料费和

机械使用费，这种方式称为完全定额基价，建筑工程预算定额常采用此种形式；二是基价中包含了全部人工费、辅助材料费和机械使用费，不包括主要材料费，这种方式称为不完全定额基价。安装工程预算定额和装饰工程预算定额常采用此种形式。凡是采用完全定额基价的预算定额计算直接工程费的方法称为单位估价法，计算出的直接工程费也称为定额直接费。

（1）单位估价法计算直接工程费的数学模型

单位工程定额直接工程费 = 定额人工费 + 定额材料费 + 定额机械费

其中：定额人工费 = Σ（分项工程量 × 定额人工费单价）

定额机械费 = Σ（分项工程量 × 定额机械费单价）

定额材料费 = Σ[（分项工程量 × 定额基价）- 定额人工费 - 定额机械费]

（2）单位估价法计算定额直接工程费的方法与步骤

1）先根据施工图和预算定额计算分项工程量；

2）根据分项工程量的内容套用相对应的定额基价（包括人工费单价、机械费单价）；

3）根据分项工程量和定额基价计算出分项工程定额直接工程费、定额人工费和定额机械费；

4）将各分项工程的各项费用汇总成单位工程定额直接工程费、单位工程定额人工费、单位工程定额机械费。

（3）单位估价法简例

某工程有关工程量如下：C15 混凝土地面垫层 48.56m³，M5 水泥砂浆砌砖基础 76.21m³。根据这些工程量数据和预算定额，用单位估价法计算定额直接工程费、定额人工费、定额机械费，并进行工料分析。

1）计算定额直接工程费、定额人工费、定额机械费

定额直接工程费、定额人工费、定额机械费的计算过程和计算结果见表 2-58。

直接工程费计算表（单位估价法） 表2-58

定额编号	项 目 名 称	单位	工程数量	单 价				总 价			
				基价	其 中			合价	其 中		
					人工费	材料费	机械费		人工费	材料费	机械费
1	2	3	4	5	6	7	8	9 = 4×5	10 = 4×6	11	12 = 4×8
	一、砌筑工程										
定-1	M5 水泥砂浆砌砖基础	m³	76.21	127.73	31.08		0.76	9734.30	2368.61		57.92
	……										
	分部小计							9734.30	2368.61		57.92
	二、脚手架工程										
	……										
	分部小计										
	三、楼地面工程										
定-3	C15 混凝土地面垫层	m³	48.56	195.42	53.90		3.10	9489.60	2617.38		150.54
	……										
	分部小计							9489.60	2617.38		150.54
	合 计							19223.90	4985.99		208.46

2）工料分析

人工工日及各种材料分析见表 2-59。

人工、材料分析表 表 2-59

定额编号	项目名称	单位	工程量	人工（工日）	标准砖（块）	M5 水泥砂浆（m³）	水（m³）	C15 混凝土（m³）		
					主　要　材　料					
	一、砌筑工程									
定-1	M5 水泥砂浆砌砖基础	m³	76.21	$\dfrac{1.243}{94.73}$	$\dfrac{523}{39858}$	$\dfrac{0.236}{17.986}$	$\dfrac{0.231}{17.60}$			
	分部小计			94.73	39.858	17.986	17.60			
	二、楼地面工程									
定-3	C15 混凝土地面垫层	m³	48.56	$\dfrac{2.156}{104.70}$			$\dfrac{1.538}{74.69}$	$\dfrac{1.01}{49.046}$		
	分部小计			104.70			74.69	49.046		
	合　计			199.43	39.858	17.986	92.29	49.046		

注：主要材料栏的分数中，分子表示定额用量，分母表示工程量乘以定额用量的结果。

（二）用实物金额法计算直接工程费

（1）实物金额法计算直接工程费的方法与步骤

凡是用分项工程量分别乘以预算定额子目中的实物消耗量（即人工工日、材料数量、机械台班数量）求出分项工程的人工、材料、机械台班消耗量，然后汇总成单位工程实物消耗量，再分别乘以工日单价、材料预算价格、机械台班预算价格求出单位工程人工费、材料费、机械使用费，最后汇总成单位工程直接工程费的方法，称为实物金额法。

（2）实物金额法的数学模型

$$单位工程直接工程费 = 人工费 + 材料费 + 机械费$$

其中：人工费 = Σ（分项工程量 × 定额用工量）× 工日单价

材料费 = Σ（分项工程量 × 定额材料用量 × 材料预算价格）

机械费 = Σ（分项工程量 × 定额台班用量 × 机械台班预算价格）

（3）实物金额法计算直接工程费简例

某工程有关工程量为：M5 水泥砂浆砌砖基础 76.21m³；C15 混凝土地面垫层 48.56m³。根据上述数据和表 2-60 中的预算定额分析工料机消耗量，再根据表 2-61 中的单价计算直接工程费。

建筑工程预算定额（摘录） 表 2-60

定　额　编　号			S-1	S-2
定　额　单　位			10m³	10m³
项　　目		单　位	M5 水泥砂浆砌砖基础	C15 混凝土地面垫层
人　工	基本工	工日	10.32	13.46
	其他工	工日	2.11	8.10
	合　计	工日	12.43	21.56

定 额 编 号			S-1	S-2
定 额 单 位			10m³	10m³
项 目		单 位	M5 水泥砂浆砌砖基础	C15 混凝土地面垫层
材 料	标准砖	千块	5.23	
	M5 水泥砂浆	m³	2.36	
	C15 混凝土（0.5~4）	m³		10.10
	水	m³	2.31	15.38
	其他材料费	元		1.23
机 械	200L 砂浆搅拌机	台班	0.475	
	400L 混凝土搅拌机	台班		0.38

人工单价、材料预算价格、机械台班预算价格表　表2-61

序 号	名 称	单 位	单 价（元）
一	人工单价	工日	25.00
二	材料预算价格		
1	标准砖	千块	127.00
2	M5 水泥砂浆	m³	124.32
3	C15 混凝土（0.5~4 砾石）	m³	136.02
4	水	m³	0.60
三	机械台班预算价格		
1	200L 砂浆搅拌机	台班	15.92
2	400L 混凝土搅拌机	台班	81.52

1）分析人工、材料、机械台班消耗量

计算过程见表2-62。

人工、材料、机械台班分析表　表2-62

定额编号	项目名称	单位	工程量	人工（工日）	标准砖（千块）	M5 水泥砂浆（m³）	C15 混凝土（m³）	水（m³）	其他材料费（元）	200L 砂浆搅拌机（台班）	400L 混凝土搅拌机（台班）
	一、砌筑工程										
S-1	M5 水泥砂浆砌砖基础	m³	76.21	1.243/94.73	0.523/39.858	0.236/17.986		0.231/17.605		0.0475/3.620	
	二、楼地面工程										
S-2	C15 混凝土地面垫层	m³	48.56	2.156/104.70			1.01/49.046	1.538/74.685	0.123/5.97		0.038/1.845
	合 计			199.43	39.858	17.986	49.046	92.29	5.97	3.620	1.845

注：分子为定额用量、分母为计算结果。

2）计算直接工程费

直接工程费计算过程见表 2-63。

直接工程费计算表（实物金额法） 表 2-63

序号	名　称	单　位	数　量	单价（元）	合价（元）	备　注
1	人工	工日	199.43	25.00	4985.75	人工费：4985.75
2	标准砖	千块	39.858	127.00	5061.97	
3	M5 水泥砂浆	m³	17.986	124.32	2236.02	
4	C15 混凝土（0.5~4）	m³	49.046	136.02	6671.24	材料费：14030.57
5	水	m³	92.29	0.60	55.37	
6	其他材料费	元			5.97	
7	200L 砂浆搅拌机	台班	3.620	15.92	57.63	机械费：208.03
8	400L 混凝土搅拌机	台班	1.845	81.52	150.40	
	合　计				19224.35	直接工程费：19224.35

2.17.3　材料价差调整

（一）材料价差产生的原因

凡是使用完全定额基价的预算定额，编制的施工图预算，一般需调整材料价差。

目前，预算定额基价中的材料费是根据编制定额所在地区的省会所在地的材料预算价格计算。由于地区材料预算价格随着时间的变化而发生变化，其他地区使用该预算定额时材料预算价格也会发生变化。所以，用单位估价法计算定额直接工程费后，一般还要根据工程所在地区的材料预算价格调整材料价差。

（二）材料价差调整方法

材料价差的调整有两种基本方法：即单项材料价差调整法和材料价差综合系数调整法。

（1）单项材料价差调整

当采用单位估价法计算定额直接工程费时，一般对影响工程造价较大的主要材料（如钢材、木材、水泥等）进行单项材料价差调整。

单项材料价差调整的计算公式为：

$$\begin{matrix}单项材料\\价差调整\end{matrix} = \Sigma\left[\begin{matrix}单位工程某\\种材料用量\end{matrix}\times\left(\begin{matrix}现行材料\\预算价格\end{matrix}-\begin{matrix}预算定额中\\材料单价\end{matrix}\right)\right]$$

【例 71】根据某工程有关材料消耗量和现行材料预算价格，调整材料价差，有关数据如表 2-64 所示。

表 2-64

材料名称	单位	数量	现行材料预算价格（元）	预算定额中材料单价（元）
42.5 级水泥	kg	7345.10	0.35	0.30
φ10 圆钢筋	kg	5618.25	2.65	2.80
花岗石板	m²	816.40	350.00	290.00

【解】1）直接计算

$$某工程单项材料价差 = 7345.10 \times (0.35 - 0.30) + 5618.25 \times (2.65 - 2.80) + 816.40 \times (350 - 290)$$

$$= 7345.10 \times 0.05 - 5618.25 \times 0.15 + 816.40 \times 60$$

$$= 48508.52 \ 元$$

2）用"单项材料价差调整表（表 2-65）"计算

单项材料价差调整表　　　　　　　表 2-65

工程名称：××工程

序号	材料名称	数量	现行材料预算价格	预算定额中材料预算价格	价差（元）	调整金额（元）
1	42.5 级水泥	7345.10kg	0.35 元/kg	0.30 元/kg	0.05	367.26
2	φ10 圆钢筋	5618.25kg	2.65 元/kg	2.80 元/kg	-0.15	-842.74
3	花岗石板	816.40m²	350.00 元/m²	290.00 元/m²	60.00	48984.00
	合　计					48508.52

（2）综合系数调整材料价差

采用单项材料价差的调整方法，其优点是准确性高，但计算过程较繁杂。因此，一些用量大、单价相对低的材料（如地方材料、辅助材料等）常采用综合系数的方法来调整单价工程材料价差。

采用综合系数调整材料价差的具体做法就是用单位工程定额材料费或定额直接工程费乘以综合调整系数，求出单位工程材料价差，其计算公式如下：

$$单位工程采用综合系数调整材料价差 = 单位工程定额材料费 \left(\begin{matrix} 定额直 \\ 接工程费 \end{matrix} \right) \times 材料价差综合调整系数$$

【例72】某工程的定额材料费为 786457.35 元，按规定以定额材料费为基础乘以综合调整系数 1.38%，计算该工程地方材料价差。

【解】

$$某工程地方材料的材料价差 = 786457.35 \times 1.38\% = 10853.11 \ 元$$

2.18 按44号文件费用规定计算分部分项工程费和单价措施项目费

2.18.1 分部分项工程费和单价措施项目费计算及工料分析方法

由于建标〔2013〕44号文对工程造价的费用进行了重新划分，要从分部分项工程费包含的内容开始计算，然后再计算单价措施项目费与总价项目费、其他项目费、规费和税金。所以，要重新设计工程造价费用的计算顺序。

通过例题小平房工程选定的三个分项工程项目，来说明分部分项工程费与单价措施项目费计算及工料分析的方法，见表2-66。

说明：管理费、利润=（定额人工费+定额机具费）×规定费率

主要计算步骤：将预算定额的基价，人工费、材料费、机具费单价以及主要材料用量，分别填入表中的单价（材料）栏内；用工程量分别乘以基价、人工费、材料费、机具费单价以及定额材料消耗量后，分别填入对应的合价、合计栏内；将人工费与机械费合计之和乘以管理费和利润费，得出的管理费和利润填入表中的管理费和利润的合价栏；分别汇总分部分项工程和单价措施项目工料机合价和人工费、材料费、机具费及管理费、利润合计之和，填入表中倒数第二行的合计栏内；最后，合计单位工程的分部分项工程费个单价措施项目费。

2.18.2 小平房工程（部分）分部分项工程费与单价措施项目费及工料分析实例

表 2-66

第 1 页 共 1 页

分部分项工程、单价措施项目费及材料分析表（小平房部分项目）

工程名称：小平房

序号	定额编号	项目名称	单位	工程量	定额基价	工料机合价	人工费 单价	人工费 小计	材料费 单价	材料费 小计	机具费 单价	机具费 小计	管理费、利润合价 费率(%)	管理费、利润合价 合计	主要材料用量 32.5级水泥(t) 定额	合计	中砂(t) 定额	合计	脚手板(m³) 定额	合计
		一、砌筑工程																		
1	A3-1	M5 水泥砂浆砌砖基础	m³	12.10	291.85	3531.39	58.44	707.12	229.38	2775.50	4.03	48.76	25	188.97	0.0505	0.611	0.3783	4.577		
		……																		
		分部小计				3531.39		707.12		2775.50		48.75		188.97		0.611		4.577		
		二、楼地面工程																		
2	A4-23	现浇 C25 混凝土地圈梁	m³	2.37	349.84	829.12	139.92	331.61	203.00	481.11	6.92	16.40	25	87.00	0.325	0.770	0.669	1.586		
		分部小计				829.12		331.61		481.11		16.40		87.00		0.770		1.586		
		分部分项小计				4360.51		1038.73		3256.61		65.16		275.97						
		措施项目																		
		一、脚手架工程																		
3	A11-20	里脚手架	m³	27.07	2.58	69.84	2.00	54.14	0.48	12.99	0.10	2.71	25	14.21					0.00011	0.003
		单价措施项目小计				69.84		54.14		12.99		2.71		14.21						0.003
		单位工程定额工料机合计				4430.35		1092.87		3269.60		67.87		290.18		1.381		6.163		0.003
		分部分项工程管理费、利润合计与单价措施项目费用合计																			

4430.35 + 290.18 = 4720.53

说明：分部分项工程管理费、利润合计＝分部分项工程人工费机具费之和×25%（某地区规定）

2.19 建筑安装工程费用计算

2.19.1 传统建筑安装工程费用构成

建筑安装工程费用亦称建筑安装工程造价。

为了加强建设项目投资管理和适应建筑市场的发展，有利于合理确定和控制工程造价，提高建设投资效益，国家统一了建筑安装工程费用划分的口径。这一做法使得业主、承包商、监理公司、政府主管及监督部门各方，在编制设计概算、施工图预算、建设工程招标文件，进行工程成本核算，确定工程承包价、工程结算等方面有了统一的标准。

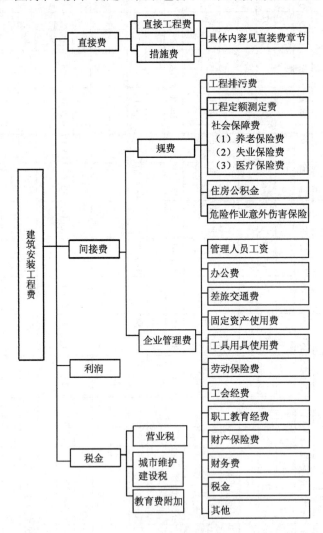

图 2-211　建筑安装工程费用构成示意图

按照现行规定，建筑安装工程费（造价）由直接费、间接费、利润、税金四部分构成，见图 2-211，其中直接费与间接费之和称为工程预算成本。

2.19.2 建标〔2013〕44号文建筑安装工程费用构成

一、44号文规定的建筑安装工程费用划分见表2-67。

44号文规定的建筑安装工程费用划分 表2-67

建筑安装工程费用	分部分项工程费		人工费
			材料费
			机具费
			管理费
			利润
	措施项目费	单价措施项目	脚手架费
			模板安拆费
			大型机械进出场及安拆费
			……
		总价措施项目	安全文明施工费
			夜间施工增加费
			二次搬运费
			冬雨季施工增加费
			……
	其他项目费		暂列金额
			计日工
			总承包服务费
			……
	规费	社会保险费	医疗保险费
			失业保险费
			医疗保险费
			生育保险费
			工伤保险费
		住房公积金	
		工程排污费	
		……	
	税金		营业税
			城市维护建设税
			教育费附加
			地方教育附加

二、44号文规定的建筑安装工程费用项目组成

（一）按费用构成要素划分

建筑安装工程费按照费用构成要素划分由人工费、材料（包含工程设备,下同）费、施工机具使用费、企业管理费、利润、规费和税金组成。其中人工费、材料费、施工机具使用费、企业管理费和利润包含在分部分项工程费、措施项目费、其他项目费中（见附表）。

1. 人工费

是指按工资总额构成规定，支付给从事建筑安装工程施工的生产工人和附属生产单位工人的各项费用。内容包括：

（1）计时工资或计件工资

是指按计时工资标准和工作时间或对已做工作按计件单价支付给个人的劳动报酬。

（2）奖金

是指对超额劳动和增收节支支付给个人的劳动报酬。如节约奖、劳动竞赛奖等。

（3）津贴补贴

是指为了补偿职工特殊或额外的劳动消耗和因其他特殊原因支付给个人的津贴，以及为了保证职工工资水平不受物价影响支付给个人的物价补贴。如流动施工津贴、特殊地区施工津贴、高温（寒）作业临时津贴、高空津贴等。

（4）加班加点工资

是指按规定支付的在法定节假日工作的加班工资和在法定日工作时间外延时工作的加点工资。

（5）特殊情况下支付的工资

是指根据国家法律、法规和政策规定，因病、工伤、产假、计划生育假、婚丧假、事假、探亲假、定期休假、停工学习、执行国家或社会义务等原因按计时工资标准或计时工资标准的一定比例支付的工资。

2. 材料费

是指施工过程中耗费的原材料、辅助材料、构配件、零件、半成品或成品、工程设备的费用。内容包括：

（1）材料原价

是指材料、工程设备的出厂价格或商家供应价格。

（2）运杂费

是指材料、工程设备自来源地运至工地仓库或指定堆放地点所发生的全部费用。

（3）运输损耗费

是指材料在运输装卸过程中不可避免的损耗。

（4）采购及保管费

是指为组织采购、供应和保管材料、工程设备的过程中所需要的各项费用。包括采购费、仓储费、工地保管费、仓储损耗。

工程设备是指构成或计划构成永久工程一部分的机电设备、金属结构设备、仪器装置及其他类似的设备和装置。

3. 施工机具使用费

是指施工作业所发生的施工机械、仪器仪表使用费或其租赁费。

（1）施工机械使用费

以施工机械台班耗用量乘以施工机械台班单价表示，施工机械台班单价应由下列七项费用组成：

①折旧费

指施工机械在规定的使用年限内，陆续收回其原值的费用。

②大修理费

指施工机械按规定的大修理间隔台班进行必要的大修理，以恢复其正常功能所需的费用。

③经常修理费

指施工机械除大修理以外的各级保养和临时故障排除所需的费用。包括为保障机械正常运转所需替换设备与随机配备工具附具的摊销和维护费用，机械运转中日常保养所需润滑与擦拭的材料费用及机械停滞期间的维护和保养费用等。

④安拆费及场外运费

安拆费指施工机械（大型机械除外）在现场进行安装与拆卸所需的人工、材料、机械和试运转费用以及机械辅助设施的折旧、搭设、拆除等费用；场外运费指施工机械整体或分体自停放地点运至施工现场或由一施工地点运至另一施工地点的运输、装卸、辅助材料及架线等费用。

⑤人工费

指机上司机（司炉）和其他操作人员的人工费。

⑥燃料动力费

指施工机械在运转作业中所消耗的各种燃料及水、电等。

⑦税费

指施工机械按照国家规定应缴纳的车船使用税、保险费及年检费等。

（2）仪器仪表使用费

是指工程施工所需使用的仪器仪表的摊销及维修费用。

4. 企业管理费

是指建筑安装企业组织施工生产和经营管理所需的费用。内容包括：

（1）管理人员工资

是指按规定支付给管理人员的计时工资、奖金、津贴补贴、加班加点工资及特殊情况下支付的工资等。

（2）办公费

是指企业管理办公用的文具、纸张、账表、印刷、邮电、书报、办公软件、现场监控、会议、水电、烧水和集体取暖降温（包括现场临时宿舍取暖降温）等费用。

（3）差旅交通费

是指职工因公出差、调动工作的差旅费、住勤补助费，市内交通费和误餐补助费，职工探亲路费，劳动力招募费，职工退休、退职一次性路费，工伤人员就医路费，工地转移费以及管理部门使用的交通工具的油料、燃料等费用。

（4）固定资产使用费

是指管理和试验部门及附属生产单位使用的属于固定资产的房屋、设备、仪器等的折旧、大修、维修或租赁费。

（5）工具用具使用费

是指企业施工生产和管理使用的不属于固定资产的工具、器具、家具、交通工具和检验、试验、测绘、消防用具等的购置、维修和摊销费。

（6）劳动保险和职工福利费

是指由企业支付的职工退职金、按规定支付给离休干部的经费，集体福利费、夏季防暑降温、冬季取暖补贴、上下班交通补贴等。

（7）劳动保护费

是企业按规定发放的劳动保护用品的支出。如工作服、手套、防暑降温饮料以及在有碍身体健康的环境中施工的保健费用等。

（8）检验试验费

是指施工企业按照有关标准规定，对建筑以及材料、构件和建筑安装物进行一般鉴定、检查所发生的费用，包括自设试验室进行试验所耗用的材料等费用。不包括新结构、新材料的试验费，对构件做破坏性试验及其他特殊要求检验试验的费用和建设单位委托检测机构进行检测的费用。对此类检测发生的费用，由建设单位在工程建设其他费用中列支。但对施工企业提供的具有合格证明的材料进行检测不合格的，该检测费用由施工企业支付。

（9）工会经费

是指企业按《工会法》规定的全部职工工资总额比例计提的工会经费。

（10）职工教育经费

是指按职工工资总额的规定比例计提，企业为职工进行专业技术和职业技能培训，专业技术人员继续教育、职工职业技能鉴定、职业资格认定以及根据需要对职工进行各类文化教育所发生的费用。

（11）财产保险费

是指施工管理用财产、车辆等的保险费用。

（12）财务费

是指企业为施工生产筹集资金或提供预付款担保、履约担保、职工工资支付担保等所发生的各种费用。

（13）税金

是指企业按规定缴纳的房产税、车船使用税、土地使用税、印花税等。

（14）其他

包括技术转让费、技术开发费、投标费、业务招待费、绿化费、广告费、公证费、法律顾问费、审计费、咨询费、保险费等。

5. 利润

是指施工企业完成所承包工程获得的盈利。

6. 规费

是指按国家法律、法规规定，由省级政府和省级有关权力部门规定必须缴纳或计取的费用。包括：

（1）社会保险费

①养老保险费：是指企业按照规定标准为职工缴纳的基本养老保险费。

②失业保险费：是指企业按照规定标准为职工缴纳的失业保险费。

③医疗保险费：是指企业按照规定标准为职工缴纳的基本医疗保险费。

④生育保险费：是指企业按照规定标准为职工缴纳的生育保险费。

⑤工伤保险费：是指企业按照规定标准为职工缴纳的工伤保险费。

（2）住房公积金

是指企业按规定标准为职工缴纳的住房公积金。

（3）工程排污费

是指按规定缴纳的施工现场工程排污费。

其他应列而未列入的规费，按实际发生计取。

7. 税金

是指国家税法规定的应计入建筑安装工程造价内的营业税、城市维护建设税、教育费附加以及地方教育附加。

（二）按造价形成划分

建筑安装工程费按照工程造价形成由分部分项工程费、措施项目费、其他项目费、规费、税金组成，分部分项工程费、措施项目费、其他项目费包含人工费、材料费、施工机具使用费、企业管理费和利润（见附表）。

1. 分部分项工程费

是指各专业工程的分部分项工程应予列支的各项费用。

（1）专业工程

是指按现行国家计量规范划分的房屋建筑与装饰工程、仿古建筑工程、通用安装工程、市政工程、园林绿化工程、矿山工程、构筑物工程、城市轨道交通工程、爆破工程等各类工程。

（2）分部分项工程

指按现行国家计量规范对各专业工程划分的项目。如房屋建筑与装饰工程划分的土石方工程、地基处理与桩基工程、砌筑工程、钢筋及钢筋混凝土工程等。

各类专业工程的分部分项工程划分见现行国家或行业计量规范。

2. 措施项目费

是指为完成建设工程施工，发生于该工程施工前和施工过程中的技术、生活、安全、环境保护等方面的费用。内容包括：

（1）安全文明施工费

①环境保护费：是指施工现场为达到环保部门要求所需要的各项费用。

②文明施工费：是指施工现场文明施工所需要的各项费用。

③安全施工费：是指施工现场安全施工所需要的各项费用。

④临时设施费：是指施工企业为进行建设工程施工所必须搭设的生活和生产用的临时建筑物、构筑物和其他临时设施费用。包括临时设施的搭设、维修、拆除、清理费或摊销费等。

（2）夜间施工增加费

是指因夜间施工所发生的夜班补助费、夜间施工降效、夜间施工照明设备摊销及照明用电等费用。

（3）二次搬运费

是指因施工场地条件限制而发生的材料、构配件、半成品等一次运输不能到达堆放地点，必须进行二次或多次搬运所发生的费用。

（4）冬雨季施工增加费

是指在冬季或雨季施工需增加的临时设施、防滑、排除雨雪，人工及施工机械效率降低等费用。

（5）已完工程及设备保护费

是指竣工验收前，对已完工程及设备采取的必要保护措施所发生的费用。

（6）工程定位复测费

是指工程施工过程中进行全部施工测量放线和复测工作的费用。

（7）特殊地区施工增加费

是指工程在沙漠或其边缘地区、高海拔、高寒、原始森林等特殊地区施工增加的费用。

（8）大型机械设备进出场及安拆费

是指机械整体或分体自停放场地运至施工现场或由一个施工地点运至另一个施工地点，所发生的机械进出场运输及转移费用及机械在施工现场进行安装、拆卸所需的人工费、材料费、机械费、试运转费和安装所需的辅助设施的费用。

（9）脚手架工程费

是指施工需要的各种脚手架搭、拆、运输费用以及脚手架购置费的摊销（或租赁）费用。

措施项目及其包含的内容详见各类专业工程的现行国家或行业计量规范。

3. 其他项目费

（1）暂列金额

是指建设单位在工程量清单中暂定并包括在工程合同价款中的一笔款项。用于施工合同签订时尚未确定或者不可预见的所需材料、工程设备、服务的采购，施工中可能发生的工程变更、合同约定调整因素出现时的工程价款调整以及发生的索赔、现场签证确认等的费用。

（2）计日工

是指在施工过程中，施工企业完成建设单位提出的施工图纸以外的零星项目或工作所需的费用。

（3）总承包服务费

是指总承包人为配合、协调建设单位进行的专业工程发包，对建设单位自行采购的材料、工程设备等进行保管以及施工现场管理、竣工资料汇总整理等服务所需的费用。

4. 规费

同费用构成要素划分定义。

5. 税金

同费用构成要素划分定义。

2.19.3 建筑安装工程费用计算方法

1. 人工费

公式1：

人工费 = $\sum$（工日消耗量×日工资单价）

$$\text{日工资单价} = \frac{\text{生产工人平均月工资（计时、计件）} + \text{平均月（奖金 + 津贴补贴 + 特殊情况下支付的工资）}}{\text{年平均每月法定工作日}}$$

256

注：公式1主要适用于施工企业投标报价时自主确定人工费，也是工程造价管理机构编制计价定额确定定额人工单价或发布人工成本信息的参考依据。

公式2：

人工费 = $\sum$（工程工日消耗量×日工资单价）

日工资单价是指施工企业平均技术熟练程度的生产工人在每工作日（国家法定工作时间内）按规定从事施工作业应得的日工资总额。

工程造价管理机构确定日工资单价应通过市场调查、根据工程项目的技术要求，参考实物工程量人工单价综合分析确定，最低日工资单价不得低于工程所在地人力资源和社会保障部门所发布的最低工资标准的：普工1.3倍、一般技工2倍、高级技工3倍。

工程计价定额不可只列一个综合工日单价，应根据工程项目技术要求和工种差别适当划分多种日人工单价，确保各分部工程人工费的合理构成。

注：公式2适用于工程造价管理机构编制计价定额时确定定额人工费，是施工企业投标报价的参考依据。

2. 材料费

（1）材料费

材料费 = $\sum$（材料消耗量×材料单价）

材料单价 = ［（材料原价 + 运杂费）×［1 + 运输损耗率（%）］］

　　　　　×［1 + 采购保管费率（%）］

（2）工程设备费

工程设备费 = $\sum$（工程设备量×工程设备单价）

工程设备单价 = （设备原价 + 运杂费）×［1 + 采购保管费率（%）］

3. 施工机具使用费

（1）施工机械使用费

施工机械使用费 = $\sum$（施工机械台班消耗量×机械台班单价）

机械台班单价 = 台班折旧费 + 台班大修费 + 台班经常修理费 + 台班安拆费及场外运费

　　　　　　　+ 台班人工费 + 台班燃料动力费 + 台班车船税费

注：工程造价管理机构在确定计价定额中的施工机械使用费时，应根据《建筑施工机械台班费用计算规则》结合市场调查编制施工机械台班单价。施工企业可以参考工程造价管理机构发布的台班单价，自主确定施工机械使用费的报价，如租赁施工机械，公式为：施工机械使用费 = $\sum$（施工机械台班消耗量×机械台班租赁单价）

（2）仪器仪表使用费

仪器仪表使用费 = 工程使用的仪器仪表摊销费 + 维修费

4. 企业管理费费率

（1）以分部分项工程费为计算基础

$$企业管理费费率（\%）= \frac{生产工人年平均管理费}{年有效施工天数×人工单价} × \frac{人工费占分部分项}{工程费比例（\%）}$$

（2）以人工费和机械费合计为计算基础

$$\frac{企业管理费}{费率（\%）} = \frac{生产工人年平均管理费}{年有效施工天数×（人工单价 + 每一工日机械使用费）} × 100\%$$

（3）以人工费为计算基础

$$企业管理费费率（\%）=\frac{生产工人年平均管理费}{年有效施工天数×人工单价}×100\%$$

注：上述公式适用于施工企业投标报价时自主确定管理费，是工程造价管理机构编制计价定额确定企业管理费的参考依据。

工程造价管理机构在确定计价定额中企业管理费时，应以定额人工费或（定额人工费＋定额机械费）作为计算基数，其费率根据历年工程造价积累的资料，辅以调查数据确定，列入分部分项工程和措施项目中。

5. 利润

（1）施工企业根据企业自身需求并结合建筑市场实际自主确定，列入报价中。

（2）工程造价管理机构在确定计价定额中利润时，应以定额人工费或（定额人工费＋定额机械费）作为计算基数，其费率根据历年工程造价积累的资料，并结合建筑市场实际确定，以单位（单项）工程测算，利润在税前建筑安装工程费的比重可按不低于5%且不高于7%的费率计算。利润应列入分部分项工程和措施项目中。

6. 规费

（1）社会保险费和住房公积金

社会保险费和住房公积金应以定额人工费为计算基础，根据工程所在地省、自治区、直辖市或行业建设主管部门规定费率计算。

社会保险费和住房公积金 = $\sum$（工程定额人工费×社会保险费和住房公积金费率）

式中：社会保险费和住房公积金费率可以每万元发承包价的生产工人人工费和管理人员工资含量与工程所在地规定的缴纳标准综合分析取定。

（2）工程排污费

工程排污费等其他应列而未列入的规费应按工程所在地环境保护等部门规定的标准缴纳，按实计取列入。

7. 税金

税金计算公式：

$$税金=税前造价×综合税率（\%）$$

综合税率：

（1）纳税地点在市区的企业

$$综合税率(\%)=\frac{1}{1-3\%-(3\%×7\%)-(3\%×3\%)-(3\%×2\%)}-1$$

（2）纳税地点在县城、镇的企业

$$综合税率(\%)=\frac{1}{1-3\%-(3\%×5\%)-(3\%×3\%)-(3\%×2\%)}-1$$

（3）纳税地点不在市区、县城、镇的企业

$$综合税率(\%)=\frac{1}{1-3\%-(3\%×1\%)-(3\%×3\%)-(3\%×2\%)}-1$$

（4）实行营业税改增值税的，按纳税地点现行税率计算。

2.19.4　传统建筑安装工程费用计算方法

（一）建筑安装工程费用（造价）理论计算方法

258

根据前面论述的建筑安装工程预算编制原理中计算工程造价的理论公式和建筑安装工程的费用构成，可以确定以下理论计算方法，见表2-68。

建筑安装工程费用（造价）理论计算方法 表2-68

序 号	费 用 名 称	计 算 式	
（一）	直 接 费	定额直接费	Σ（分项工程量×定额基价）
		措 施 费	定额直接工程费×有关措施费费率 或：定额人工费×有关措施费费率 或：按规定标准计算
（二）	间 接 费	（一）×间接费费率 或：定额人工费×间接费费率	
（三）	利 润	（一）×利润率 或：定额人工费×利润率	
（四）	税 金	营业税 = [（一）+（二）+（三）]× $\dfrac{营业税率}{1-营业税率}$ 城市维护建设税 = 营业税×税率 教育费附加 = 营业税×附加税率	
	工程造价	（一）+（二）+（三）+（四）	

（二）计算建筑安装工程费用的原则

定额直接费根据预算定额基价算出，这具有很强的规范性。按照这一思路，对于措施费、规费、企业管理费等有关费用的计算也必须遵循其规范性，以保证建筑安装工程造价的社会必要劳动量的水平。为此，工程造价主管部门对各项费用计算作了明确的规定：

（1）建筑工程一般以定额直接工程费为基础计算各项费用；

（2）安装工程一般以定额人工费为基础计算各项费用；

（3）装饰工程一般以定额人工费为基础计算各项费用；

（4）材料价差不能作为计算间接费等费用的基础。

为什么要规定上述计算基础呢？因为这是确定工程造价的客观需要。

我们说，首先要保证计算出的措施费、间接费等各项费用的水平具有稳定性。我们知道，措施费、间接费等费用是按一定的取费基础乘上规定的费率确定的。当费率确定后，要求计算基础必须相对稳定。因而，以定额直接工程费或定额人工费作为取费基础，具有相对稳定性，不管工程在定额执行范围内的什么地方施工，不管由哪个施工单位施工，都能保证计算出水平较一致的各项费用。

其次，以定额直接工程费作为取费基础，既考虑了人工消耗与管理费用的内在关系，又考虑了机械台班消耗量对施工企业提高机械化水平的推动作用。

再者，由于安装工程、建筑装饰工程的材料、设备由于设计的要求不同，使材料费产生较大幅度的变化，而定额人工费具有相对稳定性，再加上措施费、间接费等费用与人员的管理幅度有直接联系。所以，安装工程、装饰工程采用定额人工费为取费基础计算各项费用较合理。

（三）建筑安装工程费用计算程序

建筑安装工程费用计算程序亦称建筑安装工程造价计算程序，是指计算建筑安装工程造价有规律的顺序。

建筑安装工程费用计算程序没有全国统一的格式，一般由省、市、自治区工程造价主管部门结合本地区具体情况确定。

（1）建筑安装工程费用计算程序的拟定

拟定建筑安装工程费用计算程序主要有两个方面的内容：一是拟定费用项目和计算顺序；二是拟定取费基础和各项费率。

1）建筑安装工程费用项目及计算顺序的拟定

各地区参照国家主管部门规定的建筑安装工程费用项目和取费基础，结合本地区实际情况拟定费用项目和计算顺序，并颁布在本地区使用的建筑安装工程费用计算程序。

2）费用计算基础和费率的拟定

在拟定建筑安装工程费用计算基础时，应遵照国家的有关规定，应遵守确定工程造价的客观经济规律，使工程造价的计算结果较准确地反映本行业的生产力水平。

当取费基础和费用项目确定后，就可以根据有关资料测算出各项费用的费率，以满足计算工程造价的需要。

（2）建筑安装工程费用计算程序实例

建筑安装工程费用计算程序实例见表2-69。

建筑安装工程费用（造价）计算程序　　　　　　　　　　　表2-69

费用名称	序号	费用项目		计算式	
				以定额直接工程费为计算基础	以定额人工费为计算基础
直接费	（一）	直接工程费		Σ（分项工程量×定额基价）	Σ（分项工程量×定额基价）
	（二）	单项材料价差调整		Σ[单位工程某材料用量×（现行材料单价 – 定额材料单价）]	Σ[单位工程某材料用量×（现行材料单价 – 定额材料单价）]
	（三）	综合系数调整材料价差		定额材料费×综调系数	定额材料费×综调系数
	（四）	措施费	环境保护费	按规定计取	按规定计取
			文明施工费	（一）×费率	定额人工费×费率
			安全施工费	（一）×费率	定额人工费×费率
			临时设施费	（一）×费率	定额人工费×费率
			夜间施工费	（一）×费率	定额人工费×费率
			二次搬运费	（一）×费率	定额人工费×费率
			大型机械进出场及安拆费	按措施项目定额计算	按措施项目定额计算

费用名称	序号	费用项目		计 算 式	
				以定额直接工程费为计算基础	以定额人工费为计算基础
直接费	（四）	措施费	混凝土、钢筋混凝土模板及支架费	按措施项目定额计算	按措施项目定额计算
			脚手架费	按措施项目定额计算	按措施项目定额计算
			已完工程及设备保护费	按措施项目定额计算	按措施项目定额计算
			施工排水、降水费	按措施项目定额计算	按措施项目定额计算
间接费	（五）	规费	工程排污费	按规定计算	按规定计算
			社会保障费	定额人工费×费率	定额人工费×费率
			住房公积金	定额人工费×费率	定额人工费×费率
	（六）		企业管理费	（一）×企业管理费费率	定额人工费×企业管理费费率
利 润	（七）		利 润	（一）×利润率	定额人工费×利润率
税 金	（八）		税 金	[（一）~（七）之和]×税率	[（一）~（七）之和]×税率
工程造价			工程造价	（一）~（八）之和	（一）~（八）之和

2.19.5 按 44 号文费用划分施工图预算工程造价计算方法

（一）按 44 号文费用划分施工图预算工程造价计算程序设计

（1）依据 44 号文确定工程造价费用项目

根据 44 号文确定的分部分项工程费、措施项目费、其他项目费、规费、税金的费用划分，来确定施工图预算工程造价的费用划分。

（2）计算标准的确定

计算基数（础）可以是定额直接费，可以是定额人工费，也可以是定额人工费加定额机具费。究竟采用什么方法，具体由地区工程造价主管部门根据实际情况确定。

（3）计价程序设计

根据建标〔2013〕44 号文件规定的费用项目划分和地区工程造价管理部门的规定，设计出的施工图预算工程造价计算程序见表 2-70。

建筑安装工程施工图预算造价计算程序　　　　　　　　表 2-70

序号	费用名称		计算基数	计 算 式
1	分部分项工程费	人工费	分部分项工程量×定额基价	Σ（工程量×定额基价）（其中定额人工费：　）
		材料费		
		机械费		
		管理费	分部分项工程定额人工费+定额机具费	Σ（分部分项工程定额人工费+定额机具费）×管理费率
		利 润	分部分项工程定额人工费+定额机具费	Σ（分部分项工程定额人工费+定额机具费）×利润率

序号	费用名称			计算基数	计 算 式
2	措施项目费	单价措施项目	人工费、材料费、机具费	单价措施工程量×定额基价	Σ（单价措施项目工程量×定额基价）
			单价措施项目管理费、利润	单价措施项目定额人工费+定额机具费	Σ（单价措施项目定额人工费+定额机具费）×（管理费率+利润率）
		总价措施	安全文明施工费	分部分项工程定额人工费+单价措施项目定额人工费	（分部分项工程、单价措施项目定额人工费）×费率
			夜间施工增加费		
			二次搬运费		
			冬雨季施工增加费		
3	其他项目费	总承包服务费		招标人分包工程造价	
		……			
4	规费	社会保险费		分部分项工程定额人工费+单价措施项目定额人工费	（分部分项工程定额人工费+单价措施项目定额人工费）×费率
		住房公积金			
		工程排污费		按工程所在地规定计算	
5	人工价差调整			定额人工费×调整系数	
6	材料价差调整			见材料价差调整计算表	
7	税金			序1+序2+序3+序4+序5+序6	（序1+序2+序3+序4+序5+序6）×税率
	工程预算造价			（序1+序2+序3+序4+序5+序6+序7）	

（二）按44号文费用划分施工图预算工程造价计算

根据小平房工程部分项目的费用（见表2-66）和以下的某地区费用标准，按44号文件费用划分的办法计算的小平房工程预算造价见表2-71。

施工企业等级：一级

各项费用取费基础均为：（分部分项工程定额人工费+单价措施项目定额人工费）

分部分项工程定额人工费：1038.73元

分部分项工程定额材料费：3256.61元

分部分项工程定额机具费：56.16元

单价措施项目定额人工费：54.14元

单价措施项目定额材料费：12.99元

单价措施项目定额机具费：2.71元

企业管理费率：15%

利润：10%

安全文明施工费：26%

夜间施工增加费：2.5%

二次搬运费：1.5%

冬雨季施工增加费：2.0%

社会保险费：10.6%

住房公积金：2.0%

人工价差调整系数：0.85（以定额人工费为基数）

按规定调整的主要材料价差总额：154.16 元

税率：3.48%

建筑安装工程施工图预算造价计算表　　　　　表2-71

工程名称：小平房工程（部分项目）　　　　　　第1页　共1页

序号	费用名称			计 算 式	费率(%)	金额(元)	合计(元)
1	分部分项工程费	定额人工费		见表2-66		1038.73	4636.47
		定额材料费		见表2-66		3256.61	
		定额机具费		见表2-66		65.16	
		管理费		（分部分项工程定额人工费＋定额机具费）×费率＝（1038.73＋65.16）×15%＝165.58	15（地区规定）	165.58	
		利润		（分部分项工程定额人工费＋定额机具费）×利润率＝1103.89×10%＝110.89	10（地区规定）	110.39	
2	措施项目费	单价措施项目	人工、材料、机具费	Σ（单价措施项目工程量×定额基价）见表2-66：69.84 元		69.84	455.48
			管理费、利润	（单价措施项目定额人工费＋定额机具费）×（管理费率＋利润率）＝56.85×25%＝14.21 元	25（地区规定）	14.21	
		总价措施项目	安全文明施工费	［（分部分项工程＋单价措施项目定额人工费）（1103.89＋56.85）×费率］＝1160.74×费率	26	301.79	
			夜间施工增加费		2.5	29.02	
			二次搬运费		1.5	17.41	
			冬雨季施工增加费		2.0	23.21	
3	其他项目费	总承包服务费		招标人分包工程造价			本工程无此项

序号	费用名称		计　算　式	费率(%)	金额(元)	合计(元)
4	规费	社会保险费	（分部分项工程定额人工费＋单价措施项目定额人工费）×费率＝1160.74×费率	10.6	123.04	146.25
		住房公积金		2.0	23.21	
		工程排污费	按工程所在地规定计算（分部分项工程定额直接费）		不计算	
5	人工价差调整		定额人工费×调整系数（1092.87×85%＝705.05元）	85.0（地区规定）		928.94
6	材料价差调整		见材料价差调整表（略）			154.16
7	税　金		（序1＋序2＋序3＋序4＋序5＋序6）×3.48%＝6321.30×3.48%	3.48		219.98
	工程预算造价		（序1＋序2＋序3＋序4＋序5＋序6＋序7）			6541.28

3 概预算审查

3.1 概预算审查的意义和依据

（一）概预算审查的意义

概预算是确定建筑安装工程概算或预算造价的经济文件，是建设单位确定招标工程标底以及建筑安装施工企业进行投标报价的依据，也是施工企业与建设单位签订工程承包合同和结算工程价款的依据。因此，国家要求有关单位，不仅要及时、准确地编制概预算，而且要加强对概预算的审查，使概预算能正确反映工程造价，并能适应基本建设管理和加强施工管理及经济核算的要求。

审查概预算是核实工程造价的一项重要措施，对合理使用建设资金，节约人力、物力和财力，促进提高概预算的编制质量，落实建设资金等方面，都有着重要的作用。因此，审查概预算的工作不仅要认真、细致，而且还要正确贯彻执行国家和地方颁发的各种文件和规定。这是一项政策性和技术性都很强的工作，不仅要熟悉掌握有关政策和规定，具有一定的业务技术能力和实际工作经验，同时还要有认真负责、实事求是的工作态度，才能够较好地胜任这项工作。

（二）审查概预算的依据

（1）国家颁发的有关规定、细则和文件等。

（2）省（市）有关单位颁发的文件、通知等。

（3）国家或省（市）颁发的取费标准或费用定额。

（4）国家或省（市）颁发的现行定额和补充定额。例如：建筑工程预算定额；省（市）的补充定额；全国统一安装工程预算定额；建筑工程概算定额以及各专业定额等。

（5）经批准的地区材料预算价格或该工程所用的材料预算价格；本地区工资标准及批准的动力资源价格等。

（6）经批准的地区单位估价表及汇总表或该工程所用的单位估价表等。

（7）初步设计或扩大初步设计图纸说明书以及施工图设计说明书。

（8）有关该工程的经济调查、地质钻探、水文气象等原始资料。

3.2 概预算审查的组织形式

概预算的审查是一项政策性和技术性都较强的工作，应组织有关单位熟悉概预算业务的人员参加。对于尚无统一规定或规定不明确的问题，除加强请示工作外，应根据实事求是的原则，本着充分协商的精神研究解决。

各地审查概预算的组织形式不完全一样，一般有以下三种：

（一）单审

由建设单位、建设银行和施工单位主管部门分头进行审查，有问题时进行协商，取得一致意见后再定案。

这种方式比较灵活，不受时间限制。对于一般单位工程概预算，大多采用这种方式。

（二）会审

由建设单位、建设银行、设计单位和施工单位共同组成审查小组进行会审。

这种方式人员集中，能展开充分讨论，审查的进度快、质量好，但集中各方面的人员比较困难。所以，这种方式通常用于重点工程项目。

有的地区由建委负责，抽调人员组成联审办公室，对本地区的预算进行审查。

（三）分头审查定期会审定案

少数建设项目采用单审和会审的组织形式都有困难时，可由地区建委或建设单位牵头，组织建设项目所涉及的有关单位，对建设项目的概预算文件进行分头审查，定期由牵头单位组织他们集体讨论定案。

3.3　单位工程概算的审查

（一）单位工程概算的审查内容

（1）将概算中的单方造价与过去编制的类似工程预算的单方造价，或者与国家颁发的控制指标进行比较，看是否符合或相接近。

（2）审查所采用的概算指标的结构特征是否与初步设计相符，或者所选用的类似工程预算是否恰当。

（3）审查概算编制方法和计算过程的正确性。

（4）审查概算工程量计算的正确性，是否有遗漏的项目。

（5）审查套用概算定额是否正确。

（6）审查计算的各项费用是否正确。

（7）审查概算书中的各项目是否填写齐全和清楚。

（二）单位工程概算的审查方法

1. 全面审查法

全面审查法是按照编制概算的要求，结合概算定额、概算指标，对所编概算的内容进行逐一审查的方法。

该方法的优点是全面、细致，审查的质量比较高；缺点是工作量太大，审查速度较慢。

2. 重点审查法

选择概算中工程量大、价值量大的项目进行重点审查，叫重点审查法，也称抽查法。

3. 对比审查法

利用同一地区、同一类型的概预算，按分部分项工程、直接费、间接费等不同内容，分别与所编概算对比分析的方法称为对比分析审查法。

3.4 单位工程预算的审查

单位工程施工图预算所确定的工程造价是由直接费、间接费、利润和税金四部分费用构成。直接费是构成工程造价的主要因素，又是计取其他费用的基础，是施工图预算审查的重点。在预算中，工程量的大小与直接费的多少成正比，审查直接费的重点就是审查工程量。

（一）工程量的审查

工程量的审查要根据设计图纸和工程量计算规则，对已计算出来的工程量进行逐项审查或抽查。如发现重算、漏算和错算了的工程量应予更正。

为了提高审查工程量的质量，必须熟悉预算定额及工程量计算规则。例如：

（1）土方工程如需采取放坡等措施时，应审查是否符合土质情况，是否按规定计算。

（2）墙基与墙身的分界线，要与计算规则相符。不能在计算砖墙身时以室内地坪为界，而计算砖基础时又以室外地坪为界。

（3）在墙体计算中，应扣除的部分是否扣除了。

（4）现浇钢筋混凝土框架结构的构件划分，要以工程量计算规则为准，应列入柱内的不能列入梁内，应算有梁板的不能梁、板分开计算。

（5）门窗面积应以框外围面积计算，不能算门窗洞口面积。

（二）直接费的审查

1. 审查定额单价（基价）

（1）套用单价的审查

预算表中所列项目名称、种类、规格、计量单位，与预算定额或单位估价表中所列的工程内容和项目内容是否一致，防止错套。

（2）换算单价的审查

对预算定额或单位估价表规定不予换算的部分，不能强调工程特殊或其他原因随意换算。对定额规定允许换算的部分，要审查其换算依据和换算方法是否符合规定。

（3）补充单价的审查

对于定额缺项的补充单价，应审查其工料数量。这些数量是根据实测数据，还是估算或参考有关定额确定的，是否按定额规定作了正确的补充。

2. 材料预算价格的审查

各地区一般都使用经过审批的地区统一材料预算价格，这无须再审查。如果个别特殊建设项目使用的是临时编制的材料预算价格，则必须进行详细审查。材料预算价格一般由材料原价、供销部门手续费、运杂费、包装费和采购保管费等五种因素组成，应逐项进行审查。不过，材料原价和运杂费是主要组成因素，应重点进行审查。

（三）各项费用标准的审查

各项费用是指除按预算定额或单位估价表计算的直接费外的其他各项费用，包括间接费、利润等。这些费用是根据"间接费定额"和有关规定，按照不同企业等级、工程类型、计费基础和费率分别计算的。审查各项费用时，应对所列费用项目、计费基础、计算方法和规定的费率，逐项进行审查核对，以防错算。

（四）计算技术性的审查

一个单位工程施工图预算，从计算工程量到算出工程造价，涉及大量的数据计算。在计算过程中，很可能发生加、减、乘、除等计算技术性差错，特别是小数点位置的差错时有发生。如果发生计算技术性错误，即使计算依据和计算方法完全正确，也无济于事。因此，数据计算正确与否，也应认真复核，不可忽视。

4 工程结算编制

4.1 概　　述

（一）工程结算

工程结算亦称工程竣工结算，是指单位工程竣工后，施工单位根据施工实施过程中实际发生的变更情况，对原施工图预算工程造价或工程承包价进行调整、修正，重新确定工程造价的经济文件。

虽然承包商与业主签订了工程承包合同，按合同价支付工程价款，但是，施工过程中往往会发生地质条件的变化、设计变更、业主新的要求、施工情况发生了变化等等。这些变化通过工程索赔已确认，那么，工程竣工后就要在原承包合同价的基础上进行调整，重新确定工程造价。这一过程就是编制工程结算的主要过程。

（二）工程结算与竣工决算的联系和区别

工程结算是由施工单位编制的，一般以单位工程为对象；竣工决算是由建设单位编制的，一般以一个建设项目或单项工程为对象。

工程结算如实反映了单位工程竣工后的工程造价；竣工决算综合反映了竣工项目建设成果和财务情况。

竣工决算由若干个工程结算和费用概算汇总而成。

4.2　工程结算的内容

工程结算一般包括下列内容：

（1）封面

内容包括：工程名称、建设单位、建筑面积、结构类型、结算造价、编制日期等，并设有施工单位、审查单位以及编制人、复核人、审核人的签字盖章的位置。

（2）编制说明

内容包括：编制依据、结算范围、变更内容、双方协商处理的事项及其他必须说明的问题。

（3）工程结算直接费计算表

内容包括：定额编号、分项工程名称、单位、工程量、定额基价、合价、人工费、机械费等。

（4）工程结算费用计算表

内容包括：费用名称、费用计算基础、费率、计算式、费用金额等。

（5）附表

内容包括：工程量增减计算表、材料价差计算表、补充基价分析表等。

4.3　工程结算编制依据

编制工程结算除了应具备全套竣工图纸、预算定额、材料价格、人工单价、取费标准外，还应具备以下资料：

（1）工程施工合同；

（2）施工图预算书；

（3）设计变更通知单；

（4）施工技术核定单；

（5）隐蔽工程验收单；

（6）材料代用核定单；

（7）分包工程结算书；

（8）经业主、监理工程师同意确认的应列入工程结算的其他事项。

4.4　工程结算编制程序与方法

单位工程竣工结算的编制，是在施工图预算的基础上，根据业主和监理工程师确认的设计变更资料、修改后的竣工图、其他有关工程索赔资料，先进行直接费的增减调整计算，再按取费标准计算各项费用，最后汇总为工程结算造价。其编制程序和方法概述为：

（1）收集、整理、熟悉有关原始资料；

（2）深入现场，对照观察竣工工程；

（3）认真检查复核有关原始资料；

（4）计算调整工程量；

（5）套定额基价，计算调整直接费；

（6）计算结算造价。

4.5　工程结算编制实例

营业用房工程已竣工，在工程施工过程中发生了一些变更情况，根据这些情况需要编制工程结算。

（一）营业用房工程变更情况

营业用房基础平面图见图4-1，基础详图见图4-2。

（1）第⑪轴的①—④段，基础底标高由原设计标高 - 1.50m 改为 - 1.80m（见表4-1）；

（2）第⑪轴为①—④段，砖基础放脚改为等高式，基础垫层宽改为 1.100m，基础垫层厚度改为 0.30m（见表4-1）；

（3）C20 混凝土地圈梁由原设计 240mm × 240mm 断面，改为 240mm × 300mm 断面，长度不变（见表4-2）。

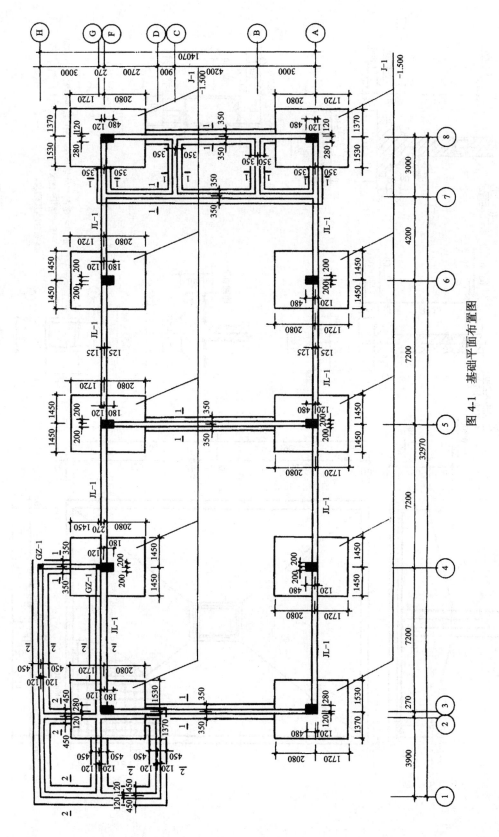

图 4-1 基础平面布置图

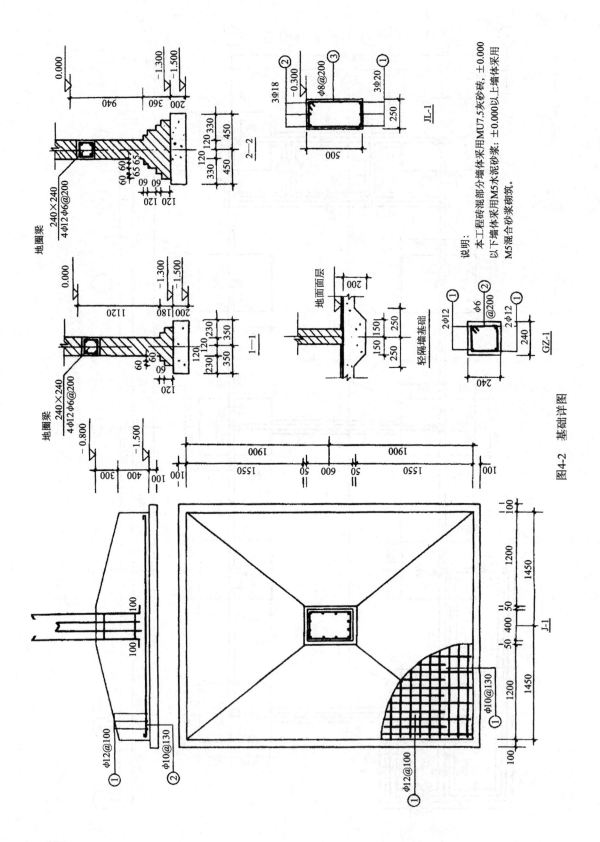

图4-2　基础详图

说明：
本工程砖混部分墙体采用MU7.5灰砂砖，±0.000
以下墙体采用M5水泥砂浆；±0.000以上墙体采用
M5混合砂浆砌筑。

工程名称	营 业 用 房
项目名称	砖 基 础

Ⓗ轴上①—④轴由于地槽开挖后地质情况有变化,故修改砖基础如下图所示:

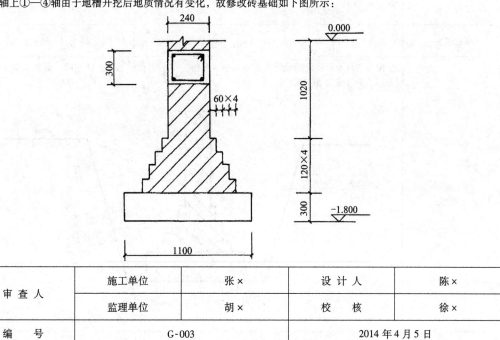

审 查 人	施工单位	张×	设 计 人	陈×
	监理单位	胡×	校 核	徐×
编 号	G-003		2014 年 4 月 5 日	

施工技术核定单   表 4-2

工程名称	营业用房	提出单位	××建筑公司
图纸编号	G-101	核定单位	××银行
核定内容	C20 混凝土地圈梁由原设计 240mm×240mm 断面,改为 240mm×300mm 断面,长度不变		
建设单位意见	同意修改意见		
设计单位意见	同 意		
监理单位意见	同 意		

提出单位	核定单位	监理单位
技术负责人（签字）	核定人（签字）	现场代表（签字）
张×	赵×	胡×
2014 年 8 月 5 日	2014 年 8 月 5 日	2014 年 8 月 5 日

（4）基础施工图2—2剖面有垫层砖基础计算结果有误，需更正（见表4-3）。

隐蔽工程验收单

表4-3

建设单位：××银行　　　　　　　　　　　　　　　　施工单位：

工程名称	营业用房	隐蔽日期	2014年6月6日
项目名称	砖 基 础	施工图号	G-101

施工说明及简图	按照4月5日签发的设计变更通知单，⑪轴上①—④轴的地槽、砖基础、混凝土垫层、施工后的验收情况如下图： 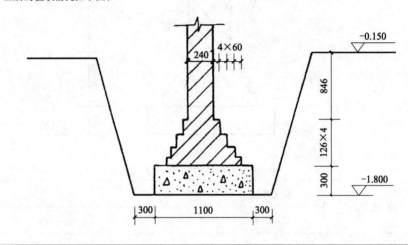

建设单位：××银行 主管负责人：赵×	监理单位：××监理公司 现场代表：胡×	施工单位：××建筑公司 施工负责人：张× 质检员：孙×

2014年6月6日

（二）计算调整工程量

（1）原预算工程量

1）人工挖地槽

$$V = (3.90 + 0.27 + 7.20) \times (0.90 + 2 \times 0.30) \times 1.35$$

$$= 11.37 \times 1.50 \times 1.35$$

$$= 23.02 \text{m}^3$$

2）C10混凝土基础垫层

$$V = 11.37 \times 0.90 \times 0.20$$

$$= 2.05 \text{m}^3$$

3）M5水泥砂浆砌砖基础

$$V = 11.37 \times [1.06 \times 0.24 + 0.007875 \times (12 - 4)]$$

$$= 11.37 \times 0.3174$$

$$= 3.61 m^3$$

4）C20 混凝土地圈梁

$$V = (12.10 + 39.18 + 8.75 + 32.35) \times 0.24 \times 0.24$$

$$= 92.38 \times 0.24 \times 0.24$$

$$= 5.32 m^3$$

5）地槽回填土

$$V = 23.02 - 2.05 - 3.61 - (0.24 - 0.15) \times 0.24 \times 11.37$$

$$= 23.02 - 2.05 - 3.61 - 0.25$$

$$= 17.11 m^3$$

（2）工程变更后工程量

1）人工挖地槽

$$V = 11.37 \times [\overset{}{1.10} + 0.3 \times 2 + (\overset{1.65深}{1.80 - 0.15}) \times \overset{放坡系数}{0.30}] \times 1.65$$

$$= 11.37 \times 2.195 \times 1.65$$

$$= 41.18 m^3$$

2）C10 混凝土基础垫层

$$V = 11.37 \times 1.10 \times 0.30$$

$$= 3.75 m^3$$

3）M5 水泥砂浆砌砖基础

$$砖基础深 = 1.80 - \overset{垫层}{0.30} - \overset{圈梁}{0.30} = 1.20 m$$

$$V = 11.37 \times (1.20 \times 0.24 + 0.007875 \times 20)$$

$$= 11.37 \times 0.4455$$

$$= 5.07 m^3$$

4）C20 混凝土地圈梁

$$V = 92.38 \times 0.24 \times 0.30$$

$$= 6.65 m^3$$

5）地槽回填土

$$V = 41.18 - 3.75 - 5.07 - 6.65 - (0.30 - 0.15) \times 0.24 \times 11.37$$

$$= 25.71 - 0.41$$

$$= 25.30 m^3$$

（3）Ⓗ轴①—④段工程变更后工程量调整

1）人工挖地槽

$$V = 41.18 - 23.02 = 18.16 \text{m}^3$$

2）C10 混凝土基础垫层

$$V = 3.75 - 2.05 = 1.70 \text{m}^3$$

3）M5 水泥砂浆砌砖基础

$$V = 5.07 - 3.61 = 1.46 \text{m}^3$$

4）C20 混凝土地圈梁

$$V = 6.65 - 5.32 = 1.33 \text{m}^3$$

5）地槽回填土

$$V = 25.30 - 17.11 = 8.19 \text{m}^3$$

（4）C20 混凝土圈梁变更后，砖基础工程量调整

1）需调整的砖基础长

$$L = 92.38 - 11.37 = 81.01 \text{m}$$

2）圈梁高度调整为 0.30m 后，砖基础减少

$$V = 81.01 \times (0.30 - 0.24) \times 0.24$$
$$= 81.01 \times 0.0144$$
$$= 1.17 \text{m}^3$$

（5）原预算砖基础工程量计算有误调整

1）原预算有垫层砖基础 2—2 剖面工程量

$$V = 10.27 \text{m}^3$$

2）2—2 剖面更正后工程量

$$V = 32.35 \times [1.06 \times 0.24 + 0.007875 \times (20 - 4)]$$
$$= 12.31 \text{m}^3$$

3）砖基础工程量调增

$$V = 12.31 - 10.27 = 2.04 \text{m}^3$$

4）由砖基础增加引起地槽回填土减少

$$V = -2.04 \text{m}^3$$

5）由砖基础增加引起人工运土增加

$$V = 2.04 \text{m}^3$$

（三）调整项目工、料、机分析

见表 4-4。

（四）调整项目直接费计算

调整项目直接费计算表见表 4-5。

表 4-4

调整项目工、料、机分析表

工程名称：营业用房

序号	定额编号	项目名称	单位	工程数量	综合工日	机械台班					材料用量					
						电动打夯机	200L灰浆机	平板振动器	400L搅拌机	插入式振动器	M5水泥砂浆 (m³)	烧结普通砖 (块)	水 (m³)	C20混凝土 (m³)	草袋子 (m³)	C10混凝土 (m³)
		一、调增项目														
	1-46	人工地槽回填土	m³	18.16	0.294/5.34	0.08/1.45										
	8-16	C10混凝土基础垫层	m³	1.70	1.225/2.08			0.079/0.13	0.101/0.17				0.50/0.85			1.01/1.72
	4-1	M5水泥砂浆砌砖基础	m³	1.46	1.218/1.78		0.039/0.06				0.236/0.345	524/765	0.105/0.15			
	5-408	C20混凝土地圈梁	m³	1.33	2.41/3.21				0.039/0.05	0.077/0.10			0.984/1.31	1.015/1.35	0.826/1.10	
	1-46	人工地槽回填土	m³	8.19	0.294/2.41	0.08/0.66										
	4-1	M5水泥砂浆砌砖基础	m³	2.04	1.218/2.48		0.039/0.08				0.236/0.48	524/1069	0.105/0.21			
	1-49	人工运土	m³	2.04	0.204/0.42											
		调增小计			17.22	2.11	0.14	0.13	0.22	0.10	0.83	1834	2.52	1.35	1.10	1.72
		二、调减项目														
	4-1	M5水泥砂浆砌砖基础	m³	1.17	1.218/1.43		0.039/0.05				0.236/0.28	524/613	0.105/0.12			
	1-46	人工回填土	m³	2.04	0.294/0.60	0.08/0.16										
		调减小计			2.03	0.16	0.05				0.28	613	0.12			
		合计			15.69	1.95	0.09	0.13	0.22	0.10	0.55	1221	2.40	1.35	1.10	1.72

工程名称：营业用房

序号	名　　称	单位	数量	单价（元）	金额（元）
一	人工	工日	15.69	25.00	392.25
二	机械				64.43
1	电动打夯机	台班	1.95	20.24	39.47
2	200L 灰浆搅拌机	台班	0.09	15.92	1.43
3	400L 混凝土搅拌机	台班	0.22	94.59	20.81
4	平板振动器	台班	0.13	12.77	1.66
5	插入式振动器	台班	0.10	10.62	1.06
三	材料				696.00
	M5 水泥砂浆	m^3	0.55	124.32	68.38
	烧结普通砖	块	1221	0.15	183.15
	水	m^3	2.40	1.20	2.88
	C20 混凝土	m^3	1.35	155.93	210.51
	草袋子	m^2	1.10	1.50	1.65
	C10 混凝土	m^3	1.72	133.39	229.43
	小计：				1152.68

（五）营业用房调整项目工程造价计算

营业用房调整项目工程造价计算的费用项目及费率完全同预算造价计算过程，见表
4-6。

序号	费用名称		计算式	金额（元）
（一）	直接工程费		见表4-5	1152.68
（二）	单项材料价差调整		采用实物金额法不计算此费用	—
（三）	综合系数调整材料价差		采用实物金额法不计算此费用	—
（四）	措施费	环境保护费	1152.68×0.4%＝4.61元	58.78
		文明施工费	1152.68×0.9%＝10.37元	
		安全施工费	1152.68×1.0%＝11.53元	
		临时设施费	1152.68×2.0%＝23.05元	
		夜间施工增加费	1152.68×0.5%＝5.76元	
		二次搬运费	1152.68×0.3%＝3.46元	
		大型机械进出场及安拆费	—	
		脚手架费	—	
		已完工程及设备保护费	—	
		混凝土及钢筋混凝土模板及支架费	—	
		施工排水、降水费	—	
（五）	规费	工程排污费		87.68
		工程定额测定费	1152.68×0.12%＝1.38元	
		社会保障费	见表24-5：392.25×16%＝62.76元	
		住房公积金	见表24-5：392.25×6.0%＝23.54元	
		危险作业意外伤害保险	—	
（六）	企业管理费		1152.68×5.1%＝58.79元	58.79
（七）	利润		1152.68×7%＝80.69元	80.69
（八）	营业税		1438.62×3.093%＝44.50元	44.50
（九）	城市维护建设税		44.50×7%＝3.12元	3.12
（十）	教育费附加		44.50×3%＝1.34元	1.34
	工程造价		（一）~（十）之和	1487.58

（六）营业用房工程结算造价

（1）营业用房原工程预算造价

预算造价＝590861.22元

（2）营业用房调整后增加的工程造价

调增造价＝1487.58元（见表4-6）

（3）营业用房工程结算造价

工程结算造价＝590861.22＋1487.58

＝592348.80元

5 工程量清单计价

5.1 工程量清单计价概述

5.1.1 工程量清单计价包含的主要内容

《建设工程工程量清单计价规范》（GB 50500—2013）的主要内容包括：工程量清单编制、招标控制价、投标价、合同价款约定、工程计量、合同价款调整、合同价款期中支付、竣工结算与支付、合同价款争议的解决、工程造价鉴定等内容。

本书主要介绍工程量清单、招标控制价、投标价和应用实例编制方法。其余内容请读者参考工程造价控制、工程结算等相关书籍。

5.1.2 工程量清单计价规范的编制依据和作用

《建设工程工程量清单计价规范》是为规范建设工程施工发承包计价行为，统一建设工程工程量清单的编制原则和计价方法，根据《中华人民共和国建筑法》、《中华人民共和国合同法》、《中华人民共和国招标投标法》等法律法规制定的法规性文件。

规范规定，使用国有资金投资的建设工程施工发承包，必须采用工程量清单计价。规范要求非国有资金投资的建设工程，宜采用工程量清单计价。

不采用工程量清单计价的建设工程，应执行本规范除工程量清单等专门性规定外的其他规定。例如，在工程发承包过程中要执行合同价款约定、工程计量、合同价款调整、合同价款期中支付、竣工结算与支付、合同价款争议的解决等规定。

5.1.3 工程量清单的概念

工程量清单是指载明建设工程的分部分项工程项目、措施项目、其他项目的名称和相应数量以及规范、税金项目等内容的明细清单。

工程量清单是招标工程量清单和已标价工程量清单的统称。

5.1.4 招标工程量清单的概念

招标工程量清单是指招标人依据国家标准、招标文件、设计文件以及施工现场实际情况编制的，随招标文件发布供投标报价的工程量清单，包括其说明和表格。

5.1.5 已标价工程量清单的概念

已标价工程量清单是指构成合同文件组成部分的投标文件中已标明价格，经算术性错误修正（如果有）且承包人已经确认的工程量清单，包括其说明和表格。

已标价工程量清单特指承包商中标后的工程量清单，不是指所有投标人的标价工程量清单。因为"构成合同文件组成部分"的"已标价工程量清单"只能是中标人的"已标价工程量清单"；另外，有可能在评标时评标专家已经修正了投标人"已标价工程量清单"的计算错误，并且投标人同意修正结果，最终又成为中标价的情况；或者投标人"已标价工程量清单"与"招标工程量清单"的工程数量有差别且评标专家没有发现错误，最终又成为中标价的情况。

上述两种情况说明"已标价工程量清单"有可能与"投标报价工程量"、"招标工程量清单"出现不同情况的事实，所以专门定义了"已标价工程量清单"的概念。

5.1.6 招标控制价的概念

招标人根据国家或省级、行业建设主管部门颁发的有关计价依据和办法，以及拟定的招标文件和招标工程量清单，结合工程具体情况编制的招标工程的最高投标限价。

5.1.7 投标价的概念

投标价是指投标人投标时，响应招标文件要求所报出的对以标价工程量清单汇总后标明的总价。

投标价是投标人根据国家或省级、行业建设主管部门颁发的计价办法，企业定额、国家或省级、行业建设主管部门颁发的计价定额，招标文件、工程量清单及其补充通知、答疑纪要，建设工程设计文件及相关资料，施工现场情况、工程特点及拟定的投标施工组织设计或施工方案，与建设项目相关的标准、规范等技术资料，市场价格信息或工程造价管理机构发布的工程造价信息编制的投标时报出的工程总价。

5.1.8 签约合同价的概念

签约合同价是指发承包双方在工程合同中约定的工程造价，即包括了分部分项工程费、措施项目费、其他项目费、规范和税金的合同总价。

5.1.9 竣工结算价的概念

竣工结算价是指发承包双方依据国家有关法律、法规和标准规定，按照合同约定确定的，包括在履行合同过程中按合同约定进行的合同价款调整，承包人按合同约定完成了全部承包工作后，发包人应付给承包人的合同总金额。

在履行合同过程中按合同约定进行的合同价款调整，是指工程变更、索赔、政策变化等引起的价款调整。

5.1.10 招标工程量清单与已标价工程量清单的概念

1. 工程量清单的概念

工程量清单是建设工程的分部分项工程项目、措施项目、其他项目、规费项目和税金项目的名称和相应数量等的明细清单。这里是指出工程量清单所包含的内容。

2. 招标工程量清单的概念

招标工程量清单是招标人依据国家标准、招标文件、设计文件以及施工现场实际情况编制的，随招标文件发布供投标价的工程量清单。这里是指工程量清单的编制依据和重要作用。

3. 已标价工程量清单的概念

已标价工程量清单是构成合同文件组成部分的投标文件中已标明价格，经算术性错误修正（如有）且承包人已确认的工程量清单，包括对其的说明和表格。这里是指承包人根据承包合同的要求，在投标价的基础上进行调整（如有）后的已标价工程量清单。

5.1.11　工程量清单计价活动各种价格之间的关系

工程量清单计价活动各种价格主要指招标控制价、已标价工程量清单、投标价、签约合同价、竣工结算价。

1. 招标控制价与各种价格之间的关系

GB 50500—2013 第 6.1.5 条规定"投标人的投标价高于招标控制价的应予废标"。所以，招标控制价是投标价的最高限价。

GB 50500—2013 第 5.1.2 条规定"招标控制价应由具有编制能力的招标人编制，或者委托其具有相应资质的工程造价咨询人编制和复核"。

招标控制价是工程实施时调整工程价款的计算依据。例如，分部分项工程量偏差引起的综合单价调整就需要根据招标控制价中对应的分部分项综合单价进行。

招标控制价应根据工程类型确定合适的企业等级，根据本地区的计价定额、费用定额、人工费调整文件和市场信息价编制。

招标控制价应反映建造该工程的社会平均水平工程造价。

招标控制价的质量和复核由招标人负责。

2. 投标价与各种价格之间的关系

投标价一般由投标人编制。投标价根据招标工程量和有关依据编制。投标价不能高于招标控制价。包含工程量的投标价称为"已标价工程量清单"，它是调整工程价款和计算工程结算价的主要依据之一。

3. 签约合同价与各种价格之间的关系

签约合同价根据中标价（中标人的投标价）确定。发承包双方在中标价的基础上协商确定签约合同价。一般情况下承包商若能够让利，则签约合同价要低于中标价。签约合同价也是调整工程价款和计算工程结算价的主要依据之一。

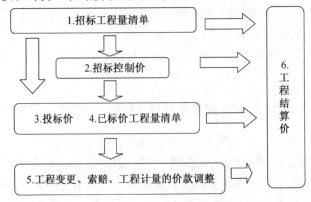

图 5-1　工程量清单计价各种价格之间的关系示意图

4. 竣工结算价与各种价格之间的关系

竣工结算由承包商编制。竣工结算价根据招标控制价、已标价工程量清单、签约合同价，上述工程量清单计价各种价格之间的关系示意见图5-1。

5.2 工程量计算规范

5.2.1 设置工程量计算规范的目的

1. 规范工程造价计量行为

在工程量清单计价时，确定工程造价一般首先要根据施工图，计算以 m、m^2、m^3、t 等为计量单位的工程数量。工程施工图往往表达的是一个由不同结构和构造、多种几何形体组成的结合体。因此，在错综复杂的长度、面积、体积等清单工程量计算中，必须要有一个权威、强制执行的规定来统一规范工程量清单计价的计量行为。于是，就颁发了工程量计算规范。

2. 规定工程量清单的项目设置和计量规则

颁发的工程量计算规范设置了各专业工程的分部分项项目，统一了清单工程量项目的划分，进而保证了每个单位工程确定工程量清单项目的一致性。

工程计量规范根据每个项目的计算特点和考虑到计价定额的有关规定，设置了每个清单工程量项目的项目名称、项目特征、计量单位、工程量计算规则和工作内容。

5.2.2 工程计量规范的内容

1. 工程量计算规范包括的专业工程

2013年颁发的工程量计算规范包括9个专业工程，它们是：

01—房屋建筑与装饰工程（GB 50854—2013）

02—仿古建筑工程（GB 50855—2013）

03—通用安装工程（GB 50856—2013）

04—市政工程（GB 50857—2013）

05—园林绿化工程（GB 50858—2013）

06—矿山工程（GB 50859—2013）

07—构筑物工程（GB 50860—2013）

08—城市轨道交通工程（GB 50861—2013）

09—爆破工程（GB 50862—2013）

以后，随着其他专业计量规范的条件成熟，还会不断增加新专业的工程计量规范。

2. 各专业工程量计算规范包含的内容

各专业工程量计算规范除了包括总则、术语、一般规定外，其主要内容是分部分项工程项目和措施项目的内容。我们以《房屋建筑与装饰工程工程量计算规范》GB 50854 为例，介绍工程量清单计价规范的内容。

（1）总则

各专业工程计量规范中的总则主要包括：阐述了制定工程量计算规范的目的。例如，

"为规范房屋建筑与装饰工程造价计量行为，统一房屋建筑与装饰工程工程量计算规则、工程量清单的编制方法，制定本规范"。

规范的适用范围。例如，"本规范适用于工业与民用的房屋建筑与装饰工程发承包及实施阶段计价活动中的工程计量和工程量清单编制"。

强制性规定。例如，"××工程计价，必须按本规范规定的工程量计算规则进行工程计量"。

（2）术语

术语是在特定学科领域用来表示概念的称谓的集合，在我国又称为名词或科技名词。术语是通过语言或文字来表达或限定科学概念的约定性语言符号，是思想和认识交流的工具。

工程量计算规范的术语通常包括对"工程量计算"、"房屋建筑"、"市政工程"、"安装工程"等概念的定义。例如，安装工程是指各种设备、装置的安装工程。通常包括：工业、民用设备，电气、智能化控制设备，自动化控制仪表，通风空调，工业、消防及给水排水燃气管道以及通信设备安装等。

（3）工程计量

①工程量计算依据

工程量计算依据除依据规范各项规定外，尚应依据以下文件：

A. 经审定通过的施工设计图纸。

B. 经审定通过的施工组织设计或施工方案。

C. 经审定通过的其他有关技术经济文件。

②实施过程的计量办法

工程实施过程中的计量应按照现行国家标准《建设工程工程量清单计价规范》GB 50500 的相关规定执行。

③分部分项工程量清单计量单位的规定

分部分项工程量清单的计量单位应按附录中规定的计量单位确定。

本规范附录中有两个或两个以上计量单位的，应结合拟建工程项目的实际情况，选择其中一个确定。

工程计量时，每一项目汇总的有效位数应遵守下列规定：

A. 以"t"为单位，应保留小数点后三位数字，第四位小数四舍五入；

B. 以"m"、"m^2"、"m^3"、"kg"为单位，应保留小数点后两位数字，第三位小数四舍五入；

C. 以"个"、"件"、"根"、"组"、"系统"为单位，应取整数。

④拟建工程项目中涉及非本专业计量规范的处理方法（以房屋建筑与装饰工程量计算规范为例）

房屋建筑与装饰工程涉及电气、给水排水、消防等安装工程的项目，按照国家标准《通用安装工程工程量计算规范》GB 50856 的相应项目执行；涉及小区道路、室外给水排水等工程的项目，按国家标准《市政工程工程量计算规范》GB 50857 的相应项目执行；采用爆破法施工的石方工程，按照国家标准《爆破工程工程量计算规范》GB 50862 的相应项目执行。

（4）工程量清单编制

①编制工程量清单的依据

A. 本规范和现行国家标准《建设工程工程量清单计价规范》GB 50500 。

B. 国家或省级、行业建设主管部门颁发的计价依据和办法。

C. 建设工程设计文件。

D. 与建设工程项目有关的标准、规范、技术等资料。

E. 拟定的招标文件。

F. 施工现场情况、工程特点及常规施工方案。

G. 其他相关资料。

②分部分项工程量清单编制

A. 工程量清单应根据附录规定的项目编码、项目名称、项目特征、计量单位和工程量计算规则编制。

B. 工程量清单的项目编码，应采用十二位阿拉伯数字表示，一至九位应按附录的规定设置，十至十二位应根据拟建工程的工程量清单项目名称和项目特征设置，同一招标工程的项目编码不得有重码。例如，砖基础的清单工程量计算规范的编码为"010401001"九位数，某工程砖基础清单工程量的编码为"010401001001"十二位数，最后三位数"001"是工程量清单编制人加上的。

C. 工程量清单的项目名称应按附录的项目名称结合拟建工程的实际确定。

D. 工程量清单项目特征应按附录中规定的项目特征，结合拟建工程项目的实际予以描述。

E. 工程量清单中所列工程量应按附录中规定的工程量计算规则计算。

F. 工程量清单的计量单位应按附录中规定的计量单位确定。

③其他项目、规费和税金项目编制

其他项目、规费和税金项目清单应按照现行国家标准《建设工程工程量清单计价规范》GB 50500 的相关规定编制。

④补充工程量清单项目编制

编制工程量清单出现附录中未包括的项目，编制人应做补充，并报省级或行业工程造价管理机构备案，省级或行业工程造价管理机构应汇总报住房和城乡建设部标准定额研究所。

补充项目的编码由本规范的代码 01 与 B 和三位阿拉伯数字组成，并应从 01B001 起顺序编制，同一招标工程的项目编码不得重复。

将补充的清单项目，需在工程量清单附上补充项目的名称、项目特征、计量单位、工程量计算规则、工作内容。

补充的不能计量的措施项目，需附有补充项目的名称、工作内容及包含范围。

⑤有关模板项目的约定

本规范现浇混凝土工程项目"工作内容"中包括模板工程的内容，同时又在措施项目中单列了现浇混凝土模板工程项目。对此，招标人应根据工程实际情况选用。若招标人在措施项目清单中未编列现浇混凝土模板项目清单，即表示现浇混凝土模板项目不单列，现浇混凝土工程项目的综合单价中应包括模板工程费用。

⑥有关成品的综合单价计算约定

本规范对预制混凝土构件按现场制作编制项目，"工作内容"中包括模板工程，不再另列。若采用成品预制混凝土构件时，构件成品价（包括模板、钢筋、混凝土等所有费用）应计入单价中。

金属结构构件按成品编制项目，构件成品价应计入综合单价中。若采用现场制作，包括制作的所有费用。

门窗（橱窗除外）按成品编制项目，门窗成品价应计入综合单价中。若采用现场制作，包括制作的所有费用。

⑦措施项目编制的规定

措施项目分"单价项目"和"总价项目"两种情况确定。

措施项目中列出了项目编码、项目名称、项目特征、计量单位、工程量计算规则的项目（单价项目）。编制工程量清单时，应按照本规范分部分项工程量清单编制的规定执行。

措施项目中仅列出项目编码、项目名称，未列出项目特征、计量单位和工程量计算规则的项目（总价项目）。编制工程量清单时，应按本规范附录的措施项目规定的项目编码、项目名称确定。

3.《房屋建筑与装饰工程工程量计算规范》简介

房屋建筑与装饰工程工程量计算规范从附录 A～附录 S，共有 16 个（去掉了字母 I 和 O）分部工程。

每一附录的主要内容包括：①附录名称；②小节名称；③统一要求；④工程量分节表名称；⑤分节表中的工程量项目名称、项目编码、项目特征、计量单位、工程量计算规则、工作内容；⑥注明；⑦附加表等。

例如，《房屋建筑与装饰工程工程量计算规范》附录 A 中"A.1 土方工程"的主要内容为：

①附录名称：附录 A 土石方工程；

②小节名称：A.1 土方工程；

③统一要求："土方工程工程量清单项目设置、项目特征描述的内容、计量单位及工程量计算规则，应按表 A.1 的规定执行"；

④工程量分节表名称：表 A.1 土方工程（编号 010101）；

⑤分节表中的工程量项目名称、项目编码、项目特征、计量单位、工程量计算规则、工作内容：例如，"平整场地"项目的编码为"010101001"、项目特征为"1. 土壤类别 2. 弃土运距 3. 取土运距"；

⑥注明：例如，注 2 "建筑物场地厚度 ≤ ±300mm 的挖、填、运、找平，应按本表中平整场地项目编码列项；厚度 > ±300mm 的竖向布置挖土或山坡切土应按本表中挖一般土方项目编码列项"；

⑦附加表：A.1 土方工程附加了"表 A.1-1 土壤分类表"、"表 A.1-2 土方体积折算系数表"、"表 A.1-3 放坡系数表"、"表 A.1-4 基础工程所需工作面宽度计算表"、"表 A.1-5 管沟施工每侧所需工作面宽度计算表"。

附录 A 土石方工程

A.1 土 方 工 程

土方工程工程量清单项目设置、项目特征描述的内容、计量单位及工程量计算规则，应按表 A.1 的规定执行。

土方工程（编号：010101）   表 A.1

项目编码	项目名称	项目特征	计量单位	工程量计算规则	工作内容
010101001	平整场地	1. 土壤类别 2. 弃土运距 3. 取土运距	m²	按设计图示尺寸以建筑物首层建筑面积计算	1. 土方挖填 2. 场地找平 3. 运输
010101002	挖一般土方	1. 土壤类别 2. 挖土深度 3. 弃土运距	m³	按设计图示尺寸以体积计算	1. 排地表水 2. 土方开挖 3. 围护（挡土板）及拆除 4. 基底钎探 5. 运输
010101003	挖沟槽土方			按设计图示尺寸以基础垫层底面积乘以挖土深度计算	
010101004	挖基坑土方				
010101005	冻土开挖	1. 冻土厚度 2. 弃土运距		按设计图示尺寸开挖面积乘厚度以体积计算	1. 爆破 2. 开挖 3. 清理 4. 运输
010101006	挖淤泥、流砂	1. 挖掘深度 2. 弃淤泥、流砂距离		按设计图示位置、界限以体积计算	1. 开挖 2. 运输
010101007	管沟土方	1. 土壤类别 2. 管外径 3. 挖沟深度 4. 回填要求	1. m 2. m³	1. 以米计量，按设计图示以管道中心线长度计算 2. 以立方米计量，按设计图示管底垫层面积乘以挖土深度计算；无管底垫层按管外径的水平投影面积乘以挖土深度计算。不扣除各类井的长度，井的土方并入	1. 排地表水 2. 土方开挖 3. 围护（挡土板）、支撑 4. 运输 5. 回填

注：1. 挖土方平均厚度应按自然地面测量标高至设计地坪标高间的平均厚度确定。基础土方开挖深度应按基础垫层底表面标高至交付施工场地标高确定，无交付施工场地标高时，应按自然地面标高确定。

　　2. 建筑物场地厚度≤±300mm 的挖、填、运、找平，应按本表中平整场地项目编码列项。厚度>±300mm 的竖向布置挖土或山坡切土应按本表中挖一般土方项目编码列项。

　　3. 沟槽、基坑、一般土方的划分为：底宽≤7m 且底长>3 倍底宽为沟槽；底长≤3 倍底宽且底面积≤150m² 为基坑；超出上述范围则为一般土方。

　　4. 挖土方如需截桩头时，应按桩基工程相关项目列项。

　　5. 桩间挖土不扣除桩的体积，并在项目特征中加以描述。

　　6. 弃、取土运距可以不描述，但应注明由投标人根据施工现场实际情况自行考虑，决定报价。

　　7. 土壤的分类应按表 A.1-1 确定，如土壤类别不能准确划分时，招标人可注明为综合，由投标人根据地勘报告决定报价。

　　8. 土方体积应按挖掘前的天然密实体积计算。非天然密实土方应按表 A.1-2 折算。

　　9. 挖沟槽、基坑、一般土方因工作面和放坡增加的工程量（管沟工作面增加的工程量）是否并入各土方工程量中，应按各省、自治区、直辖市或行业建设主管部门的规定实施，如并入各土方工程量中，办理工程结算时，按经发包人认可的施工组织设计规定计算，编制工程量清单时，可按表 A.1-3～表 A.1-5 规定计算。

　　10. 挖方出现流砂、淤泥时，如设计未明确，在编制工程量清单时，其工程数量可为暂估量，结算时应根据实际情况由发包人与承包人双方现场签证确认工程量。

　　11. 管沟土方项目适用于管道（给水排水、工业、电力、通信）、光（电）缆沟〔包括：人（手）孔、接口坑〕及连接井（检查井）等。

土壤分类表

土壤分类	土壤名称	开挖方法
一、二类土	粉土、砂土（粉砂、细砂、中砂、粗砂、砾砂）粉质黏土、弱中盐渍土、软土（淤泥质土、泥炭、泥炭质土）、软塑红黏土、冲填土	用锹、少许用镐、条锄开挖。机械能全部直接铲挖满载者
三类土	黏土、碎石土（圆砾、角砾）混合土、可塑红黏土、硬塑红黏土、强盐渍土、素填土、压实填土	主要用镐、条锄、少许用锹开挖。机械需部分刨松方能铲挖满载者或可直接铲挖但不能满载者
四类土	碎石土（卵石、碎石、漂石、块石）、坚硬红黏土、超盐渍土、杂填土	全部用镐、条锄挖掘，少许用撬棍挖掘。机械须普遍刨松方能铲挖满载者

注：本表土的名称及其含义按国家标准《岩土工程勘察规范》GB 50021—2001（2009 年版）定义。

土方体积折算系数表

天然密实度体积	虚方体积	夯实后体积	松填体积
0.77	1.00	0.67	0.83
1.00	1.30	0.87	1.08
1.15	1.50	1.00	1.25
0.92	1.20	0.80	1.00

注：1. 虚方指未经碾压、堆积时间≤1 年的土壤。

2. 本表按《全国统一建筑工程预算工程量计算规则》GJDG2—101—95 整理。

3. 设计密实度超过规定的，填方体积按工程设计要求执行；无设计要求按各省、自治区、直辖市或行业建设行政主管部门规定的系数执行。

放坡系数表

土类别	放坡起点（m）	人工挖土	机械挖土		
			在坑内作业	在坑上作业	顺沟槽在坑上作业
一、二类土	1.20	1:0.5	1:0.33	1:0.75	1:0.5
三类土	1.50	1:0.33	1:0.25	1:0.67	1:0.33
四类土	2.00	1:0.25	1:0.10	1:0.33	1:0.25

注：1. 沟槽、基坑中土类别不同时，分别按其放坡起点、放坡系数，依不同土类别厚度加权平均计算。

2. 计算放坡时，在交接处的重复工程量不予扣除，原槽、坑作基础垫层时，放坡自垫层上表面开始计算。

基础施工所需工作面宽度计算表

基础材料	每边各增加工作面宽度（mm）	基础材料	每边各增加工作面宽度（mm）
砖基础	200	混凝土基础支模板	300
浆砌毛石、条石基础	150	基础垂直面做防水层	1000（防水层面）
混凝土基础垫层支模板	300		

注：本表按《全国统一建筑工程预算工程量计算规则》GJDG2—101—95 整理。

管沟施工每侧所需工作面宽度计算表　　　　表 A.1-5

管道结构宽（mm） 管沟材料	≤500	≤1000	≤2500	>2500
混凝土及钢筋混凝土管道（mm）	400	500	600	700
其他材质管道（mm）	300	400	500	600

注：1. 本表按《全国统一建筑工程预算工程量计算规则》GJDG2—101—95 整理。

　　2. 管道结构宽：有管座的按基础外缘，无管座的按管道外径。

5.3　招标工程量清单编制方法

5.3.1　招标工程量清单的作用

招标工程量清单随同工程项目的招标文件一起发布，最重要的作用是编制招标控制价和投标人编制投标价的依据。

其规则是：投标人报价中措施项目的安全文明施工费、规费和税金不得作为竞争性费用；投标人报价采用的分部分项工程量清单项目、措施项目清单中的计算工程量部分的项目、其他项目中的暂列金额、暂估价等必须与招标工程量清单完全一致。若不相同，评标办法规定该投标价作废。

招标工程量也是签订工程承包合同、工程变更、施工索赔、工程价款调整、工程结算价计算的依据。

5.3.2　招标工程量清单的编制依据以及他们相互间的关系

1. 招标工程量清单的编制依据

工程量是根据设计文件计算的，所以少不了施工图纸。招标工程量是招标文件的组成部分也是根据招标文件的要求编制的（例如，招标文件确定某专业工程只给出一个暂估价），因此招标文件是招标工程量的编制依据。

另外招标工程量清单必须根据《建设工程工程量清单计价规范》确定内容、必须根据《××专业工程工程量量计算规范》确定项目数量以及每个项目的项目编码、项目名称、项目特征、计量单位，并根据工作内容确定该项目范围，根据工程量计算规则计算清单工程量。

2. 编制依据之间的关系

施工图和专业工程工程量计算规范中的五大要素是计算分部分项清单工程量重要依据。然后，还要根据《建设工程工程量清单计价规范》的规定，将清单工程量包含的分部分项工程量清单、措施项目清单、其他项目清单和规范、税金项目整理和汇总为招标工程量清单。

编制依据之间的关系可以用下列示意图说明（见图 5-2）：

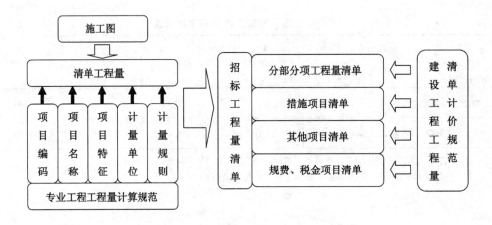

图 5-2 招标工程量清单编制依据之间关系示意图

5.3.3 分部分项工程量项目列项

根据施工图、专业工程量计算规范和建筑工程工程量清单计价规范，划分一个单位工程的分部分项工程量清单项目，通常又称为列项。

分部分项工程量清单项目是根据施工图和专业工程量计算规范列出的。这是造价员工作的基本功，因为必须要看懂图纸和熟悉工程量计算规范，最关键之处是能根据施工图和工程量计算规范判断本工程中有多少个什么样的分部分项工程量清单项目。

措施项目清单首先要列出非竞争项目"安全文明施工费"，能计算工程量的"混凝土模板及支架"、"脚手架"等措施项目，要根据施工图和工程量计算规范的规定准确计算工程量。"施工排水、降水"等措施项目，根据施工方案自主确定。

其他项目清单的项目和数量主要由招标人在招标工程量清单中确定，例如，暂列金额的数额、计日工的数量等等。

规费项目和税金项目清单根据省级、行业主管部门颁发的计价办法确定。

5.3.4 计算分部分项清单工程量特点

我们把根据工程量计算规范和施工图计算出的工程量，称为清单工程量。根据施工图和工程量计算规范计算清单工程量是预算员的基本功。所以，不会计算清单工程量就不会编制工程量清单。

5.3.5 确定和计算措施项目清单工程量的方法

措施项目清单从价格计算方法上可以分为两类：一是可以计算工程量的"单价项目"，即可以根据工程量和计价定额编制综合单价的项目，例如，脚手架措施项目；二是不能计算工程量的"总价项目"，即只能以规定的计算基数和对应的费率计算价格的项目，例如，安全文明施工措施项目。

措施项目可以按是否可以竞争的特性分为两类：一是清单计价规定必须收取的非竞争性项目，例如，安全文明施工措施项目；二是投标人根据工程具体施工情况自主确定的项目，例如，施工排水措施项目。

5.3.6 确定其他项目清单的计算方法

其他项目清单主要包括暂列金额、暂估价（材料和工程设备暂估价、专业工程暂估价）、计日工、总承包服务费。

暂列金额由招标人根据工程特点、工期长短，按有关计价规定估算确定。暂列金额的数额是招标人根据设计文件和编制招标工程量清单的深入程度来确定的，一般是分部分项工程费的 10% ~ 15%。

材料和设备暂估价根据工程造价管理机构发布的信息价或参考市场价确定。专业工程暂估价根据编制投资估算、设计概算、施工图预算等计价方法编制确定。

计日工中的人工、材料、机械台班数量由招标人根据工程特点确定。

5.3.7 确定规费和税金项目清单的计算方法

规费和税金项目清单的计算比较简单，一般根据省级、行业主管部门颁发的计价办法确定的。主要是根据企业等级、工程所在地等不同情况，正确选择对应的规费费率和综合税金税率。

5.3.8 招标工程量清单编制简例

1. 编制某基础工程分部分项工程量清单

【例1】 根据给出的施工图和《房屋建筑与装饰工程工程量计算规范》中的清单项目，编制某基础工程带形砖基础、混凝土基础垫层的分部分项工程量清单。

第一步：识图。给出的施工图见图 5-3。

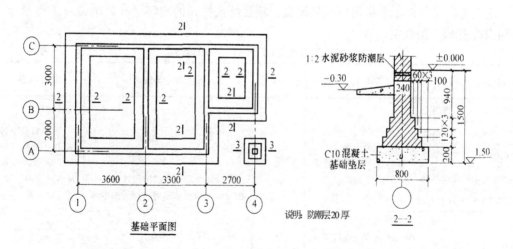

图 5-3 某工程基础施工图（单位：mm）

第二步：找到《房屋建筑与装饰工程工程量计算规范》中的砖基础和垫层项目。

（1）《房屋建筑与装饰工程工程量计算规范》中的砖基础清单项目摘录

《房屋建筑与装饰工程工程量计算规范》中的砖基础清单项目摘录见表 D.1。

砖砌体（编号：010401）
表 D.1

项目编码	项目名称	项目特征	计量单位	工程量计算规则	工作内容
010401001	砖基础	1. 砖品种、规格、强度等级 2. 基础类型 3. 砂浆强度等级 4. 防潮层材料种类	m³	按设计图示尺寸以体积计算。 　　包括附墙垛基础宽出部分体积，扣除地梁（圈梁）、构造柱所占体积，不扣除基础大放脚 T 形接头处的重叠部分及嵌入基础内的钢筋、铁件、管道、基础砂浆防潮层和单个面积≤0.3m² 的孔洞所占体积，靠墙暖气沟的挑檐不增加。 　　基础长度：外墙按外墙中心线，内墙按内墙净长线计算。	1. 砂浆制作、运输 2. 砌砖 3. 防潮层铺设 4. 材料运输
010401002	砖砌挖孔桩护壁	1. 砖品种、规格、强度等级 2. 砂浆强度等级		按设计图示尺寸以立方米计算。	1. 砂浆制作、运输 2. 砌砖 3. 材料运输

（2）《房屋建筑与装饰工程工程量计算规范》中的混凝土垫层清单项目摘录

《房屋建筑与装饰工程工程量计算规范》中的混凝土垫层清单项目摘录见表 E.1。

附录 E　混凝土及钢筋混凝土工程

E.1　现浇混凝土基础

现浇混凝土基础工程量清单项目设置、项目特征描述的内容、计量单位及工程量计算规则应按表 E.1 的规定执行。

现浇混凝土基础（编号：010501）
表 E.1

项目编码	项目名称	项目特征	计量单位	工程量计算规则	工作内容
010501001	垫层	1. 混凝土种类 2. 混凝土强度等级	m³	按设计图示尺寸以体积计算。不扣除伸入承台基础的桩头所占体积	1. 模板及支撑制作、安装、拆除、堆放、运输及清理模内杂物、刷隔离剂等 2. 混凝土制作、运输、浇筑、振捣、养护
010501002	带形基础				
010501003	独立基础				
010501004	满堂基础				
010501005	桩承台基础				
010501006	设备基础	1. 混凝土种类 2. 混凝土强度等级 3. 灌浆材料及其强度等级			

注：1. 有肋带形基础、无肋带形基础应按本表中相关项目列项，并注明肋高。
　　2. 箱式满堂基础中柱、梁、墙、板按本附录表 E.2、表 E.3、表 E.4、表 E.5 相关项目分别编码列项；箱式满堂基础底板按本表的满堂基础项目列项。
　　3. 框架式设备基础中柱、梁、墙、板分别按本附录表 E.2、表 E.3、表 E.4、表 E.5 相关项目编码列项；基础部分按本表相关项目编码列项。
　　4. 如为毛石混凝土基础，项目特征应描述毛石所占比例。

第三步：根据基础施工图和《房屋建筑与装饰工程工程量计算规范》中的分部分项清单项目列出的清单工程量项目，见表5-1"分部分项工程和单价措施项目清单与计价表"。

分部分项工程和单价措施项目清单与计价表　　　　　　　表5-1

工程名称：某基础工程　　　　　　　　　　标段：　　　　　　　第1页　共1页

序号	项目编码	项目名称	项目特征描述	计量单位	工程量	综合单价	合价	其中暂估价
			D. 砌筑工程					
1	010401001001	砖基础	1. 砖品种、规格、强度等级：页岩砖、240×115×53、MU7.5 2. 基础类型：带形 3. 砂浆强度等级：M5水泥砂浆 4. 防潮层材料种类：1:2防水砂浆	m³	14.93（注：根据第四步计算的结果填入）			
			小　计					
			E. 混凝土及钢筋混凝土工程					
2	010501001001	基础垫层	1. 混凝土种类：卵石塑性混凝土 2. 混凝土强度等级：C10	m³	5.70（注：根据第四步计算的结果填入）			
			小　计					
			本页小计					
			合　计					

注：为计取规费等的使用，可在表中增设其中："定额人工费"。

第四步：计算带形砖基础的分部分项清单工程量

（1）M5水泥砂浆砌带形砖基础

V = 带形砖基础长×基础断面积

$$= [(3.60+3.30+2.70+2.00+3.00)×2+2.00+3.00-0.24$$
$$+3.00-0.24]×[(1.50-0.20)×0.24+0.007875×12]$$
$$= (29.20+4.76+2.76)×(0.312+0.0945)$$
$$= 36.72×0.4066$$
$$= 14.93 m³$$

（2）带形砖基础C10混凝土垫层清单工程量计算

$V =$ 基础垫层断面积 × (墙垫层长 + 内墙垫层长)

$= (0.80 \times 0.20) \times [(3.60 + 3.30 + 2.70 + 2.00 + 3.00)$

$\times 2 + 2.00 + 3.00 - 0.80 + 3.00 - 0.80]$

$= 0.16 \times (29.20 + 6.40)$

$= 0.16 \times 35.6$

$= 5.70 \text{ m}^3$

第五步：将分部分项清单工程量填入"分部分项工程和单价措施项目清单与计价表"内。

2. 编制基础工程措施项目清单

【例2】编制基础工程的措施项目清单

第一步：编制"总价项目"的措施项目清单

总价措施项目的"安全文明施工费"是非竞争性项目，每个工程都要计算。其他措施项目根据拟建工程的实际情况和工程量计算规范的要求编制。例如，本基础工程根据施工实际情况可能会发生"二次搬运费"项目。

某基础工程的措施项目清单的总价措施项目清单与计价表见表5-2。

总价措施项目清单与计价表　　　　　　　　表5-2

工程名称：某基础工程　　　　　　　标段：　　　　　　　　第1页　共1页

序号	项目编码	项目名称	计算基础	费率（%）	金额（元）	调整费率（%）	调整后金额（元）	备注
1	011707001001	安全文明施工费	定额基价	按规定				
2	011707002001	夜间施工增加费	定额人工费					
3	011707004001	二次搬运费	定额人工费					
4	011707005001	冬雨季施工增加费	定额人工费					
5	011707007001	已完工程及设备保护费	定额人工费					
合　计								

编制人（造价人员）：　　　　　　　　　　复核人（造价工程师）：

注：1. "计算基础"中安全文明施工费可为"定额基价"、"定额人工费"或"定额人工费 + 定额机械费"，其他项目可为"定额人工费"或"定额人工费 + 定额机械费"。

　　2. 按施工方案计算的措施费，若无"计算基础"和"费率"的数值，也可只填"金额"数值，但应在备注栏说明施工方案出处或计算方法。

294

第二步：编制"单价项目"的措施项目清单

"单价项目"是指能够计算工程量的措施项目，是招标人根据拟建工程施工图、工程量计算规范和招标文件编制的。主要包括脚手架、混凝土模板及支架、垂直运输、超高施工增加等措施项目。例如，本带形砖基础工程工程量清单编制简例中，应计算现浇混凝土基础垫层的模板措施项目。

《房屋建筑与装饰工程工程量计算规范》的混凝土模板及支架措施项目清单摘录见表 S.2。

S.2 混凝土模板及支架（撑）

混凝土模板及支架（撑）工程量清单项目设置、项目特征描述的内容、计量单位、工程量计算规则及工作内容，应按表 S.2 的规定执行。

混凝土模板及支架（撑）（编码：011702）   表 S.2

项目编码	项目名称	项目特征	计量单位	工程量计算规则	工作内容
011702001	基础	基础类型	m^2	按模板与现浇混凝土构件的接触面积计算 1. 现浇钢筋混凝土墙、板单孔面积≤$0.3m^2$ 的孔洞不予扣除，洞侧壁模板亦不增加；单孔面积 >$0.3m^2$ 时应予扣除，洞侧壁模板面积并入墙、板工程量内计算 2. 现浇框架分别按梁、板、柱有关规定计算；附墙柱、暗梁、暗柱并入墙内工程量内计算 3. 柱、梁、墙、板相互连接的重叠部分，均不计算模板面积 4. 构造柱按图示外露部分计算模板面积	1. 模板制作 2. 模板安装、拆除、整理堆放及场内外运输 3. 清理模板粘结物及模内杂物、刷隔离剂等
011702002	矩形柱				
011702003	构造柱				
011702004	异形柱	柱截面形状			
011702005	基础梁	梁截面形状			
011702006	矩形梁	支撑高度			
011702007	异形梁	1. 梁截面形状 2. 支撑高度			
011702008	圈梁				
011702009	过梁				
011702010	弧形、拱形梁	1. 梁截面形状 2. 支撑高度			

第三步：根据上述"混凝土模板及支架"量计算规范和本基础工程的实际情况，编制"单价项目"措施项目清单，见表 5-3。

分部分项工程和单价措施项目清单与计价表

工程名称：某基础工程　　　　　　　　标段：　　　　　　　　

序号	项目编码	项目名称	项目特征描述	计量单位	工程量	金额（元）		
						综合单价	合价	其中 暂估价
			S. 措施项目					
1	011702001001	基础垫层模板	1. 基础类型：带形基础	m²	13.60 （注：根据第四步计算的结果填入）			
			分部小计					
			本页小计					
			合　　计					

注：为计取规费等的使用，可在表中增设其中："定额人工费"。

第四步：计算"砖基础混凝土垫层"模板措施项目清单工程量

S = 模板与混凝土垫层的接触面积

　= （混凝土垫层外边周长 + 每个房间混凝土垫层的内周长）×垫层高

　= [（3.60 + 3.30 + 2.70 + 0.80 + 3.00 + 2.00 + 0.80）×2

　　+（3.00 + 2.00 − 0.80 + 3.60 − 0.80）×2 +（3.00 + 2.00 − 0.8

　　+ 3.30 − 0.80）×2 +（3.00 − 0.80 + 2.70 − 0.80）×2] ×0.20

　= [32.40 +（7.00 ×2 + 6.70 ×2 + 4.10 ×2）] ×0.20

　= 68.00 ×0.20

　= 13.60m²

3. 编制基础工程其他项目清单

第一步：确定暂列金额数额。

根据基础工程的实际情况，经过预测由于地质情况会有一些变化，可能会增加基础垫层的厚度，因此考虑120元的暂列金额。基础工程的其他项目清单见表5-4。

其他项目清单与计价汇总表

表5-4

工程名称：某基础工程　　　　　　　工程标段：　　　　　　第1页 共1页

序　号	项 目 名 称	金额（元）	结算金额（元）	备　　注
1	暂列金额	120		明细详见 表-2的1-1（略）
2	暂估价			
2.1	材料（工程设备）暂估价			明细详见 表-2的1-2（略）
2.2	专业工程暂估价			明细详见 表-2的1-3（略）
3	计日工			明细详见 表-2的1-4（略）
4	总承包服务费			明细详见 表-2的1-5（略）
5	索赔与现场签证			明细详见 表-2的1-6
	合　　计			

注：材料（工程设备）暂估单价进入清单项目综合单价，此处不汇总。

第二步：确定暂估价、计日工。

本基础工程没有暂估价和计日工。

4. 某基础工程招标工程量清单文件汇总

_____××幼儿园基础_____工程

招标工程量清单

招标人：____××幼儿园____
　　　　　　（单位盖章）

造价咨询人：____××造价咨询公司____
　　　　　　　　（单位资质专业章）

法定代表人：____×××____
　　　　　　　（签字或盖章）

法定代表人：____×××____
　　　　　　　（签字或盖章）

编制人：____×××____
　　　　（造价人员签字盖专用章）

复核人：____×××____
　　　　（造价工程师签字盖专用章）

编制时间：2014 年 8 月 3 日

复核时间：2014 年 8 月 5 日

分部分项工程和单价措施项目清单与计价表

序号	项目编码	项目名称	项目特征描述	计量单位	工程量	金　额（元）		
						综合单价	合价	其中 暂估价
		D. 砌筑工程						
1	010401001001	砖基础	1. 砖品种、规格、强度等级：页岩砖、240×115×53、MU7.5 2. 基础类型：带形 3. 砂浆强度等级：M5水泥砂浆 4. 防潮层材料种类：1:2防水砂浆	m³	14.93			
		小计						
		E. 混凝土及钢筋混凝土工程						
2	010501001001	基础垫层	1. 混凝土种类：卵石塑性混凝土 2. 混凝土强度等级：C10	m³	5.7			
		小计						
		本页小计						
		合　计						

注：为计取规费等的使用，可在表中增设其中："定额人工费"。

总价措施项目清单与计价表

工程名称：某基础工程　　　　　　　标段　　　　　　　第1页　共1页

序号	项目编码	项目名称	计算基础	费率（%）	金额（元）	调整费率（%）	调整后金额（元）	备注
1	011707001001	安全文明施工费	定额基价	按规定				
2	011707001001	夜间施工增加费	定额人工费					
3	011707004001	二次搬运费	定额人工费					
4	011707005001	冬雨季施工增加费	定额人工费					
5	011707007001	已完工程及设备保护费	定额人工费					
	合　计							

编制人（造价人员）：　　　　　　　　　　　　　复核人（造价工程师）：

注：1."计算基础"中安全文明施工费可为"定额基价"、"定额人工费"或"定额人工费＋定额机械费"，其他项目可为"定额人工费"或"定额人工费＋定额机械费"。

　　2. 按施工方案计算的措施费，若无"计算基础"和"费率"的数值，也可只填"金额"数值，单应在备注栏说明施工方案出处或计算方法。

工程名称：某基础工程 　　　　　　　标段 　　　　　　　第 1 页　共 1 页

序号	项目编码	项目名称	项目特征描述	计量单位	工程量	金　额（元）		
						综合单价	合价	其中
								暂估价
		S. 措施项目						
1	011700001001	基础垫层模板	1. 基础类型：带形基础	m²	13.60			
		小计						
		本页小计						
		合　计						

注：为计取规费等的使用，可在表中增设其中："定额人工费"。

其他项目清单与计价汇总表

工程名称：某基础工程　　　　　　工程标段：　　　　　　　

序　号	项目名称	金额（元）	结算金额（元）	备　　注
1	暂列金额	120		明细详见 表-2 的1-1
2	暂估价			
2.1	材料（工程设备）暂估价			明细详见 表-2 的1-2
2.2	专业工程暂估价			明细详见 表-2 的1-3
3	计日工			明细详见 表-2 的1-4
4	总承包服务费			明细详见 表-2 的1-5
5	索赔与现场签证			明细详见 表-2 的1-6
	合　计			

注：材料（工程设备）暂估单价进入清单项目综合单价，此处不汇总。

规费、税金项目计价表

工程名称：某基础工程　　　　　　　工程标段：　　　　　

序号	项目名称	计算基础	计算基数	计算费率（%）	金额（元）
1	规费	定额人工费			
1.1	社会保险费	定额人工费			
(1)	养老保险费	定额人工费			
(2)	失业保险费	定额人工费			
(3)	医疗保险费	定额人工费			
(4)	工伤保险费	定额人工费			
(5)	生育保险费	定额人工费			
1.2	住房公积金	定额人工费			
1.3	工程排污费	按工程所在地环境保护部门收取标准，按实计入			
2	税金	分部分项工程费＋措施项目费＋其他项目费＋规费－按规定不计税的工程设备金额			
合　计					

编制人（造价人员）：　　　　　　　　　　　复核人（造价工程师）：

从以上基础工程工程量清单汇总内容可以看出，招标工程量清单主要由封面（扉页），分部分项工程和单价措施项目清单与计价表（分部分项工程），分部分项工程和单价措施项目清单与计价表（单价措施项目），总价措施项目清单与计价表，其他项目清单与计价汇总表，规费、税金项目计价表等表格构成。

5.4　招（投）标控制（标）价编制方法

5.4.1　概　　述

招（投）标控制（标）价是根据清单计价规范、招标工程量清单、拟建工程施工图、国家或省级、行业建设主管部门颁发的有关计价依据和办法等依据编制，一般招标文件和评标办法规定，招标控制价的分部分项工程和单价措施项目的数量必须与招标工程量清单的数量完全一致，如果不一致就有可能是废标。

招标控制价的主要编制内容和步骤如下：

首先，招标控制价的工作就在招标工程量清单基础上，分别填上对应的综合单价，然后用该综合单价乘以对应的清单工程量，就可以计算出分部分项工程费和单价措施项目费。编制和确定综合单价是招标控制价的主要工作，也是我们学习的难点。

其次，根据国家或省级、行业建设主管部门颁发的有关计价依据和办法，计算"总价措施项目清单与计价表"，完成"其他项目清单与计价汇总表"的填写和计算工作，包括填写暂列金额、填写专业工程暂估价、计算计日工表中的总价、计算总承包服务费等。完成"规费、税金项目清单与计价表"计算工作。

最后，将上述计算完成的分部分项工程费、措施项目费、其他项目费、规费和税金项目费汇总，填写到"单位工程投标报价汇总表"内，计算出单位工程招标控制价。若有几个单位工程项目，编制过程同上，最终将若干个单位工程报价汇总在"单项工程投标报价汇总表"内，并填写好"投标总价"表，装订成册。

招标控制价编制示意见图5-4。

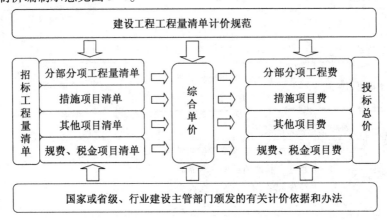

图5-4　招标控制价编制示意图

通过图5-4可以看出，投标人在招标工程量清单的基础上报上自己的各项价格，汇总后就成了投标总价。

5.4.2　综合单价编制方法

每一个分部分项工程量清单项目和单价措施项目中的工程量项目都要编制综合单价。编制综合单价需要完成两件事：一是要根据选用计价定额的工程量计算规则计算每个项目的定额工程量（因为清单计价规范的工程量计算规则与计价定额的工程量计算规则有不同的规定）；二是要根据清单工程量项目的工作内容，确定该项目与计价定额有几个对应项目，计算这些项目的单价并确定综合单价。

1. 选用计价定额

由于综合单价是根据计价定额确定的，所以首先要找到与清单工程量项目匹配的计价定额项目。

根据"第三节　如何掌握好招标工程量清单编制方法"中的三个清单工程量项目，两个分部分项工程量清单项目，一个措施项目的模板清单项目，我们在省计价定额中选用的三个定额如下：

（1）M5水泥砂浆砖基础（A3-1）

A.3.1 砌　砖

基础及实砌内外墙　　　　　　　　　　　　　　　　　　　　　A.3.1.1

工作内容：1. 调运砂浆（包括筛砂子及淋灰膏）、砌砖。基础包括清理基槽。2. 砌窗台虎头砖、腰线、门窗套。3. 安放木砖、铁件。

单位：10mm³

定额编号			A3-1	A3-2	A3-3	A3-4
项目名称			砖基础	砖砌内外墙（墙厚）		
				一砖以内	一砖	一砖以上
基　价（元）			2918.52	3467.25	3204.01	3214.17
其中	人工费（元）		584.40	985.20	798.60	775.20
	材料费（元）		2293.77	2447.91	2366.10	2397.59
	机械费（元）		40.35	34.14	39.31	41.38
名　称		单位	单价（元）	数　量		
人工	综合用工二类	工日	60.00	9.740	16.420	13.310	12.920
材料	水泥砂浆 M5（中砂）	m³	—	(2.360)	—	—	—
	水泥石灰砂浆 M5（中砂）	m³	—		(1.920)	(2.250)	(2.382)
	标准砖 240×115×53	千块	380.00	5.236	5.661	5.314	5.345
	水泥 32.5	t	360.00	0.505	0.411	0.482	0.510
	中砂	t	30.00	3.783	3.078	3.607	3.818
	生石灰	t	290.00	—	0.157	0.185	0.195
	水	m³	5.00	1.760	2.180	2.280	2.360
机械	灰浆搅拌机 200L	台班	103.45	0.390	0.330	0.380	0.400

（2）C10 混凝土基础垫层（B1-24）

B.1.1 垫 层

工作内容：混凝土搅拌、浇筑、捣固、养护等全部操作过程。 　　　　　　　　单位：10m³

定 额 编 号				B1-24	B1-25	B1-26
项 目 名 称				混凝土	预拌混凝土	陶粒混凝土
基 价（元）				2624.85	2812.36	3484.09
其中	人 工 费（元）			772.80	418.80	543.60
	材 料 费（元）			1779.32	2379.76	2867.76
	机 械 费（元）			72.73	13.80	72.73
名 称		单位	单价（元）	数 量		
人工	综合用工二类	工日	60.00	12.880	6.980	9.060
材料	现浇混凝土（中砂碎石）C15-40	m³	—	(10.100)	—	—
	预拌混凝土 C15	m³	230.00	—	10.332	—
	陶粒混凝土 C15	m³	—	—	—	(10.200)
	水泥 32.5	t	360.00	2.626	—	3.142
	中砂	t	30.00	7.615	—	7.069
	碎石	t	42.00	13.605	—	—
	陶粒	m³	170.00	—	—	8.731
	水	m³	5.00	6.820	0.680	8.060
机械	混凝土振捣器（平板式）	台班	18.65	0.740	0.740	0.740
	滚筒式混凝土搅拌机 500L 以内	台班	151.10	0.390	—	0.390

（3）1:2 水泥砂浆防潮层（A7-217）

A7.3.3 刚性防水

工作内容：清理基层、调运砂浆、抹灰、养护等全部操作过程。　　　　　　　单位：100m²

定额编号			A7-212	A7-213	A7-214	A7-215	A7-216
项目名称			水泥砂浆五层作法		防水砂浆		
			平面	立面	墙基	平面	立面
基　价（元）			1713.02	1921.10	1619.72	1198.52	1409.57
其中	人　工　费（元）		978.60	1184.40	811.80	550.20	733.20
	材　料　费（元）		713.73	716.01	774.82	622.46	649.47
	机　械　费（元）		20.69	20.69	33.10	25.86	26.90
名　称	单位	单价（元）	数　量				
人工	综合用工二类	工日	60.00	16.310	19.740	13.530	9.170	12.220
材料	水泥砂浆1:2.5（中砂）	m³	—	(1.620)	(1.630)	—	—	—
	防水砂浆（防水粉5%）1:2（中砂）	m³	—	—	—	(2.530)	(2.020)	(2.110)
	素水泥浆	m³	—	(0.610)	(0.610)	—	—	—
	水泥32.5	t	360.00	1.702	1.707	1.394	1.113	1.163
	中砂	t	30.00	2.597	2.613	3.684	2.941	3.072
	防水粉	kg	2.00	—	—	69.830	55.750	58.240
	水	m³	5.00	4.620	4.620	4.560	4.410	4.430
机械	灰浆搅拌机200L	台班	103.45	0.200	0.200	0.320	0.250	0.260

（4）基础垫层模板安装、拆除（A12-77）

307

A.12.1.3 木 模 板

工作内容：1. 包括模板制作、安装、拆除。2. 包括模板场内水平运输。

定 额 编 号				A12-77	A12-78
项 目 名 称				混凝土基础垫层	二次灌浆
				100m²	10m³
基 价（元）				4155.02	1358.56
其中	人 工 费（元）			651.60	454.80
	材 料 费（元）			3446.07	875.20
	机 械 费（元）			57.35	28.56
名 称		单位	单价（元）	数 量	
人工	综合用工二类	工日	60.00	10.860	7.580
材料	水泥砂浆1:2（中砂）	m³	—	(0.012)	—
	水泥32.5	t	360.00	0.007	—
	中砂	t	30.00	0.017	—
	木模板	m³	2300.00	1.445	0.370
	隔离剂	kg	0.98	10.00	—
	铁钉	kg	5.50	19.730	4.400
	镀锌铁丝22号	kg	6.70	0.180	—
	水	m³	5.00	0.004	—
机械	载货汽车5t	台班	476.04	0.110	0.060
	木工圆锯机φ500	台班	31.19	0.160	—

2. 定额工程量计算

（1）M5 水泥砂浆砌带形砖基础

主项工程量：M5 水泥砂浆砌带形砖基础同清单工程量。

$$V = \left[\,(3.60+3.30+2.70+2.00+3.00)\times 2 + 2.00 + 3.00 - 0.24 + 3.00 - 0.24\,\right]$$
$$\quad\ \times\left[\,(1.50-0.20)\times 0.24 + 0.007875\times 12\,\right]$$
$$\quad = (29.20 + 4.76 + 2.76)\times(0.312 + 0.0945)$$
$$\quad = 36.72\times 0.4066$$
$$\quad = 14.93\text{m}^3$$

附项工程量：1:2 水泥砂浆防潮层。

$$V = 防潮层宽\times(外墙防潮层长 + 内墙防潮层长)$$
$$\quad = 0.24\times\left[\,(3.60+3.30+2.70+2.00+3.00)\times 2 + 2.00 + 3.00 - 0.24\right.$$
$$\quad\ \left. + 3.00 - 0.24\,\right]$$
$$\quad = 0.24\times(29.20 + 7.52)$$
$$\quad = 0.24\times 36.72$$
$$\quad = 8.81\text{m}^2$$

（2）带形砖基础 C10 混凝土垫层定额工程量计算（由于计价定额中该项目的工程量计算规则与清单工程量计算规则相同，所以计算式相同）。

$$V = 基础垫层断面积\times(墙垫层长 + 内墙垫层长)$$
$$\quad = (0.80\times 0.20)\times\left[\,(3.60+3.30+2.70+2.00+3.00)\times 2 + 2.00 + 3.00\right.$$
$$\quad\ \left. - 0.80 + 3.00 - 0.80\,\right]$$
$$\quad = 0.16\times(29.20 + 6.40)$$
$$\quad = 0.16\times 35.6$$
$$\quad = 5.70\ \text{m}^3$$

（3）1:2 水泥砂浆墙基防潮层清单工程量计算（由于计价定额中该项目的工程量计算规则与清单工程量计算规则相同，所以计算式相同）。

$$V = 防潮层宽\times(外墙防潮层长 + 内墙防潮层长)$$
$$\quad = 0.24\times\left[\,(3.60+3.30+2.70+2.00+3.00)\times 2 + 2.00 + 3.00\right.$$
$$\quad\ \left. - 0.24 + 3.00 - 0.24\,\right]$$
$$\quad = 0.24\times(29.20 + 7.52)$$
$$\quad = 0.24\times 36.72$$
$$\quad = 8.81\text{m}^2$$

（4）计算"砖基础混凝土垫层"模板措施项目清单工程量（由于计价定额中该项目的工程量计算规则与清单工程量计算规则相同，所以计算式相同）。

$$S = 模板与混凝土垫层的接触面积$$
$$\quad = (混凝土垫层外边周长 + 每个房间混凝土垫层的内周长)\times 垫层高$$
$$\quad = \left[\,(3.60+3.30+2.70+0.80+3.00+2.00+0.80)\times 2\right.$$
$$\quad\ + (3.00+2.00-0.80+3.60-0.80)\times 2 + (3.00+2.00-0.8$$
$$\quad\ \left. + 3.30 - 0.80)\times 2 + (3.00 - 0.80 + 2.70 - 0.80)\times 2\,\right]\times 0.20$$
$$\quad = \left[\,32.40 + (7.00\times 2 + 6.70\times 2 + 4.10\times 2)\,\right]\times 0.20$$

$$= 68.00 \times 0.20$$

$$= 13.60 \text{m}^2$$

3. 综合单价编制

A. M5 水泥砂浆砌带形砖基础综合单价计算

第一步：将主项清单项目编码（010401001001）项目名称（M5 水泥砂浆砌带形砖基础）计量单位（m^3）填入表内；

第二步：根据选用的计价定额，将编号（A3-1）、（A7-214），项目名称（M5 水泥砂浆砌带形砖基础）、（1:2 水泥砂浆墙基防潮层），定额单位（10m^3）、（100m^2），数量（0.10m^3）、（$8.81 \div 14.93 \div 100 = 0.0059\text{m}^2$）填入综合单价计算表；将砖基础的人工费单价 584.40 元、材料费单价 2293.77 元、机械费单价 40.35 元，防潮层的人工费单价 811.80 元、材料费单价 774.82 元、机械费单价 33.10 元填入表内。

根据规定，管理费和利润按定额人工费的 30% 计取。故砖基础项目的管理费和利润为 $584.40 \times 30\% = 175.32$ 元；防潮层的管理费和利润 $= 811.80 \times 30\% = 243.54$ 元。

注意：该项目的定额单位分别是 10m^3 和 100m^2、综合单价的单位是 m^3。

第三步：根据选用的计价定额，将砖基础的材料名称（标准砖、32.5 级水泥、中砂、水），单位（千块、t、t、m^3）和对应的数量及单价（0.5236 千块/380 元、0.0505t/360 元、0.3783t/30 元、0.176 m^3/5.00 元）填入综合单价分析表的材料费明细内；将防潮层的材料名称（32.5 级水泥、中砂、防水粉、水），单位（t、t、kg、m^3）和对应的数量及单价（$1.394 \times 0.0059 = 0.00822\text{t}$/360 元、$3.684 \times 0.0059 = 0.0217$/30 元、$69.83 \times 0.0059 = 0.412$/2.00 元、$45.6 \times 0.0059 = 0.027$/5.00 元）等数据，填入综合单价分析表的材料费明细表内。

第四步：根据填入表中的数据以及它们之间的关系，计算清单综合单价和材料费（见表 5-5）。

B. C10 混凝土基础垫层，综合单价计算

第一步：将清单项目编码（010501001001）、项目名称（C10 混凝土基础垫层）、计量单位（m^3）填入表内。

第二步：根据选用的计价定额，将编号（B1-24）、项目名称（C10 混凝土基础垫层）、定额单位（10m^3）、数量（0.10）、工料机及管理费和利润单价等（人工费单价 772.80 元、材料费单价 1779.32 元、机械台班费单价 72.73 元、管理费和利润单价 $= 772.80 \times 30\% = 231.84$ 元）数据填入表内，注意定额单位是 10m^3、综合单价的单位是 m^3。

第三步：根据选用的计价定额，将材料名称（32.5 级水泥、中砂、碎石、水）、单位（t、t、t、m^3）、数量（0.2626、0.7615、1.3605、0.682）、单价（360 元、30 元、42 元、5.00 元）等数据填入表内。

第四步：根据填入表中的数据以及它们之间的关系计算清单综合单价和材料费（见表 5-6）。

工程量清单综合单价分析表

表 5 - 5

工程名称：某基础工程　　　　　　标段：

项目编码	010401001001	项目名称	砖基础	计量单位	m³

<table>
<tr><td colspan="12" align="center">清单综合单价组成明细</td></tr>
<tr><td rowspan="2">定额编号</td><td rowspan="2">定额项目名称</td><td rowspan="2">定额单位</td><td rowspan="2">数量</td><td colspan="4">单　价</td><td colspan="4">合　价</td></tr>
<tr><td>人工费</td><td>材料费</td><td>机械费</td><td>管理费和利润</td><td>人工费</td><td>材料费</td><td>机械费</td><td>管理费和利润</td></tr>
<tr><td>A3-1</td><td>M5 水泥砂浆砌带形砖基础</td><td>10m³</td><td>0.10</td><td>584.40</td><td>2293.77</td><td>40.35</td><td>175.32</td><td>58.44</td><td>229.38</td><td>4.04</td><td>17.53</td></tr>
<tr><td>A7-214</td><td>1:2 水泥砂浆墙基防潮层</td><td>100m²</td><td>0.0059</td><td>811.80</td><td>774.82</td><td>33.10</td><td>243.54</td><td>4.79</td><td>4.57</td><td>0.20</td><td>1.44</td></tr>
<tr><td></td><td></td><td></td><td></td><td></td><td></td><td></td><td></td><td></td><td></td><td></td><td></td></tr>
<tr><td colspan="2" align="center">人工单价</td><td colspan="6" align="center">小　计</td><td>63.23</td><td>233.95</td><td>4.24</td><td>18.97</td></tr>
<tr><td colspan="2" align="center">60.00 元/工日</td><td colspan="6" align="center">未计价材料费</td><td></td><td></td><td></td><td></td></tr>
<tr><td colspan="8" align="center">清单项目综合单价</td><td colspan="4" align="center">320.39</td></tr>
</table>

<table>
<tr><td rowspan="12">材料费明细</td><td>主要材料名称、规格、型号</td><td>单位</td><td>数量</td><td>单价（元）</td><td>合价（元）</td><td>暂估单价（元）</td><td>暂估合价（元）</td></tr>
<tr><td>标准砖</td><td>千块</td><td>0.5236</td><td>380.00</td><td>198.97</td><td></td><td></td></tr>
<tr><td>32.5 级水泥</td><td>t</td><td>0.0505</td><td>360.00</td><td>18.18</td><td></td><td></td></tr>
<tr><td>中砂</td><td>t</td><td>0.3783</td><td>30.00</td><td>11.35</td><td></td><td></td></tr>
<tr><td>水</td><td>m³</td><td>0.176</td><td>5.00</td><td>0.88</td><td></td><td></td></tr>
<tr><td>32.5 级水泥</td><td>t</td><td>0.00822</td><td>360.00</td><td>2.96</td><td></td><td></td></tr>
<tr><td>中砂</td><td>t</td><td>0.0217</td><td>30.00</td><td>0.65</td><td></td><td></td></tr>
<tr><td>防水粉</td><td>kg</td><td>0.412</td><td>2.00</td><td>0.82</td><td></td><td></td></tr>
<tr><td>水</td><td>m³</td><td>0.027</td><td>5.00</td><td>0.14</td><td></td><td></td></tr>
<tr><td colspan="3" align="center">其他材料费</td><td>—</td><td></td><td>—</td><td></td></tr>
<tr><td colspan="3" align="center">材料费小计</td><td>—</td><td>233.95</td><td>—</td><td></td></tr>
</table>

注：1. 如不使用省级或行业建设主管部门发布的计价依据，可不填定额项目、编号等。

　　2. 招标文件提供了暂估单价的材料，按暂估的单价填入表内"暂估单价"栏及"暂估合价"栏。

工程名称：某基础工程 　　　　　标段：　　　　　

项目编码	10501001001	项目名称	基础垫层	计量单位	m³

清单综合单价组成明细

定额编号	定额项目名称	定额单位	数量	单价				合价			
				人工费	材料费	机械费	管理费和利润	人工费	材料费	机械费	管理费和利润
B1-24	C10混凝土基础垫层	10m³	0.10	772.80	1779.32	72.73	231.84	77.28	177.93	7.27	23.18
人工单价		小　计						77.28	177.93	7.27	23.18
60.00 元/工日		未计价材料费									
清单项目综合单价								285.66			

材料费明细	主要材料名称、规格、型号	单位	数量	单价（元）	合价（元）	暂估单价（元）	暂估合价（元）
	碎　石	t	1.3605	42.00	57.14		
	32.5 级水泥	t	0.2626	360.00	94.54		
	中　砂	t	0.7615	30.00	22.84		
	水	m³	0.682	5.00	3.41		
	其 他 材 料 费			—		—	
	材 料 费 小 计			—	177.93	—	

注：1. 如不使用省级或行业建设主管部门发布的计价依据，可不填定额项目、编号等。

　　2. 招标文件提供了暂估单价的材料，按暂估的单价填入表内"暂估单价"栏及"暂估合价"栏。

C. 混凝土基础垫层模板综合单价计算

第一步：将清单项目编码（011702001001）、项目名称（混凝土基础垫层模板安拆）、计量单位（m^2）填入表内；

第二步：根据选用的计价定额，将编号（A12-77）、项目名称（混凝土基础垫层模板安拆）、定额单位（$100m^2$）、数量（0.01）、人工费单价651.10元、材料费单价3446.07元、机械台班费单价57.35元、管理费和利润单价 $=651.10\times30\%=195.33$ 元等数据填入表内，注意定额单位是 $100m^2$、综合单价的单位是 m^2。

第三步：根据选用的计价定额，将材料名称（水泥、中砂、木模板、隔离剂、铁钉、镀锌铁丝、水）、单位（t、t、m^3、kg、kg、kg、m^3）、数量（0.00007、0.00017、0.01445、0.10、0.1973、0.0018、0.00004），单价（360元、30元、2300元、0.98元、5.50元、6.70元、5.00元）等数据填入表内。

第四步：根据填入表中的数据以及他们之间的关系计算清单综合单价和材料费（见表5-7）。

工程量清单综合单价分析表 表5-7

工程名称：某基础工程　　标段：　　第3页　共3页

项目编码	11702001001		项目名称		基础垫层模板		计量单位		m^2
清单综合单价组成明细									
定额编号	定额项目名称	定额单位	数量	单价				合价	
				人工费	材料费	机械费	管理费和利润	人工费	材料费	机械费	管理费和利润
A12-77	混凝土基础垫层模板安拆	$100m^2$	0.01	651.60	3446.07	57.35	195.33	6.52	34.46	0.57	1.95
人工单价		小计									
60.00元/工日		未计价材料费									
清单项目综合单价								43.50			

材料费明细	主要材料名称、规格、型号	单位	数量	单价（元）	合价（元）	暂估单价（元）	暂估合价（元）
	32.5级水泥	t	0.00007	360.00	0.02		
	中砂	t	0.00017	30.00	0.01		
	木模板	m^3	0.01445	2300.00	33.23		
	隔离剂	kg	0.10	0.98	0.10		
	铁钉	kg	0.1973	550	1.09		
	22号铁丝	kg	0.0018	6.70	0.01		
	水	m^3	0.00004	5.00	0.00		
	其他材料费			—		—	
	材料费小计			—	34.46	—	

5.4.3 分部分项工程和单价措施项目费计算

基础工程的分部分项工程费通过"分部分项工程量清单与计价表"计算确定。我们要用招标工程量清单提供的"分部分项工程量清单与计价表"的全部内容，在该表中填上刚才确定的综合单价，就可以计算出分部分项工程费。计算过程为：合价＝工程量×综合单价，见表5-8。

分部分项工程和措施项目计价表

表5-8

工程名称：某基础工程　　　　　　　　　标段：　　　　　　　　　第1页　共1页

序号	项目编码	项目名称	项目特征描述	计量单位	工程量	综合单价	合价	其中 暂估价
		D 砌筑工程						
1	010401001001	砖基础	1. 砖品种、规格、强度等级： 　页岩砖、240×115×53、MU7.5 2. 基础类型：带形 3. 砂浆强度等级：M5水泥砂浆 4. 防潮层材料种类： 1:2 水泥砂浆	m³	14.93	320.39	4783.42	
		小计					4783.42	
		E 混凝土及钢筋混凝土工程						
2	010501001001	基础垫层	1. 混凝土类别：碎石塑性混凝土 2. 强度等级：C10	m³	5.70	285.66	1628.26	
		小计					1628.16	
		S 措施项目						
3	11702001001	基础垫层模板	基础类型：带形	m²	13.60	43.50	591.60	
		小计					591.60	
	本页小计						7003.18	
	合　计						7003.18	

5.4.4 总价措施项目费计算

总价措施项目主要包括"安全文明施工费、夜间施工费"等内容。该类费用分为非竞争性费用（安全文明施工费等）和竞争性费用（二次搬运费）两部分。其计算方法是按国家、省市或者行业行政主管部门颁发的规定计算，一般是按人工费或人工加机械费作为基数乘上规定的费率计算。例如，某地区的规定如下：

"《××省建设工程安全文明施工费计价管理办法》规定：第六条 建设工程安全文明施工费为不参与竞争费用。在编制概算、招标控制价、投标价时应足额计取，即安全文明施工费费率按基本费费率加现场评价费最高费率计列。

环境保护费费率 = 环境保护基本费费率 × 2；

文明施工费费率 = 文明施工基本费费率 × 2；

安全施工费费率 = 安全施工基本费费率 × 2；

临时设施费费率 = 临时设施基本费费率 × 2。"

某地区安全文明施工费率见表 5-9。

安全文明施工基本费率表（工程在市区时） 表 5-9

序　号	项目名称	工程类别	取费基础	费率（%）
一	环境保护费基本费费率	建筑工程	分部分项工程和单价措施项目定额人工费	0.5
二	文明施工基本费费率	建筑工程		6.5
三	安全施工基本费费率	建筑工程		9.5
四	临时设施基本费费率	建筑工程		9.5

（1）M5 水泥砂浆砌砖基础（含防潮层）

定额人工费 = 工程量 × 定额人工费单价

$\quad\quad\quad$ = 14.93 × 58.44 + 0.59 × 8.12

$\quad\quad\quad$ = 872.51 + 4.79

$\quad\quad\quad$ = 877.30 元

（2）C10 混凝土基础垫层项目

定额人工费 = 工程量 × 定额人工费单价

$\quad\quad\quad$ = 5.70 × 77.28

$\quad\quad\quad$ = 440.50 元

（3）基础垫层模板

定额人工费 = 工程量 × 定额人工费单价

$\quad\quad\quad$ = 13.60 × 6.52

$\quad\quad\quad$ = 88.67 元

分部分项工程和单价项目措施费定额人工费小计：

877.30 + 440.50 + 88.67 = 1406.47 元

根据上述规定和下面表格计算总价措施项目费（见表 5-10）。

表 5-10

总价措施项目清单与计价表

工程名称：某基础工程　　　　　　　　标段：　　　　　　　　

序号	项目编码	项目名称	计算基础	费率（%）	金额（元）	调整费率（%）	调整后金额（元）	备注
1	011707001001	安全文明施工	分部分项工程和单价措施项目定额人工费	26×2＝52	731.36			1406.47×52%
2	011707002001	夜间施工	（本工程不计算）					
3	011707004001	二次搬运	（本工程不计算）					
4	011707005001	冬雨季施工	（本工程不计算）					
5	011707007001	已完工程及设备保护	（本工程不计算）					
	合　计				731.36			

编制人（造价人员）：　　　　　　　　　　　　复核人（造价工程师）：

5.4.5　计算其他项目费

其他项目费主要根据招标工程量清单中的"其他项目清单与计价汇总表"内容计算。基础工程项目只有暂列金额一项（见表 5-11）。

表 5-11

其他项目清单与计价汇总表

工程名称：某基础工程　　　　　　标段：　　　　　　　　　　

序号	项目名称	金额（元）	结算金额（元）	备　注
1	暂列金额	120.00		明细详见表 12-1
2	暂估价			
2.1	材料（工程设备）暂估价			明细详见表 12-2
2.2	专业工程暂估价			明细详见表 12-3
3	计日工			明细详见表 12-4
4	总承包服务费			明细详见表 12-5
5	索赔与现场签证			明细详见表 12-6
	合计	120.00		

注：材料（工程设备）暂估单价进入清单项目综合单价，此处不汇总。

5.4.6 规费、税金计算

规费和税金是按国家、省市或者行业行政主管部门颁发的规定计算，一般是按人工费或人工加机械费作为基数乘上规定的费率计算。××省的规定见表 5-12 和表 5-13。

××省规费标准　　　　　　　　　　　　　　　　表 5-12

序　号	规费名称	计算基础	费率（%）
1	养老保险	分部分项工程和单价措施项目定额人工费	6.0～11.0
2	失业保险	同上	0.6～1.1
3	医疗保险	同上	3.0～4.5
4	工伤保险	同上	0.8～1.3
5	生育保险	同上	0.5～0.8
6	住房公积金	同上	2.0～5.0
7	工程排污费	按工程所在地区规定计取	

表 5-13

序　　号	税金项目	税率（％）	备　　注
营业税、城市维护建设税、教育费附加、地方教育附加			地方教育附加为营业税的2%
1	工程在市区时	3.48	
2	工程在县城、镇时	3.41	
3	工程不在市区、县城、镇时	3.28	

　　基础工程的规费按规定的上限费率计取，工程排污费暂不计取。该工程在市区，税率为3.48%。

　　基础工程规费按上限计取。基础工程的分部分项工程清单定额人工费＋单价措施项目清单定额人工费＝1406.47元。计算过程见表5-14。

规费、税金项目计价表 表 5-14

工程名称：某基础工程　　　　　　　　　标段：　　　　　　　　　　　第1页 共1页

序　　号	项目名称	计算基础	计算基数	计算费率（％）	金额（元）
1	规费	定额人工费			333.32
1.1	社会保障费	定额人工费	（1）＋……（5）		263.00
（1）	养老保险费	定额人工费	1406.47	11	154.71
（2）	失业保险费	定额人工费	1406.47	1.1	15.47
（3）	医疗保险费	定额人工费	1406.47	4.5	63.29
（4）	工伤保险费	定额人工费	1406.47	1.3	18.28
（5）	生育保险费	定额人工费	1406.47	0.8	11.25
1.2	住房公积金	定额人工费	1406.47	5.0	70.32
1.3	工程排污费	按工程所在地区规定计取	（不计算）		
2	税金	分部分项工程费＋措施项目费＋其他项目费＋规费－按规定不计税的工程设备金额	（7003.28＋731.36＋120.00＋333.32）×3.48%	3.48	284.94
合　　计					618.26

5.4.7 投标报价汇总表计算

　　基础工程的投标价汇总表计算见表5-15。

工程名称：某基础工程　　　　　　　　标段：　　　　　　　

序　　号	汇总内容	金额（元）	其中：暂估价（元）
1	分部分项工程	7003.18	
0104	砌筑工程	4783.42	
0105	混凝土及钢筋混凝土工程	1628.16	
1170	措施项目	591.60	
2	措施项目	731.36	
2.1	其中：安全文明施工费	731.36	
3	其他项目	120.00	
3.1	其中：暂列金额	120.00	
3.2	其中：专业工程暂估价	无	
3.3	其中：计日工	无	
3.4	其中：总承包服务费	无	
4	规费	333.32	
5	税金	284.94	
招标控制价合计 = 1 + 2 + 3 + 4 + 5		8472.80	

5.4.8　招标控制价封面

招标控制价的封面是"招标控制价"。封面中的数据根据"单位工程招标控制价汇总表"中的内容填写。

5.4.9 清单报价简例的完整内容

_____某基础_____工程

招 标 控 制 价

招 标 控 制 价(小写)：_____8472.80 元_____

（大写）：_____捌仟肆佰柒拾贰元零捌角整_____

招标人：_____×××_____　　造价咨询人：_____×××_____

（单位盖章）　　　　　　　　　　　　　　　（单位咨询专业章）

法定代表人　　　　　　　　　　　　　法定代表人

或其授权人：_____×××_____　　或其授权人：_____×××_____

（签字或盖章）　　　　　　　　　　　　　　（签字或盖章）

编制人：_____×××_____　　复核人：_____×××_____

（造价人员签字盖专业章）　　　　　　　　　　（造价工程师签字盖专业章）

编制时间：2014 年 5 月 12 日　　　　　复核时间：2014 年 5 月 18 日

工程名称：某基础工程   标段：   第1页 共1页

序 号	汇总内容	金额（元）	其中：暂估价（元）
1	分部分项工程	7003.18	
0104	砌筑工程	4783.42	
0105	混凝土及钢筋混凝土工程	1628.16	
1170	措施项目	591.60	
2	措施项目	731.36	
2.1	其中：安全文明施工费	731.36	
3	其他项目	120.00	
3.1	其中：暂列金额	120.00	
3.2	其中：专业工程暂估价	无	
3.3	其中：计日工	无	
3.4	其中：总承包服务费	无	
4	规费	333.32	
5	税金	284.94	
	招标控制价合计 = 1 + 2 + 3 + 4 + 5	8472.80	

序号	项目编码	项目名称	项目特征描述	计量单位	工程量	金 额（元）		
						综合单价	合价	其中暂估价
		D 砌筑工程						
1	010401001001	砖基础	1. 砖品种、规格、强度等级： 　页岩砖、240×115×53 、MU7.5 2. 基础类型：带形 3. 砂浆强度等级：M5 水泥砂浆 4. 防潮层材料种类：1:2 水泥砂浆	m³	14.93	320.39	4783.42	
		小计					4783.42	
		E 混凝土及钢筋混凝土工程						
2	010501001001	基础垫层	1. 混凝土类别：碎石塑性混凝土 2. 强度等级：C10	m³	5.70	285.66	1628.26	
		小计					1628.16	
		S 措施项目						
3	11702001001	基础垫层模板	基础类型：带形	m²	13.60	43.50	591.60	
		小计					591.60	
		本页小计					7003.18	
		合　　计					7003.18	

工程量清单综合单价分析表

表 5-18

工程名称：某基础工程　　　　　　标段：　　　　　　

项目编码	010401001001	项目名称	砖基础	计量单位	m³

清单综合单价组成明细

定额编号	定额项目名称	定额单位	数量	单价 人工费	单价 材料费	单价 机械费	单价 管理费和利润	合价 人工费	合价 材料费	合价 机械费	合价 管理费和利润
A3-1	M5 水泥砂浆砌带形砖基础	10m³	0.10	584.40	2293.77	40.35	175.32	58.44	229.38	4.04	17.53
A7-214	1:2 水泥砂浆墙基防潮层	100m²	0.0059	811.80	774.82	33.10	243.54	4.79	4.57	0.20	1.44
人工单价			小　计					63.23	233.95	4.24	18.97
60.00 元/工日			未计价材料费								
清单项目综合单价								320.39			

主要材料名称、规格、型号	单位	数量	单价（元）	合价（元）	暂估单价（元）	暂估合价（元）
标准砖	千块	0.5236	380.00	198.97		
32.5 级水泥	t	0.0505	360.00	18.18		
中砂	t	0.3783	30.00	11.35		
水	m³	0.176	5.00	0.88		
32.5 级水泥	t	0.00822	360.00	2.96		
中砂	t	0.0217	30.00	0.65		
防水粉	kg	0.412	2.00	0.82		
水	m³	0.027	5.00	0.14		
其他材料费			—		—	
材料费小计			—	233.95	—	

注：1. 如不使用省级或行业建设主管部门发布的计价依据，可不填定额项目、编号等。

　　2. 招标文件提供了暂估单价的材料，按暂估的单价填入表内"暂估单价"栏及"暂估合价"栏。

表 5-19

第 2 页 共 3 页

工程量清单综合单价分析表

工程名称：某基础工程　　　　　　　　标段：

项目编码	10501001001	项目名称	基础垫层	计量单位	m³

| | | | | 清单综合单价组成明细 | | | | | | | |

定额编号	定额项目名称	定额单位	数量	单价				合价			
				人工费	材料费	机械费	管理费和利润	人工费	材料费	机械费	管理费和利润
B1-24	C10 混凝土基础垫层	10m³	0.10	772.80	1779.32	72.73	231.84	77.28	177.93	7.27	23.18
人工单价		小　计						77.28	177.93	7.27	23.18
60.00 元/工日		未计价材料费									
清单项目综合单价								285.66			

	主要材料名称、规格、型号	单位	数量	单价（元）	合价（元）	暂估单价（元）	暂估合价（元）
材料费明细	碎　石	t	1.3605	42.00	57.14		
	32.5 级水泥	t	0.2626	360.00	94.54		
	中　砂	t	0.7615	30.00	22.84		
	水	m³	0.682	5.00	3.41		
	其 他 材 料 费			—		—	
	材 料 费 小 计			—	177.93	—	

注：1. 如不使用省级或行业建设主管部门发布的计价依据，可不填定额项目、编号等。

　　2. 招标文件提供了暂估单价的材料，按暂估的单价填入表内"暂估单价"栏及"暂估合价"栏。

工程名称：某基础工程　　　　标段：　　　　　　　

项目编码	11702001001	项目名称	基础垫层模板	计量单位	m²

| | | | | 清单综合单价组成明细 | | | | | |

定额编号	定额项目名称	定额单位	数量	单价				合价			
				人工费	材料费	机械费	管理费和利润	人工费	材料费	机械费	管理费和利润
A12-77	混凝土基础垫层模板安拆	100m²	0.01	651.60	3446.07	57.35	195.33	6.52	34.46	0.57	1.95

人工单价	小　计										
60.00 元/工日	未计价材料费										
	清单项目综合单价							43.50			

主要材料名称、规格、型号	单位	数量	单价（元）	合价（元）	暂估单价（元）	暂估合价（元）
32.5 级水泥	t	0.00007	360.00	0.02		
中砂	t	0.00017	30.00	0.01		
木模板	m³	0.01445	2300.00	33.23		
隔离剂	kg	0.10	0.98	0.10		
铁钉	kg	0.1973	5.50	1.09		
22 号铁丝	kg	0.0018	6.70	0.01		
水	m³	0.00004	5.00	0.00		
其 他 材 料 费			—		—	
材 料 费 小 计			—	34.46	—	

（材料费明细）

表 5-21

总价措施项目清单与计价表

工程名称：某基础工程　　　　　　　　　　标段：　　　　　　　

序号	项目编码	项目名称	计算基础	费率（%）	金额（元）	调整费率（%）	调整后金额（元）	备注
1	011707001001	安全文明施工	分部分项工程和单价措施项目定额人工费	26×2=52	731.36			1406.47×52%
2	011707002001	夜间施工	（本工程不计算）					
3	011707004001	二次搬运	（本工程不计算）					
4	011707005001	冬雨季施工	（本工程不计算）					
5	011707007001	已完工程及设备保护	（本工程不计算）					
	合　计				731.36			

编制人（造价人员）：　　　　　　　　　　　复核人（造价工程师）：

工程名称：某基础工程　　　　　　标段：　　　　　　　　第 1 页　共 1 页

序号	项目名称	金额（元）	结算金额（元）	备注
1	暂列金额	120.00		明细详见表 12-1
2	暂估价			
2.1	材料（工程设备）暂估价			明细详见表 12-2
2.2	专业工程暂估价			明细详见表 12-3
3	计日工			明细详见表 12-4
4	总承包服务费			明细详见表 12-5
5	索赔与现场签证			明细详见表 12-6
	合　计	120.00		

注：材料（工程设备）暂估单价进入清单项目综合单价，此处不汇总。

规费、税金项目计价表

工程名称：某基础工程　　　　　标段：　　　　　　　　　第 1 页　共 1 页

序　号	项目名称	计算基础	计算基数	计算费率（%）	金额（元）
1	规费	定额人工费			333.32
1.1	社会保障费	定额人工费	（1）＋……（5）		263.00
（1）	养老保险费	定额人工费	1406.47	11	154.71
（2）	失业保险费	定额人工费	1406.47	1.1	15.47
（3）	医疗保险费	定额人工费	1406.47	4.5	63.29
（4）	工伤保险费	定额人工费	1406.47	1.3	18.28
（5）	生育保险费	定额人工费	1406.47	0.8	11.25
1.2	住房公积金	定额人工费	1406.47	5.0	70.32
1.3	工程排污费	按工程所在地区规定计取	（不计算）		
2	税金	分部分项工程费＋措施项目费＋其他项目费＋规费－按规定不计税的工程设备金额	（7003.28＋731.36＋120.00＋333.32）×3.48%	3.48	284.94
合　计					618.26

　　说明：本节的招标控制价编制是一个比较简单的例子，还有措施项目费、其他项目费等较多的内容没有包含在内，这些内容和完整的报价实例将在后面详细介绍。掌握了招标控制价的编制方法，就可以很快地掌握招标控制价的编制。

5.4.10 招标控制价编制程序

学习了上述内容，我们可以归纳招标控制价编制程序示意图见图 5-5。

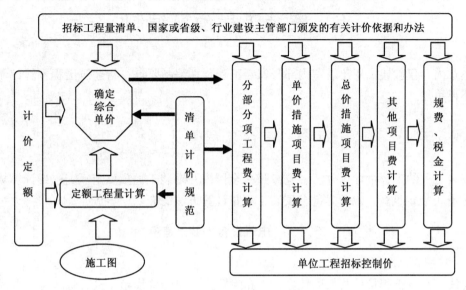

图 5-5 工程量清单报价编制程序示意图

6 安装工程预算编制

本章内容仅叙述民用建筑室内部分安装工程预算编制要点，与建筑工程预算编制相同部分不再重复。

6.1 安装工程量计算

安装工程的工程量计算方法、应参照《全国统一安装工程预算定额工程量计算规则汇编》中有关规定进行。以下是部分安装工程量计算方法简介。

6.1.1 电气设备安装工程量

（一）配管、配线

电线管敷设工程量按其长度计算，不扣除管路中间的接线箱、盒、灯头盒、开关盒所占长度。不同敷设方式（明配或暗配）、敷设所在结构、电线管公称口径应分别计算其工程量。

钢管、防爆钢管敷设工程量按其长度计算，不扣除管路中间的接线箱、盒、灯头盒、开关盒所占长度。不同敷设方式、敷设所在结构、钢管公称口径应分别计算其工程量。

箱、盒、灯头盒、开关盒所占长度，不同公称管径、每根管长应分别计算其工程量。

管内穿线工程量按单线长度计算，不计算分支接头线的长度，不同线路（照明或动力）、导线断面面积应分别计算其工程量。

瓷夹板配线、塑料夹板配线工程量按线路长度计算。不同敷设所在结构、线式（二线或三线）、导线断面面积应分别计算其工程量。

鼓形绝缘子配线、针式绝缘子配线、蝶式绝缘子配线工程量按单线长度计算。不同敷设所在结构、导线断面面积应分别计算其工程量。

木槽板配线、塑料槽板配线工程量按其长度计算，不同导线断面面积、线式（二线或三线）、导线所在结构面应分别计算其工程量。

塑料护套线明敷设工程量按其长度计算，不同导线断面面积、芯数（二芯或三芯）、导线所在结构面应分别计算其工程量。

母线槽安装工程量按其节数计算。进出线盒安装工程量，按不同额定电流以个数计算。

槽架安装工程量按其长度计算，不同槽架宽及槽架深应分别计算其工程量。

线槽配线工程量按单线长度计算，不同导线断面面积应分别计算其工程量。

钢索架设工程量按其长度计算，不同钢索直径、钢索材料（圆钢或钢丝绳）应分别计算其工程量。长度以墙、柱内缘距离计算。

母线拉紧装置制作安装工程量，按不同母线断面面积以套数计算。钢索拉紧装置制作安装工程量，按不同花篮螺栓直径以套数计算。

车间带形母线安装工程量按其长度计算，不同安装结构面、母线材质、母线断面面积，应分别计算其工程量。

动力配管混凝土地面刨沟工程量按刨沟长度计算，不同管径应分别计算其工程量。

接线箱、接线盒安装工程量按其个数计算，不同安装方式（明装或暗装）、接线箱半周长、接线盒类别应分别计算其工程量。

配线进入开关箱、柜、板的预留线，按表6-1规定长度，分别计入相应的工程量。

配线预留长度　　　　　　　　　　表6-1

序	项　　目	预留长度	说　　明
1	各种开关箱、柜、板	高 + 宽	盘面尺寸
2	单独安装（无箱、盘）的铁壳开关、闸刀开关、启动器、母线槽进出线盒等	0.3m	从安装对象中心算起
3	由地平管子出口引至动力接线箱	1m	从管口计算
4	电源与管内导线连接（管内穿线与软、硬母线接头）	1.5m	从管口计算
5	出户线	1.5m	以管口计算

（二）照明灯具

普通灯具安装工程量按其套数计算，不同灯具形式（吸顶灯、吊灯、壁灯等）、灯罩形式及直径应分别计算其工程量。

荧光灯具安装工程量按其套数计算，不同灯具类型（组装型、成套型）、灯具形式（吊链式、吊管式、吸顶式、嵌入式）、管数（单管、双管、三管）应分别计算其工程量。

工厂灯及其他灯具安装工程量按其套数计算，不同灯具形式应分别计算其工程量。其中，高压水银灯镇流器安装工程量按其个数计算。烟囱、水塔、独立式塔架标志灯安装工程量按其套数计算，不同安装高度应分别计算。

医院灯具安装工程量按其套数计算，不同用途灯具应分别计算其工程量。

艺术花灯安装工程量按其套数计算，不同花灯形式、灯头数应分别计算其工程量。

路灯安装工程量按其套数计算，不同路灯形式、马路弯灯臂长、庭院路灯灯头数（火数）应分别计算其工程量。

开关、按钮、插座安装工程量按其套数计算，不同形式、安装方式（明装、暗装）、插座相孔数及电流应分别计算其工程量。

安全变压器安装工程量按其台数计算，不同容量（V·A）应分别计算。电铃安装工程量按其套数计算，不同电铃直径、电铃号牌箱规格应分别计算。风扇安装工程量按其台数计算，不同风扇类型（吊扇、壁扇）应分别计算。

（三）电梯电气安装

交流手柄操纵或按钮控制（半自动）电梯、交流信号或集选控制（自动）电梯、直流信号或集选控制（自动）快速电梯、直流集选控制（自动）高速电梯、小型杂物电梯的电气安装工程量按电梯的部数计算，不同建筑物层数、电梯停站数应分别计算其工程量。

电厂专用电梯电气安装工程量按电梯部数计算，不同配合锅炉容量（t/h）应分别计算其工程量。

电梯增加厅门、自动轿厢门工程量按门的个数计算。电梯增加提升高度工程量按提升高度增加值计算。

（四）防雷及接地装置

接地极制作安装工程量按其根数计算，不同接地极材料、土质坚实程度（普通土、坚土）应分别计算其工程量。接地板制作安装工程量按其块数计算，不同材质应分别计算。

接地母线敷设工程量，区分户外或户内以接地母线的长度计算。接地母线的长度按图示水平与垂直长度之和另加3.9%附加长度（指转弯、上下波动、避绕障碍物、搭接所占长度）计算。

接地跨接线安装工程量按其处数计算。

避雷针安装工程量按其根数计算，不同避雷针安装所在结构、安装高度、针长应分别计算其工程量。独立避雷针安装工程量按其基数计算，不同针高应分别计算。

避雷引下线敷设工程量按其长度计算，不同引下线安装所在结构、结构高度应分别计算其工程量。引下线长度按图示水平与垂直长度之和另加3.9%附加长度计算。

避雷网安装工程量按不同敷设物面以其长度计算。混凝土块制作工程量按其块数计算。

6.1.2 给水排水采暖煤气安装工程量

（一）卫生器具制作安装

浴盆、妇女卫生盆安装工程量，按不同供水方式（冷水、冷热水）以组数计算。浴盆安装不包括支座和浴盆周边侧面的砌砖及贴面。

洗脸盆、洗手盆安装工程量，按不同供水方式、开关形式、供水管道材料以组数计算。

洗涤盆、化验盆安装工程量，按不同水嘴数量、开关形式以组数计算。

淋浴器组成安装工程量，按不同管材、供水方式以组数计算。

水龙头安装工程量，按不同龙头公称直径以个数计算。

大便器安装工程量，按不同大便器形式（蹲式、坐式）、冲洗方式、接管材料以组数计算。

倒便器安装工程量按其套数计算。

小便器安装工程量，按不同小便器形式（挂斗式、立式）、冲洗方式（普通、自动）以组数计算。

大便槽自动冲洗水箱安装工程量，按不同水箱容积以套数计算。

小便槽冲洗管制作、安装工程量，按不同冲洗管公称直径以管道长度计算。阀门安装另行计算。

排水栓安装工程量，按有无存水弯、排水栓公称直径以组数计算。

地漏、地面扫除口安装工程量，按不同口径以个数计算。

电热水器、电开水炉、蒸汽间断式开水炉安装工程量，按不同形式、型号以台数计算。

容积式水加热器安装工程量，按不同型号以台数计算。所用安全阀、保温、刷油及基础砌筑另行计算。

蒸汽-水加热器安装工程量按其套数计算其支架制作安装及阀门、疏水器安装另行计算。

冷热水混合器安装工程量，按不同型号以套数计算，其支架制作安装及阀门安装另行计算。

消毒锅、消毒器、饮水器安装工程量，按不同形式、规格以台数计算。

（二）供热器具安装

铸铁散热器组成安装工程量，按不同型号以片数计算。

光排管散热器制作安装工程量，按不同光排管公称直径以光排管的长度计算，联管不另计算。

钢制闭式散热器安装工程量，按不同型号以片数计算。

钢制板式散热器安装工程量，按不同型号以组数计算。

钢制壁式散热器安装工程量，按散热器重量以组数计算。

钢柱式散热器安装工程量，按不同片数以组数计算。

暖风机安装工程量，按散热器重量以台数计算。

太阳能集热器安装工程量，按不同单元重量以单元数计算。

热空气幕安装工程量，按不同型号以台数计算，其支架制作安装另行计算。

（三）民用燃气管道、附件、器具安装

燃气室内外管道分界：

（1）地下引入室内的管道以室内第一个阀门为界。

（2）地上引入室内的管道以墙外三通为界。

（3）室外管道与市政管道以两者的接头点为界。

室外管道、室内管道安装工程量按管道长度计算，不扣除管件和阀门所占长度。不同管道材料、管道连接方法、管道公称直径应分别计算其工程量。

铸铁抽水缸、碳钢抽水缸、调长器安装工程量，按不同公称直径以个数计算。调长器与阀门联装工程量，按不同公称直径以个数计算。

燃气表安装工程量，按不同型号以台数计算。开水炉、采暖炉、热水器安装工程量，分别按不同型号、形式、容量以台数计算。

民用灶具、煤气燃烧器、液化气燃烧器安装工程量，按不同型号以台数计算。

燃气管道钢套管制作安装工程量，按不同套管公称直径以套管个数计算。

燃气嘴安装工程量，按不同型号以气嘴个数计算。

6.1.3　通风空调安装工程量

（一）通风空调设备安装

空气加热器（冷却器）安装工程量，按不同单个重量以台数计算。

通风机安装工程量，按不同型号以台数计算。

整体式空调机（冷风机）安装工程量，按不同制冷量以台数计算。分体式空调机安装工程量按其台数计算。

窗式空调器安装工程量按其台数计算。

风机盘管安装工程量，按明装或暗装以台数计算。

分段组装式空调器安装工程量按其重量计算。

玻璃钢冷却器安装工程量，按不同重量以台数计算。

（二）净化通风管道及部件制作安装

镀锌薄钢板矩形净化风管制作安装工程量按风管展开面积计算，不同风管周长及壁厚应分别计算其工程量。风管展开面积中不扣除检查孔、测定孔、送风口、吸风口等所占面积，也不增加咬口重叠部分面积。计算风管长度时，一律按图示管道中心线长度为准，包括弯头、三通、变径管、天圆地方等管件的长度，但不得包括部件所在位置的长度。

静压箱、铝制孔板风口、过滤器制作安装工程量均按其重量计算。

高效过滤器、中低效过滤器、净化工作台、单人风淋室安装工程量均按其台数计算。

（三）不锈钢板通风管道及附件制作安装

不锈钢板圆形风管制作安装工程量按风管展开面积计算，不同风管直径及壁厚应分别计算其工程量。风管展开面积中不扣除检查孔、测定孔、送风口、吸风口等所占面积。计算风管长度时，一律以图示风管中心线长度为准，包括弯头、三通、变径管、天圆地方等管件的长度，但不得包括部件所在位置的长度。

风口、吊托支架制作安装工程量按其重量计算。

圆形法兰、圆形蝶阀制作安装工程量，按不同单个重量以其重量计算。

（四）铝板通风管道及部件制作安装

铝板风管制作安装工程量按风管展开面积计算，不同风管断面形状、直径或周长、壁厚应分别计算其工程量。风管展开面积中不扣除检查孔、测定孔、送风口、吸风口等所占面积。计算风管长度时，一律以图示风管中心线长度为准，包括弯头、三通、变径管、天圆地方等管件的长度，但不得包括部件所在位置的长度。

圆伞形风帽、风口制作安装工程量按其重量计算。

圆形法兰、矩形法兰、圆形蝶阀、矩形蝶阀制作安装工程量，按不同单个重量以法兰、蝶阀的总重量计算。

标准部件铝制风帽、蝶阀单个重量可根据其形式、规格查阅标准部件图取得。

非标准铝制部件单个重量按成品重量计算。

6.2　电气照明安装工程预算编制实例

6.2.1　识读施工图

某饭庄由临街电杆架空引入 380V 电源，作电气照明用；进户线采用 BX 型；室内一律用 BV 型线穿 PVC 管暗敷；配电箱 4 台（M0、M1、M2、M3）均为工厂成品，一律暗装，箱底边距地 15m；插座暗装距地 1.3m；拉线开关安装距顶棚 0.3m；跷板开关暗装距地 1.4m；配电箱做可靠接地保护。见图 6-1 电气一层平面图、图 6-2 电气二层平面图、图 6-3 电气系统图，各回路容量及管线见表 6-2。

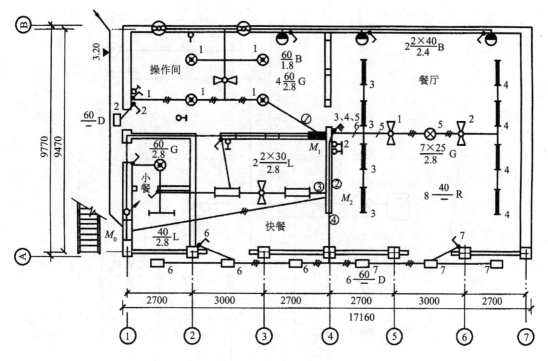

图 6-1 电气一层平面图

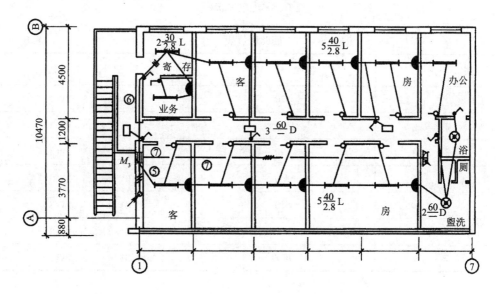

图 6-2 电气二层平面图

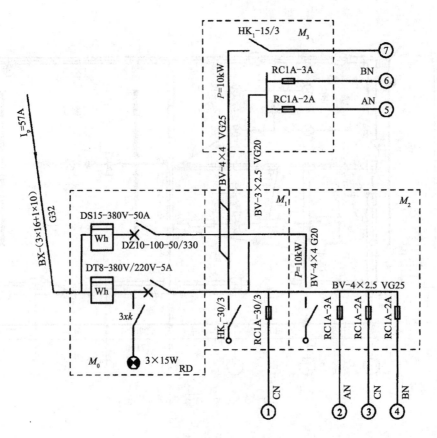

图 6-3　电气系统图

回路配线表

表 6-2

回　　路	容　　量（W）	配　管　配　线
1	820	BV-2 ×2.5　PVC15
2	595	BV-2 ×2.5　PVC15
3	320	BV-2 ×2.5　PVC15
4	360	BV-2 ×2.5　PVC15
5	480	BV-2 ×2.5　PVC15
6	640	BV-2 ×2.5　PVC15
7	1000	BV-4 ×2.5　PVC20

6.2.2　工程量计算

　　根据施工图说明及平面图、系统图、回路配线表，进行工程量的计算（并进行审核）。工程量的计算见表 6-3。

336

表6-3

工程量计算表

工程名称：某饭庄电气照明工程

序号	工程项目名称	单位	数量	部位提要	计　算　式
1	进户线支架	根	1	Ⓑ轴点处	两端埋设四线支架 $\llcorner 50 \times 5$，$L = 1m$
2	进（入）户线，PVC管 VG32	m	11.32	沿①轴	$[(9.47 + 0.15) + (3.2 - 1.5)]$ 埋墙
	线 BX-10	m	14.12	沿①轴	$(9.47 + 0.15) + 1.5$ 预留 $+ (3.2 - 1.5) + (0.8 + 0.5)$ 预留
	线 BX-16	m	42.36	沿①轴	$[(9.47 + 0.15) + 1.5 + (3.2 - 1.5) + (0.8 + 0.5)] \times 3$ 根
3	配电箱 800×500	台	1		M_0
	配电箱 500×300	台	3		M_1、M_2、M_3
4	M_0 至 M_1，PVC管 VG20	m	16.05	①-Ⓐ	$(3.44 - 1.5) \times 2 + 3.77 + (2.7 + 3 + 2.7)$ 全埋墙（或埋地）
	管内穿线 BV-2.5	m	72.60	①-Ⓐ	$[(3.44 - 1.5) \times 2 + 3.77 + (2.7 + 3 + 2.7) + (0.5 + 0.8 + 0.5 + 0.3)$ 预留$] \times 4$ 根
	PVC 接线盒	个	3		
	M_0 至 M_1，PVC管 VG25	m	16.05	①-Ⓐ	备用电源$(3.44 - 1.5) \times 2 + 3.77 + (2.7 + 3 + 2.7)$
	管内穿线 BV-4	m	72.60	①-Ⓐ	备用电源$[(3.44 - 1.5) \times 2 + 3.77 + (2.7 + 3 + 2.7) + (0.8 + 0.5 + 0.5 + 0.3)] \times 4$ 根
	PVC 接线盒	个	3		
5	M_0 至 M_2，PVC管 VG20	m	12.00	①-Ⓐ	$(1.5 + 2.7 + 3 + 2.7 + 0.6 + 1.5)$ 埋地
	管内穿线 BV-2.5	m	56.40		$[(1.5 + 2.7 + 3 + 2.7 + 0.6 + 1.5) + (0.8 + 0.5 + 0.5 + 0.3)] \times 4$ 根
	M_0 至 M_2，PVC管 VG25	m	12.00	①-Ⓐ	备用电源$(1.5 + 2.7 + 3 + 2.7 + 0.6 + 1.5)$ 埋地
	管内穿线 BV-4	m	56.40		备用电源$[(1.5 + 2.7 + 3 + 2.7 + 0.6 + 1.5) + (0.8 + 0.5 + 0.5 + 0.3)] \times 4$ 根
6	M_0 至 M_3，PVC管 VG20	m	7.21	①-Ⓐ	$(3.44 - 1.5) + 1.5 + 3.77$ 全埋墙
	管内穿线 BV-2.5	m	37.24		$[(3.44 - 1.5 + 1.5 + 3.77) + (0.8 + 0.5 + 0.5 + 0.3)] \times 4$ 根
	M_0 至 M_3，PVC管 VG25	m	7.21	①-Ⓐ	备用电源$(3.44 - 1.5) + 1.5 + 3.77$
	管内穿线 BV-4	m	37.24		$[(3.44 - 1.5 + 1.5 + 3.77) + (0.8 + 0.5 + 0.5 + 0.3)] \times 4$ 根

序号	工程项目名称	单位	数量	部位提要	计 算 式
7	① 回路，PVC 管 VG15	m	50.18	操作间	(3.44 - 1.5)埋墙 + 2.7 + 3 ÷ 2 + 4.5 + (3 × 2 + 2.7) + 3 + (2.7 ÷ 2 + 3 + 2.7 + 2.7 + 3 + 2.7 ÷ 2) + (3.44 - 1.4) × 6 开关引下埋墙 + 3 × 0.5 引下至排风扇,埋墙,其余管吊顶棚内敷设
	管内穿线 BV-2.5	m	110.66		[(3.44 - 1.5) + 2.7 + 3 ÷ 2 + 4.5 + (3 × 2 + 2.7) + 3 + (2.7 ÷ 2 + 3 + 2.7 + 2.7 + 3 + 2.7 ÷ 2) + (3.44 - 1.4) × 6 + 3 × 0.5 + (0.5 + 0.3)] × 2 + (3 ÷ 2 × 2 + 3 ÷ 2 + 2.7 ÷ 2 + 3 ÷ 2 + 2.7 ÷ 2)三根线及四根线处
	PVC 暗盒	个	28		接线盒 10 个,灯头盒 11 个,开关盒 7 个
8	② 回路，PVC 管 VG15	m	33.03	餐厅	(3.44 - 1.5)埋墙 + (3.44 - 1.4) × 3 埋墙 + [9.47 × 1 ÷ 4 + 2.7 + 3 + 2.7 + (9.47 × 3 ÷ 4) × 2]吊顶内
	管内穿线 BV-2.5	m	86.11		[(3.44 - 1.5) + (3.44 - 1.4) × 3 + 9.47 × 1 ÷ 4 + 2.7 + 3 + 2.7 + (9.47 × 3 ÷ 4) × 2 + (0.5 + 0.3)] × 2 根 + [(2.7 + 3) + (2.7 + 3) × 2 + 2.7 × 1 ÷ 2]三、四、五、六根线处
	PVC 暗盒	个	20		接线盒 6 个,灯头盒 11 个,开关盒 3 个
9	③ 回路，PVC 管 VG15	m	24.59	快餐小餐	(3.44 - 1.5)埋墙 + (2.7 + 3 + 2.7 + 9.47 × 2 ÷ 4 + 2.7 ÷ 2)吊顶内 + (3.44 - 1.4) × 4 埋墙
	管内穿线 BV-2.5	m	50.78		[(3.44 - 1.5) + (2.7 + 3 + 2.7 + 9.47 × 2 ÷ 4 + 2.7 ÷ 2) + (3.44 - 1.4) × 4 + (0.5 + 0.3)预留] × 2 根
	PVC 暗盒	个	13		接线盒 4 个,灯头盒 5 个,开关盒 4 个
10	④ 回路，PVC 管 VG15	m	23.81	门口处	(3.44 - 1.5)埋墙 + (9.47 × 1 ÷ 4 + 0.88 ÷ 2 + 2.7 ÷ 2 + 3 + 2.7 × 2 + 3 + 2.7 ÷ 2 + 0.88 ÷ 2 × 2)吊顶内 + (3.44 - 1.4) × 2 埋墙
	管内穿线 BV-2.5	m	49.22		[(3.44 - 1.5) + (9.47 × 1 ÷ 4 + 0.88 ÷ 2 + 2.7 ÷ 2 + 3 + 2.7 × 2 + 3 + 2.7 ÷ 2 + 0.88 ÷ 2 × 2) + (3.44 - 1.4) × 2 + (0.5 + 0.3)] × 2 根
	PVC 暗盒	个	13		接线盒 5 个,灯头盒 6 个,开关盒 2 个

序号	工程项目名称	单位	数量	部位提要	计　算　式
11	⑤回路，PVC 管 VG15	m	48.83	A轴客房	$(2.75-1.5)$埋墙 $+(3.77\div2+2.7\times3+2.7\times1\div2+3\times2+3.77\div2\times2+1.2\div2+1.2+3.77\div2\times5)$吊顶内 $+(2.75-1.4)\times7$ 埋墙 $+(2.75-1.3)\times4$ 埋墙
	管内穿线 BV-2.5	m	99.26		$[(2.75-1.5)+(3.77\div2+2.7\times3+2.7\times1\div2+3\times2+3.77\div2\times2+1.2\div2+1.2+3.77\div2\times5)+(2.75-1.4)\times7+(2.75-1.3)\times4+(0.5+0.3)]\times2$
	PVC 暗盒	个	32		接线盒14个，灯头盒7个，开关盒7个，插座盒4个
12	⑥回路，PVC 管 VG15	m	71.35	B轴客房	$(2.75-1.5)$埋墙 $+[1.2+4.5\div2+2.7\times3+3\times2+2.7\times1\div2+4.5\div2+4.5\div2\times5+(4.5+1.2)\div2\times2+4.5\div2\times5]$吊顶内 $+(2.75-1.4)\times10$ 埋墙 $+(2.75-1.3)\times5$ 埋墙
	管内穿线 BV-2.5	m	144.30		$[(2.75-1.5)+1.2+4.5\div2+2.7\times3+3\times2+2.7\times1\div2+4.5\div2+4.5\div2\times5+(4.5+1.2)\div2\times2+4.5\div2\times5+(2.75-1.4)\times10+(2.75-1.3)\times5+(0.5+0.3)]\times2$ 根
	PVC 暗盒	个	40		接线盒15个，灯头盒10个，开关盒10个，插座盒5个
13	⑦回路，PVC 管 VG20	m	16.80	B轴客房	$(2.75-1.5+2.75-1.3)$埋墙 $+(2.7\times3+3\times2)$吊顶内
	管内穿线 BV-2.5	m	70.40		$[(2.75-1.5+2.7\times3+3\times2)+(2.75-1.3)+(0.5+0.3)]\times4$ 根
	PVC 暗盒	个	3		接线盒2个，插座盒1个
14	链吊式荧光灯双管 30W	套	2	快餐	
	链吊式荧光灯单管 40W	套	11	客房	
	链吊式荧光灯单管 30W	套	2	寄存	
15	顶棚嵌入式单管荧光灯 40W	套	8	餐厅	
16	壁灯 60W	套	1	操作间	
	壁灯 40W	套	2	餐厅	
17	方吸顶灯 60W	套	10	大门、走道	
18	管吊花灯 7×25W	套	1	餐厅	
19	吊扇 φ1000	台	4	餐厅、操作间、快餐	带调速开关
	排风扇 φ350	台	2	操作间	
20	单相暗插座 5A	个	9	客房	
	三相暗插座 15A	个	1	客户	
21	跷板暗开关（单联）	个	15	餐厅	
	跷板暗开关（三联）	个	1	餐厅	
	拉线开关	个	11	客房	

6.2.3 工程量汇总

将所计算的工程量分项汇总，准备套定额。工程量汇总见表6-4。

工程量汇总表　　　　　　　　　　　　　　　　表6-4

序号	工程项目名称	单　位	数　量
1	进户支架 L50×5	根	1
2	暗配塑料管 PVC15	m	70.11
	明配塑料管 PVC15	m	181.88
	暗配塑料管 PVC20	m	52.06
	暗配塑料管 PVC25	m	35.26
	暗配塑料管 PVC32	m	11.12
3	管内穿线 BX-10	m	14.12
	管内穿线 BX-16	m	42.36
4	管内穿线 BV-2.5	m	776.96
	管内穿线 BV-4	m	175.55
5	链吊式双管荧光灯 2×30W	套	2
	链吊式单管荧光灯 1×30W	套	2
	链吊式单管荧光灯 1×40W	套	11
6	嵌入式单管荧光灯 1×40W	套	8
7	壁灯 60W	套	1
	壁灯 40W	套	2
8	正方形吸顶灯 60W	套	10
9	吊风扇 φ1000	台	4
	排气扇 φ350	台	2
10	单相暗插座 5A	个	9
	三相暗插座 15A	个	1
11	三联单控暗开关	个	1
	单联单控暗开关	个	15
12	拉线开关	个	11
13	塑料接线盒 146HS50	个	62
	塑料灯头盒 86HS50	个	50
	塑料开关盒 86HS50	个	33
	塑料插座盒 86HS50	个	10
14	配电箱 800×500	台	1
	配电箱 500×300	台	3

6.2.4 套用定额、计算直接费和工程造价

建设工程造价预算书

安装工程

工程名称：某饭店电气照明工程

取费等级：A级取费

工程造价：5416元

建设地点：

工程类别：三类工程

单位造价：

建设单位：

施工单位：

工程规模：

施工（编制）单位：

技术负责人：

编 制 人：

资格证章：

建设（监理）单位：

技术负责人：

审 核 人：

资格证章：

表 6-5　第 1/1 页

工程名称：某饭庄电气照明工程（安装工程）　　　　　　　　　　2008 年 11 月 13 日

编 制 说 明

编制依据	施工图号	
	合　同	
	使用定额	2000 年《重庆市安装工程单位基价表》第二册及其相关费用定额
	材料价格	
	其　他	

说明：

一、编制依据

1. 本报价根据建设单位所提供的施工图说明而编制；

2. 本报价根据建设单位所提供的施工图：电气一层平面图、电气二层平面图、电气系统图、回路配线表而编制。

二、材料及设备价格

按文件规定的价格计算。

填表说明：1. 使用定额与材料价格栏注明使用的定额、费用标准以及材料价格来源（如调价表、造价信息等）。

　　　　　2. 说明栏注明施工组织设计、大型施工机械以及技术措施等。

编制单位：

××软件有限公司软件编制

建设工程预算表

表 6-6 2008 年 11 月 12 日 第 1/4 页

工程名称：某饭庄电气照明工程（安装工程）

序号	定额编号	项目名称	单位	工程量	计价值 单位				工程费 单位值				未计价材料					
					基价	人工费	材料费	机械费	合价	人工费	材料费	机械费	名称	单位	定额耗量	数量	单价	合价
1	02-0788	电气设备安装工程 进户支架 L50×5	组	1.000	10.10	7.29	2.81		10.10	7.29	2.81		支架 L50×5	根	1.00	1.00		
2	02-1097	塑料管暗配 DN15	100m	0.701	136.55	99.14	6.57	30.84	95.72	69.50	4.61	21.62	塑料管 DN15	m	106.70	74.80		
3	02-1088	塑料管明配 DN15	100m	1.819	287.89	182.60	74.45	30.84	523.67	332.15	135.42	56.10	塑料管 DN15	m	106.70	194.09		
4	02-1098	塑料管暗配 DN20	100m	0.521	143.27	105.32	7.11	30.84	74.64	54.87	3.70	16.07	塑料管 DN20	m	106.70	55.59		
5	02-1099	塑料管暗配 DN25	100m	0.353	202.23	148.60	7.38	46.25	71.39	52.46	2.61	16.33	塑料管 DN25	m	106.42	37.57		
6	02-1100	塑料管暗配 DN32	100m	0.111	211.77	157.87	7.65	46.25	23.51	17.52	0.85	5.13	塑料管 DN32	m	106.42	11.81		
7	02-1201	管内穿线 BX-10mm²	100m 单线	0.141	39.02	20.98	18.04		5.50	2.96	2.54		铜芯绝缘导线 BX-10mm²	m	105.00	14.81		
8	02-1202	管内穿线 BX-16mm²	100m 单线	0.424	42.83	24.29	18.54		18.16	10.30	7.86		铜芯绝缘导线 BX-16mm²	m	105.00	44.52		
9	02-1172	管内穿线 BV-2.5mm²	100m 单线	7.770	36.04	22.08	13.96		280.03	171.56	108.47		绝缘导线 BV-2.5mm²	m	116.00	901.32		
10	02-1173	管内穿线 BV-4mm²	100m 单线	1.756	29.38	15.46	13.92		51.59	27.15	24.44		绝缘导线 BV-4mm²	m	110.00	193.16		

编制单位：

××软件有限公司软件编制

343

序号	定额编号	项目名称	单位	工程量	计价工程费 单位价值 基价	人工费	材料费	机械费	工程费 合价	人工费	材料费	机械费	未计价材料 名称	单位	定额耗量	数量	单价	合价
11	02-1589	吊链式双管荧光灯 2×30W	10套	0.200	139.15	60.28	78.87		27.83	12.06	15.77		吊链式双管荧光灯 2×30W	套	10.10	2.02		
12	02-1588	吊链式单管荧光灯 1×30W	10套	0.200	126.78	47.91	78.87		25.36	9.58	15.77		吊链式单管荧光灯 1×30W	套	10.10	2.02		
13	02-1588	吊链式单管荧光灯 1×40W	10套	1.100	126.78	47.91	78.87		139.46	52.70	86.76		吊链式单管荧光灯 1×40W	套	10.10	11.11		
14	02-1594	嵌入式单管荧光灯 1×40W	10套	0.800	96.09	47.91	48.18		76.87	38.33	38.54		嵌入式单管荧光灯 1×40W	套	10.10	8.08		
15	02-1393	壁灯 60W	10套	0.100	158.38	44.60	113.78		15.84	4.46	11.38		壁灯 60W	套	10.10	1.01		
16	02-1393	壁灯 40W	10套	0.200	158.38	44.60	113.78		31.68	8.92	22.76		壁灯 40W	套	10.10	2.02		
17	02-1388	正方形吸顶灯 60W	10套	1.000	102.83	55.42	47.41		102.83	55.42	47.41		正方形吸顶灯 60W	套	10.10	10.10		
18	02-1702	吊风扇 φ1000	台	4.000	13.35	9.49	3.86		53.40	37.96	15.44		吊风扇 φ1000	台	1.00	4.00		
19	02-1704	排气扇 φ350	台	2.000	14.98	13.47	1.51		29.96	26.94	3.02		排气扇 φ350	台	1.00	2.00		
20	02-1670	单相暗插座 5A	10套	0.900	32.76	24.29	8.47		29.48	21.86	7.62		单相暗插座 5A	套	10.30	9.27		
21	02-1680	三相暗插座 15A	10套	0.100	30.90	23.85	7.05		3.09	2.39	0.71		三相暗插座 15A	套	10.30	1.03		
22	02-1639	三联单控暗开关	10套	0.100	27.16	20.53	6.63		2.72	2.05	0.66		三联单控暗开关	只	10.30	1.03		

编制单位：

××软件有限公司软件编制

序号	定额编号	项目名称	单位	工程量	工 价 单 位 值				工 程 费 单 位 值				未计价材料					
					基价	人工费	材料费	机械费	合价	人工费	材料费	机械费	名称	单位	定额耗量	数量	单价	合价
23	02-1637	单联单控暗开关	10套	1.500	22.57	18.77	3.80		33.86	28.16	5.70		单联单控暗开关	只	10.30	15.45		
24	02-1635	拉线开关	10套	1.100	36.72	18.33	18.39		40.39	20.16	20.23		拉线开关	只	10.30	11.33		
25	02-1379	塑料接线盒146HS50	10个	6.200	47.56	17.66	29.90		294.87	109.49	185.38		塑料接线盒146HS50	个	10.20	63.24		
26	02-1377	塑料灯头盒86HS50	10个	5.000	32.63	9.94	22.69		163.15	49.70	113.45		塑料灯头盒86HS50	个	10.20	51.00		
27	02-1378	塑料开关盒86HS50	10个	3.300	21.10	10.60	10.50		69.63	34.98	34.65		塑料开关盒86HS50	个	10.20	33.66		
28	02-1378	塑料插座盒86HS50	10个	1.000	21.10	10.60	10.50		21.10	10.60	10.50		塑料插座盒86HS50	个	10.20	10.20		
29	02-0265	配电箱 $M_0$800×500	台	1.000	123.64	50.78	72.86		123.64	50.78	72.86		配电箱 $M_0$800×500	台	1.00	1.00		
30	02-0264	配电箱 M_1、M_2、$M_3$800×500	台	3.000	109.96	39.74	70.22		329.88	119.22	210.66		配电箱 M_1、M_2、$M_3$800×500	台	1.00	3.00		
31	12-0002	电气设备脚手架搭拆费	100元	14.342	4.00	1.00	3.00		57.37	14.34	43.03							
		分部小计							2826.72	1455.86	1255.61	115.25						
		合计							2826.72	1455.86	1255.61	115.25						

编制单位：

工程名称：某饭庄

未计价材料费计算表

表6-7

序号	定额编号	项目名称	单位	工程量	名称	单位	定额耗量	数量	单价	合价
1	02—0788	进户支架∟50×5	组	1.000	支架∟50×5	根	1.00	1.00	35.78	35.78
2	02—1097	塑料管暗配DN15	100m	0.701	塑料管DN15	m	106.70	74.80	2.03	151.84
3	02—1088	塑料管明配DN15	100m	1.819	塑料管DN15	m	106.70	194.09	2.03	394.01
4	02—1098	塑料管暗配DN20	100m	0.521	塑料管DN20	m	106.70	55.59	2.51	139.53
5	02—1099	塑料管暗配DN25	100m	0.353	塑料管DN25	m	106.42	37.57	3.19	119.85
6	02—1100	塑料管暗配DN32	100m	0.111	塑料管DN32	m	106.42	11.81	3.87	45.70
7	02—1201	管内穿线BX—10mm^2	100m单线	0.141	铜芯绝缘导线BX—10mm^2	m	105.00	14.81	3.52	52.13
8	02—1202	管内穿线BX—16mm^2	100m单线	0.424	铜芯绝缘导线BX—16mm^2	m	105.00	44.52	8.60	382.87
9	02—1172	管内穿线BV—2.5mm^2	100m单线	7.770	绝缘导线BV—2.5mm^2	m	116.00	901.32	1.21	1090.60
10	02—1173	管内穿线BV—4mm^2	100m单线	1.756	绝缘导线BV—4mm^2	m	110.00	193.16	2.46	475.17
11	02—1589	吊链式双管荧光灯2×30W	10套	0.200	吊链式双管荧光灯2×30W	套	10.10	2.02	85.34	172.39
12	02—1588	吊链式单管荧光灯1×30W	10套	0.200	吊链式单管荧光灯1×30W	套	10.10	2.02	68.11	137.58
13	02—1588	吊链式单管荧光灯1×40W	10套	1.100	吊链式单管荧光灯1×40W	套	10.10	11.11	75.32	836.81
14	02—1594	嵌入式单管荧光灯1×40W	10套	0.800	嵌入式单管荧光灯1×40W	套	10.10	8.08	80.65	651.65
15	02—1393	壁灯60W	10套	0.100	壁灯60W	套	10.10	1.01	120.77	121.98

序号	定额编号	项目名称	单 位	工程量	名 称	单位	定额耗量	数 量	单 价	合 价
16	02—1393	壁灯 40W	10 套	0.200	壁灯 40W	套	10.10	2.02	90.12	182.04
17	02—1388	正方形吸顶灯 60W	10 套	1.000	正方形吸顶灯 60W	套	10.10	10.10	140.39	1417.94
18	02—1702	吊风扇 φ1000	台	4.000	吊风扇 φ1000	台	1.00	4.00	132.21	528.84
19	02—1704	排气扇 φ350	台	2.000	排气扇 φ350	台	1.00	2.00	62.56	125.12
20	02—1670	单相暗插座 5A	10 套	0.900	单相暗插座 5A	套	10.30	9.27	8.74	81.02
21	02—1680	三相暗插座 15A	10 套	0.100	三相暗插座 15A	套	10.30	1.03	10.33	10.64
22	02—1639	三联单控暗开关	10 套	0.100	三联单控暗开关	只	10.30	1.03	9.25	9.53
23	02—1637	单联单控暗开关	10 套	1.500	单联单控暗开关	只	10.30	15.45	5.66	87.45
24	02—1635	拉线开关	10 套	1.100	拉线开关	只	10.30	11.33	1.83	20.73
25	02—1379	塑料接线盒 146HS50	10 个	6.200	塑料接线盒 146HS50	个	10.20	63.24	0.80	50.59
26	02—1377	塑料灯头盒 86HS50	10 个	5.000	塑料灯头盒 86HS50	个	10.20	51.00	0.50	25.50
27	02—1378	塑料开关盒 86HS50	10 个	3.300	塑料开关盒 86HS50	个	10.20	33.66	0.80	26.93
28	02—1378	塑料插座盒 86HS50	10 个	1.000	塑料插座盒 86HS50	个	10.20	10.20	0.80	8.16
29	02—0265	配电箱 M_0 800×500	台	1.000	配电箱 M_0 800×500	台	1.00	1.00	485.00	485.00
30	02—0264	配电箱 M_1、M_2、M_3 800×500	台	3.000	配电箱 M_1、M_2、M_3 800×500	台	1.00	3.00	279.00	837.00
		合计								8731.38

工程名称：某饭庄

序　号	费 用 名 称	计 算 公 式	费　率	金　额
1	A. 定额直接费	A. 1 + A. 2 + A. 3 + A. 4		11558.10
2	A. 1 定额人工费			1455.86
3	A. 2 计价材料费			1255.61
4	A. 3 未计价材料费			8731.38
5	A. 4 机械费			115.25
6	B. 其他直接费	B. 1 + B. 2 + B. 3		852.55
7	B. 1 其他直接费	A. 1×规定费率	22.810	332.08
8	B. 2 临时设施费	A. 1×规定费率	15.430	224.64
9	B. 3 现场管理费	A. 1×规定费率	20.320	295.83
10	C. 价差调整	C. 1 + C. 2 + C. 3		
11	C. 1 人工费调整	按地区规定计算		
12	C. 2 计价材料综合调整价差	按地区规定计算		
13	C. 3 机械费调整	按地区规定计算		
14	D. 施工图预算包干费	A. 1×规定费率	10.000	145.59
15	E. 企业管理费	A. 1×规定费率	36.340	529.06
16	F. 财务费	A. 1×取费证核定费率	2.800	40.76
17	G. 劳动保险费	A. 1×取费证核定费率	10.000	145.59
18	H. 利润	A. 1×取费证核定费率	17.000	247.50
19	I. 安全文明施工增加费	A. 1×按承包合同约定费率	0.800	11.65
20	J. 赶工补偿费	A. 1×按承包合同约定费率		
21	L. 定额管理费（‰）	(A + … + J)×规定费率	1.400	18.94
22	M. 税金	(A + … + L)×规定费率	3.430	464.76
	工程造价			14014.50

7 建筑工程概算编制

7.1 建筑工程概算的概念及其作用

（一）建筑工程概算的概念

建筑工程概算是确定单位工程概算造价的文件，一般由设计部门编制。在两阶段设计中，扩大初步设计阶段编制设计概算；在三阶段设计中，初步设计阶段编制设计概算，技术设计阶段编制修正概算。由于单位工程概算在设计阶段由设计部门编制，所以通常称为设计概算。

（二）建筑工程概算的作用

建筑工程概算的主要作用包括以下几个方面：

（1）国家规定竣工结算不能突破施工图预算，建筑工程预算不能突破设计概算，故概算的主要作用是国家控制基本建设投资，编制基本建设计划的依据。

（2）设计部门在初步设计阶段要选择最佳设计方案，设计概算是从经济角度衡量设计方案经济合理性的重要依据。因此，概算是选择最佳设计方案的重要依据。

（3）概算是基本建设投资包干和招标承包的依据。

（4）概算中的主要材料用量是编制基本建设材料需用量计划的依据。

（5）建设项目总概算是根据各单项工程综合概算汇总而成的，单项工程综合概算又是根据各单位工程概算汇总而成的。所以，单位工程概算是编制建设项目总概算的基础资料。

7.2 建筑工程概算的编制方法及其特点

（一）建筑工程概算的编制方法

建筑工程概算的编制，一般采用三种方法：

（1）用概算定额编制概算；

（2）用概算指标编制概算；

（3）用类似工程预算编制概算。

建筑工程概算的编制方法是由编制依据决定的。

建筑工程概算的编制依据除了概算定额、概算指标、类似工程预算外，还必须有初步设计图纸（或施工图纸）、费用定额、地区材料预算价格、设备价目表等有关资料。

（二）建筑工程概算编制方法的特点

1. 用概算定额编制概算的特点

（1）各项数据较为齐全、准确。

（2）用概算定额编制概算，必须计算工程量，故图纸要能满足工程量计算的需要。

（3）用概算定额编制概算，计算的工作量较大，所以比用其他方法编制概算所用的时间要长一些。

2. 用概算指标编制概算的特点

（1）编制时必须选用与所编概算工程相近的单位工程概算指标。

（2）对所需要的设计图纸要求不高，只需满足符合结构特征、计算建筑面积的需要就可以了。

（3）数据不如用概算定额编制概算所提供的数据那么准确和全面。

（4）编制速度较快。

3. 用类似工程预算编制概算的特点

（1）要选用与所编概算工程结构类型基本相同的工程预算为编制依据。

（2）设计图纸应能计算出工程量的要求。

（3）个别项目要按图纸进行调整。

（4）提供的各项数据较为齐全、准确。

（5）编制速度较快。

在编制建筑工程概算时，应根据编制要求、条件恰当地选择其编制方法。

7.3 用概算定额编制概算

概算定额是在预算定额的基础上，按建筑物的结构部位划分的项目，再将若干个预算定额项目综合为一个概算定额项目的扩大结构定额。例如，在预算定额中，砖基础、墙基防潮层、人工挖地槽均分别各为一个分项工程项目，但在概算定额中，将这几个项目综合成了一个项目，称为砖基础工程项目。它包括了从挖地槽到墙基防潮层的全部施工过程。

用概算定额编制概算的步骤与建筑工程预算的编制步骤基本相同，也要列项、计算工程量、套用概算定额、进行工料分析、直接费、间接费、计划利润、税金等各项费用的计算。

（一）列项

概算的编制与建筑工程预算的编制一样，遇到的首要问题就是列项。

概算的项目是根据概算定额的项目而定的。所以，列项前必须先了解概算定额的项目划分情况。

概算定额的分部工程是按照建筑物的结构部位确定的。例如，某省的建筑工程概算定额划分为 10 个分部：

（1）土石方、基础工程；

（2）墙体工程；

（3）柱、梁工程；

（4）门窗工程；

（5）楼地面工程；

（6）屋面工程；

（7）装饰工程；

（8）厂区道路；

（9）构筑物工程；

（10）其他工程。

各分部中的概算定额项目，一般都是由几个预算定额的项目综合而成的，经过综合的概算定额项目的定额单位与预算定额的定额单位是不相同的。只有了解了概算定额的综合的基本情况，才能正确应用概算定额，列出工程项目，并据以计算工程量。

概算定额综合预算定额项目的对照表见表7-1。

概算定额项目与预算定额项目对照表　　　　　　　　　　表7-1

概算定额项目	单　位	综合的预算定额项目	单　位
砖基础	m³	砖砌基础 水泥砂浆墙基防潮层 基础挖土方、回填土	m³ m² m³
砖外墙	m²	砖墙砌体 外墙面抹灰或勾缝 钢筋加固 钢筋混凝土过梁 内墙面抹灰 刷石灰浆或涂料 零星抹灰	m³ m² t m³ m² m² m²
现浇混凝土墙	m²	现浇钢筋混凝土墙体 内墙面抹灰 刷涂料	m³ m² m²
门窗	m²	门窗制作 门窗安装 门窗运输 门窗油漆	m² m² m² m²
现浇混凝土楼板	m²	楼面面层 现浇钢筋混凝土楼板 顶棚面抹灰 刷涂料	m² m³ m² m²
预制空心板楼板	m²	楼板面层 预制空心板 板运输 板安装 板缝灌浆 顶棚面抹灰 刷涂料	m² m³ m³ m³ m³ m² m²

（二）工程量计算

概算工程量计算必须依据概算定额规定的计算规则进行。

概算工程量计算规则由于综合项目的原因和简化计算原因，不同于预算工程量计算规则。现以某地区的概预算定额为例，说明它们之间的差别。见表7-2。

（三）直接费计算及工料分析

概算的直接费计算及工料分析与施工图预算的方法相同。现以表7-3的例子加以说明。

部分概、预算工程量计算规则对比 表 7-2

项目名称	概算工程量计算规则	预算工程量计算规则
内墙基础、垫层	按中心线尺寸计算工程量后乘以系数 0.97	按图示尺寸计算工程量
内墙	按中心线长计算工程量，扣除门窗洞口面积	按净长尺寸计算工程量，扣除门窗框外围面积
内、外墙	不扣除嵌入墙身的过梁体积	要扣除嵌入墙身的过梁体积
楼地面垫层、面层	按中心线尺寸计算工程量后乘以系数 0.90	按净面积计算工程量
门窗	按门窗洞口面积计算	按门窗框外围面积计算

概算直接费及工料分析表 表 7-3

定额编号	项目名称	单位	工程量	单位价值			总价值			锯材（m^3）	42.5 级水泥（kg）	中砂（m^3）
				基价	人工费	机械费	小计	人工费	机械费			
1-51	M5 水泥砂浆砌砖基础	m^3	14.251	110.39	21.22	0.25	1573.17	302.41	3.56		$\dfrac{79.54}{1133.52}$	$\dfrac{0.30}{4.275}$
1-48	C10 混凝土基础垫层	m^3	5.901	108.59	13.55	1.22	640.79	79.96	7.20	$\dfrac{0.007}{0.041}$	$\dfrac{239.37}{1412.52}$	$\dfrac{0.48}{2.832}$
	小计						2213.96	382.37	10.76	0.041	2546.04	7.107

（四）建筑工程概算造价的计算

概算的间接费、利润和税金的计算，完全相同于建筑工程预算。其计算过程详见建筑工程预算造价计算的有关章节。

（五）编制实例

本例概算选用本书"2.3 运用统筹法计算工程"小节中的 4 张接待室工程施工图和某地区建筑工程概算定额编制。

（1）列项及工程量计算

工程量计算见表 7-4。

接待室工程概算工程量计算表 表 7-4

序号	项目名称	单位	工程量	计算式
1	基数计算 （1）外墙中心线长 $L_{外中}$	m	24.50	$(3.60+3.30+2.70+5.0)\times 2-(2.7+2.0)=24.50\text{m}$
	（2）内墙中心线长 $L_{内中}$	m	12.70	$5.0\times 2+2.70=12.70\text{m}$
	（3）外墙外边周长 $L_{外边}$	m	30.16	$[(3.60+3.30+2.70+0.24)+(5.0+0.24)]\times 2=(9.84+5.24)\times 2=30.16\text{m}$
	（4）底层建筑面积 $S_{底}$	m^2	51.56	$9.84\times 5.24=51.56\text{m}^2$
2	人工平整场地	m^2	127.88	$S=S_{底}+L_{外边}\times 2+16=51.56+30.16\times 2+16=127.88\text{m}^2$
3	C10 混凝土基础垫层	m^2	5.901	（1）墙基垫层： $\begin{aligned}V&=(L_{外中}+L_{内中})\times 0.97^*\times宽\times厚\\&=(24.50+12.70)\times 0.97\times 0.80\times 0.20\\&=5.773\text{m}^3\end{aligned}$ （2）柱基垫层： $V=0.80\times 0.80\times 0.20=0.128\text{m}^3$ } 5.901m³ （注：* 为概算定额中计算规则规定）

序号	项目名称	单位	工程量	计 算 式
4	M5 水泥砂浆 砌砖基础	m³	14.251	（1）墙基： $V = (L_{外中} + L_{内中}) \times 0.97^* \times 基础断面$ $= (24.50 + 12.70) \times 0.97 \times [(1.50 - 0.20 - 0.06) \times 0.24 + 0.007875 \times 12]$ $= 36.08 \times (0.2976 + 0.0945) = 14.147 m³$ （2）柱基： $V = 柱基高 \times 柱断面 + 放脚体积$ $= 1.24 \times (0.24 \times 0.24) + 0.033（详表5-7）$ $= 0.071 + 0.033 = 0.104 m³$ } $14.251 m³$
5	单层镶板门	m²	6.48	M-1　3樘（详施建2） $3 \times 0.90 \times 2.40 = 3 \times 2.16 = 6.48 m²$
6	镶板门带窗	m²	3.81	M-2　1樘 $2.0 \times 2.40 - 1.10 \times 0.90 = 3.81 m²$
7	单层玻璃窗	m²	13.50	C-1　6樘 $6 \times 1.50 \times 1.50 = 6 \times 2.25 = 13.50 m²$
8	现浇 C20 钢筋 混凝土圈梁	m³	1.261	（1）内墙上 $V = (2.70 + 2.0) \times (0.24 \times 0.18) = 0.203 m³$ 圈梁立面面积：$4.70 \times 0.18 = 0.85 m²$ （2）外墙上 $V = 24.50 \times (0.24 \times 0.18) = 1.058 m³$ 圈梁立面面积：$24.50 \times 0.18 = 4.41 m²$
9	M2.5 混合砂浆 砌一砖外墙	m²	74.70	$S = 墙长 \times 墙高 - 门窗洞口面积 - 圈梁所占面积$ 　$L_{外中}$　　　　　　　C-1 $= 24.5 \times (3.72 + 0.06) - 13.50 - 4.41$ $= 74.70 m²$
10	M2.5 混合砂浆砌一砖内墙	m²	36.87	$L_{内中}$　　　　　M-1　M-2 $S = 12.70 \times 3.78 - 6.48 - 3.81 - 0.85$ $= 36.87 m²$
11	M5 混合砂浆砌方形砖柱	m³	0.218	$V = 3.78 \times 0.24 \times 0.24$ $= 0.218 m³$
12	C10 混凝土地面垫层	m²	41.79	$S = 中线长 \times 中线宽 \times 0.90^*$ $= 9.60 \times 5.0 \times 0.90 = 43.20 m²$ 扣台阶所占面积 $(2.7 + 2.0) \times 0.30 = 1.42 m²$ } $41.79 m²$
13	1:2 水泥砂浆地面面层	m²	41.79	$S = 41.79$（同序12）
14	C15 混凝土台阶 （1:2 水泥砂浆抹面）	m²	2.82	$S = 台阶长 \times 台阶宽$ $= (2.70 + 2.0) \times (0.30 \times 2) = 2.82 m²$
15	C15 混凝土散水	m²	25.19	$S = (L_{外边} + 4 \times 散水宽) \times 散水宽 - 台阶面积$ $= (30.16 + 4 \times 0.8) \times 0.8 - (2.70 + 2.30) \times 0.30$ $= 25.19 m²$
16	C30 预应力钢筋混凝土 空心板屋面	m²	55.08	$S = 屋面实铺面积$ $= (9.60 + 0.30 \times 2) \times (5.0 + 0.20 \times 2) = 55.08 m²$

序号	项目名称	单位	工程量	计 算 式
17	C20 细石混凝土刚性屋面	m²	55.08	$S = 55.08\text{m}^2$ （同序16）
18	1:2 水泥砂浆屋面面层	m²	55.08	$S = 55.08\text{m}^2$ （同序16）
19	现浇 C20 钢筋混凝土矩形梁	m³	0.356	$V = (2.70 + 2.0 + 0.24) \times 0.30 \times 0.24$ $= 0.356\text{m}^3$
20	梁、柱面贴面砖	m²	7.12	$S = (2.70 + 2.0) \times (0.3 \times 2 + 0.24)$ $= 7.12\text{m}^2$
21	现浇构件钢筋调整	t	−0.018	定额用量： $0.356 \times 0.17 + 1.261 \times 0.11 + 55.08 \times 0.0012 = 0.265\text{t}$ 实际用量：0.247t（详施工图预算） 钢筋量差：$0.247 - 0.265 = -0.018\text{t}$
22	预应力构件钢筋调整	t	−0.034	定额用量：$55.08 \times 0.0033 = 0.182\text{t}$ 实际用量：0.148t（详施工图预算） 钢筋量差：$0.148 - 0.182 = -0.034\text{t}$

（2）直接费计算

直接费计算见表7-5。

传达室工程直接费计算表 表7-5

序号	定额号	项目名称	单位	工程量	基价	合价	人工费单价	人工费小计
一、基础工程								
1	1-7	人工平整场地	m²	127.88	0.11	14.07	0.11	14.07
2	1-48	C10 混凝土基础垫层	m³	5.901	108.59	640.79	13.55	79.96
3	1-51	M5 混合砂浆砌砖基础	m³	14.251	110.39	1573.17	21.22	302.41
		分部小计	元			2228.03		396.44
二、墙体工程								
4	2-77	M2.5 混合砂浆砌一砖外墙（内混砂，外水刷石）	m²	74.70	33.36	2491.99	3.82	285.35
5	2-133	M2.5 混合砂浆一砖内墙（双面混合砂浆）	m²	36.87	27.67	1020.19	2.64	97.34
		分部小计	元			3512.18		382.69
三、梁、柱工程								
6	3-1	M5 混合砂浆砌方柱	m³	0.218	96.34	21.00	7.78	1.70
7	3-25	现浇 C20 钢筋混凝土矩形梁	m³	0.356	447.40	159.27	32.79	11.67
8	3-23	现浇 C20 钢筋混凝土圈梁	m³	1.261	335.13	422.60	25.62	32.31
9	3-39	现浇构件钢筋	t	−0.018	1476.12	−26.57	34.54	−0.62
10	3-40	预应力构件钢筋	t	−0.034	1503.38	−51.11	38.07	−1.29
		分部小计	元			525.19		43.77

序号	定额号	项　目　名　称	单位	工程量	基价	合价	人工费单价	人工费小计
四、门窗工程								
11	4-1	单层镶板门	m²	6.48	46.63	302.16	3.03	19.63
12	4-9	镶板门带窗	m²	3.81	44.93	171.18	3.39	12.92
13	4-66	单层玻璃窗	m²	13.50	46.11	622.49	3.25	43.88
		分部小计	元			1095.83		76.43
五、楼地面工程								
14	5-25	C10 混凝土地面垫层	m²	41.79	10.20	426.26	1.04	43.46
15	5-59	1:2 水泥砂浆地面面层	m²	41.79	3.42	142.92	0.41	17.13
16	10-72	C15 混凝土散水	m²	25.19	13.04	328.48	1.14	28.72
17	10-103	C10 混凝土台阶	m²	2.82	33.09	93.31	3.30	9.31
		分部小计	元			990.97		98.62
六、屋面工程								
18	6-67	C30 预应力空心板屋面	m²	55.08	21.57	1188.08	1.64	90.33
19	6-70	C20 细石混凝土刚性屋面	m²	55.08	12.62	695.11	0.80	44.06
20	5-31	1:2 水泥砂浆屋面面层	m²	55.08	2.77	152.57	0.22	12.12
		分部小计	元			2035.76		146.51
七、装饰工程								
21	7-48	梁、柱面贴面砖	m²	7.12	29.83	212.39	1.67	11.89
		合　计	元			10600.35		1156.35
		脚手架摊销费		10600.35	×1.5%	159.01		
		共　计	元			10759.36		1156.35

（3）材料价差调整

根据上述工程量和某地区建筑工程概算定额分析出的水泥、钢材数量（分析过程略），以及地区调价差的文件进行材料价差调整（见表7-6）。

传达室工程单项材料价差调整表　　　　表7-6

序号	材料名称	单位	数量	地区现行材料预算价格	概算定额材料预算价格	价差	金额
1	32.5 级水泥	t	9.231	166.00	150.00	16.00	147.70
2	42.5 级水泥	t	1.527	188.00	150.00	38.00	58.03
3	φ14 冷拔丝	t	0.209	2171.00	1400.00	771.00	161.14
4	φ10 内钢筋	t	0.044	1940.00	1400.00	540.00	23.76
5	φ10 外钢筋	t	0.112	1783.00	1400.00	383.00	42.90
6	螺纹钢筋	t	0.030	1807.00	1400.00	407.00	12.21
	小计						445.74

（4）概算造价计算

传达室工程概算造价计算方法和过程与建筑工程预算造价相同。

7.4 用概算指标编制概算

应用概算指标编制概算的关键问题是要选择合理的概算指标，对拟建工程选用较合理的概算指标，应符合以下三个方面的条件：

（1）拟建工程的建筑地点与概算指标中的工程地点在同一地区（如不同时需调整地区工资类别和地区材料预算价格）。

（2）拟建工程的工程特征和结构特征与概算指标中的工程、结构特征基本相同。

（3）拟建工程的建筑面积与概算指标中的建筑面积比较接近。

下面通过一个例子来说明概算的编制方法。

【例1】拟在××市修建一幢3000m²的混合结构住宅。根据有关概算指标，编制土建工程概算。

【解】由于拟建工程与概算指标的工程在同一地区（不考虑材料价差），所以能直接根据概算指标计算概算价值（表7-7）和工料需用量（表7-8）。

某住宅工程概算价值计算表 表7-7

序号	项目内容	计算式	金额（元）
1	土建工程造价	3000m² × 241.10 元/m² = 723300.00 元	723300.00
2	直接费 其中：人工费 材料费 机械费 其他直接费	723300 × 76.92% = 556362.36 元 723300 × 9.49% = 68641.17 元 723300 × 59.68% = 431665.44 元 723300 × 2.44% = 17648.52 元 723300 × 5.31% = 38407.23 元	556362.36 68641.17 431665.44 17648.52 38407.23
3	施工管理费	723300 × 7.89% = 57068.37 元	57068.37
4	其他间接费	723300 × 5.77% = 41734.41	41734.41
5	利润	723300 × 6.34% = 45857.22	45857.22
6	税金	723300 × 3.08% = 22277.64	22277.64

某住宅工程工料需用量计算表 表7-8

序号	名称	单位	计算式	数量
1	定额用工	工日	3000m² × 5.959 工日/m²	17877
2	钢筋	t	3000m² × 0.040t/m²	120
3	型钢	kg	3000m² × 11.518kg/m²	34554
4	铁件	kg	3000m² × 0.002kg/m²	6
5	水泥	t	3000m² × 0.157t/m²	471
6	锯材	m³	3000m² × 0.021m³/m²	63
7	标准砖	千块	3000m² × 0.160 千块/m²	480
8	石灰	t	3000m² × 0.018t/m²	54
9	砂	m³	3000m² × 0.470m³/m²	1410
10	石子	m³	3000m² × 0.234m³/m²	702

序号	名　称	单　位	计　算　式	数　量
11	炉渣	m³	$3000m^2 \times 0.016m^3/m^2$	48
12	玻璃	m²	$3000m^2 \times 0.099m^2/m^2$	297
13	胶合板	m²	$3000m^2 \times 0.264m^2/m^2$	792
14	油毡	m²	$3000m^2 \times 0.240m^2/m^2$	720
15	沥青	kg	$3000m^2 \times 0.608kg/m^2$	1824
16	油漆	kg	$3000m^2 \times 0.693kg/m^2$	2079
17	镀锌钢管	kg	$3000m^2 \times 1.662kg/m^2$	4986
18	导线	m	$3000m^2 \times 1.660m/m^2$	4980

用概算指标编概算的方法较为简便。主要工作是计算拟建工程的建筑面积，然后再套用概算指标，直接算出各项费用和工料需用量。

在实际工作中，用概算指标编制概算时，往往选不到工程特征和结构特征完全相同的概算指标，总有一些差别。遇到这种情况，可采取调整的方法修正这些差别。

调整方法一：

拟建工程在同一地点，建筑面积接近，但结构特征不完全一样。

例如，拟建工程是一砖外墙、木窗，概算指标中的工程是一砖半外墙、钢窗，这就要调整工程量和修正概算指标。

调整的基本思路是：从原概算指标中，减去每平方米建筑面积需换出的结构构件的价值，增加每平方米建筑面积需换入结构构件的价值，即得每平方米造价修正指标。再将每平方米造价修正指标乘上设计对象的建筑面积，就得到该工程的概算造价。计算公式如下：

$$\begin{array}{l}\text{每平方米建筑面积} \\ \text{造价修正指标}\end{array} = \text{原指标单方造价} - \begin{array}{l}\text{每平方米建筑面积} \\ \text{换出结构构件价值}\end{array} + \begin{array}{l}\text{每平方米建筑面积} \\ \text{换入结构构件价值}\end{array}$$

式中

$$\begin{array}{l}\text{每平方米建筑面积} \\ \text{换出结构构件价值}\end{array} = \frac{\text{原指标结构构件工程量} \times \text{地区概算定额工程单价}}{\text{原指标面积单位}}$$

$$\begin{array}{l}\text{每平方米建筑面积} \\ \text{换入结构构件价值}\end{array} = \frac{\text{拟建工程结构构件工程量} \times \text{地区概算定额工程单价}}{\text{拟建工程建筑面积}}$$

单位工程概算造价 = 拟建工程建筑面积 × 每平方米建筑面积造价修正指标

【例2】拟建工程建筑面积3500m²，按图算出一砖外墙632.51m²，木窗250m²。原概算指标每100m²建筑面积一砖半墙25.71m²，钢窗15.36m²，每平方米概算造价123.76元。求修正后的单方造价和概算造价（表7-9）。

建筑工程概算指标修正表（每100m²建筑面积）　　　　　　　　　　表7-9

序号	定额编号	项目名称	单位	数量	单价	复价	备　注
1	2-78	换入部分 一砖外墙	m²	18.07	23.76	429.34	$632.51 \times \frac{100}{3500} = 18.07m^2$
2	4-68	普通木窗 小　计	m³	7.14	74.52	532.07 961.41	$250 \times \frac{100}{3500} = 7.14m^2$
3	2-79	换出部分 一砖半外墙	m²	25.71	30.31	779.27	
4	4-90	单层钢窗 小　计	m³	15.36	59.16	908.70 1687.97	

$$每平方米建筑面积造价修正指标 = 123.76 + \frac{961.41}{100} - \frac{1687.97}{100}$$

$$= 123.76 + 9.61 - 16.88 = 116.49 \ 元/m^2$$

$$拟建工程概算造价 = 3500 \times 116.49 = 407715 \ 元$$

调整方法二：

不通过修正每平方米造价指标的方法，而直接修正原指标中的工料数量。

具体做法是，从原指标的工料数量和机械费中，换出拟建工程不同的结构构件人工、材料数量和调整机械费，换入所需的人工、材料和机械费。这些费用根据换入、换出结构构件工程量乘以相应概算定额中的人工、材料数量和机械费算出。

用概算指标编概算，工程量的计算量较小，也节省了大量套定额和工料分析的时间，编制速度较快，但相对来说准确性要差一些。

7.5 用类似工程预算编制概算

类似工程预算是指已经编好并用于某工程的施工图预算。

用类似工程预算编制概算具有编制时间短、数据较为准确等特点。

如果拟建工程的建筑面积和结构特征与所选的类似工程预算的建筑面积和结构特征基本相同，那么就可以直接采用类似工程预算的各项数据编制拟建工程概算。

当出现下列两种情况时，就要修正类似工程预算的各项数据：

（1）拟建工程与类似工程不在同一地区，这时就要产生工资标准、材料预算价格、机械费、间接费等的差异。

（2）拟建工程与类似工程在结构上有差异。

当出现第二种情况的差异时，可参照修正概算造价指标的方法加以修正；

当出现第一种情况的差异时，则需计算修正系数。

计算修正系数的基本思路是，先分别求出类似工程预算的人工费、材料费、机械费、间接费和其他间接费在全部预算成本中所占的比重（分别以 γ_1、γ_2、γ_3、γ_4、γ_5 表示），然后再计算这五种因素的修正系数，最后求出总修正系数。

计算修正系数的目的是为了求出类似工程预算修正后的平方米造价，用拟建工程的建筑面积乘上修正系数后的平方米造价，就得到了拟建工程的概算造价。

修正系数计算公式如下：

$$工资修正系数 \ K_1 = \frac{编制概算地区一级工工资标准}{类似工程所在地区一级工工资标准}$$

材料预算价格修正系数

$$K_2 = \frac{\Sigma 类似工程各主要材料用量 \times 编制概算地区材料预算价格}{\Sigma 类似工程主要材料费}$$

机械使用费修正系数

$$K_3 = \frac{\Sigma 类似工程各主要机械台班量 \times 编制概算地区机械台班预算价格}{\Sigma 类似工程各主要机械使用费}$$

$$间接费修正系数 K_4 = \frac{编制概算地区间接费费率}{类似工程所在地间接费费率}$$

$$其他间接费修正系数 K_5 = \frac{编制概算地区其他间接费费率}{类似工程所在地区其他间接费费率}$$

$$预算成本总修正系数 K = \gamma_1 K_1 + \gamma_2 K_2 + \gamma_3 K_3 + \gamma_4 K_4 + \gamma_5 K_5$$

拟建工程概算造价计算公式：

拟建工程概算造价 = 修正后的类似工程单方造价 × 拟建工程建筑面积

其中　修正后的类似工程单方造价 = 类似工程修正后的预算成本 × (1 + 利税率)；

类似工程修正后的预算成本 = 类似工程预算成本 × 预算成本总修正系数。

【例3】有一幢新建办公大楼，建筑面积 2000m²，根据下列类似工程预算的有关数据计算该工程的概算造价。

（1）建筑面积：1800m²。

（2）工程预算成本：230000 元。

（3）各种费用占成本的百分比：

人工费 8%，材料费 62%，机械费 9%，间接费 16%，其他间接费 5%。

（4）已计算出的各修正系数为：

$K_1 = 1.02$，$K_2 = 1.05$，$K_3 = 0.99$，$K_4 = 1.0$，$K_5 = 0.95$。

【解】（1）计算预算成本总修正系数 K

$K = 0.08 \times 1.02 + 0.62 \times 1.05 + 0.09 \times 0.99 + 0.16 \times 1.0 + 0.05 \times 0.95 = 1.03$

（2）计算修正预算成本

修正预算成本 = 230000 × 1.03 = 236900 元

（3）计算类似工程修正后的预算造价（利税率为 8%）

类似工程修正后的预算造价 = 236900 × (1 + 8%) = 255852 元

（4）计算修正后的单方造价

类似工程修正后的单方造价 = 255852 ÷ 1800 = 142.14 元/m²

（5）计算拟建办公楼的概算造价

办公楼概算造价 = 2000 × 142.14 = 284280 元

如果拟建工程与类似工程相比较，结构构件有局部不同时，应通过换入和换出结构构件价值的方法，计算净增（减）值，然后再计算拟建工程的概算造价。

计算公式如下：

修正后的类似工程预算成本 = 类似工程预算成本 × 总修正系数 + 结构件净价值 × (1 + 修正间接费费率)

修正后的类似工程预算造价 = 修正后类似工程预算成本 × (1 + 利税率)

$$修正后的类似工程单方造价 = \frac{修正后类似工程预算造价}{类似工程建筑面积}$$

拟建工程概算造价 = 拟建工程建筑面积 × 修正后的类似工程单方造价

【例4】设上例办公楼的局部结构构件不同，净增加结构构件价值 1550 元，其余条件相同，试计算该办公楼的概算造价。

【解】修正后的类似工程预算成本 = 230000 × 1.03 + 1550 × (1 + 16%

×1.0 + 5% × 0.95) = 238772 元

修正后的类似工程预算造价 = 238772 × (1 + 8%) = 257873.76 元

修正后的类似工程单方造价 = 257873.76 ÷ 1800 = 143.26 元/m²

新建办公楼概算造价 = 2000 × 143.26 = 286520 元

参 考 文 献

1. 景星蓉、杨宾编著. 建筑设备安装工程预算. 北京：中国建筑工业出版社，2004
2. 规范编写组. 建设工程工程量清单计价规范（GB 50500—2013）. 北京：中国计划出版社，2013
3. 袁建新编著. 工程量清单计价实务. 北京：科学出版社，2005
4. 袁建新、迟晓明编著. 建筑工程预算（第三版）. 北京：中国建筑工业出版社，2007
5. 袁建新、许元、迟晓明编著. 建筑工程计量与计价（第二版）. 北京：人民交通出版社，2009